中国云冷杉林高效利用研究

樊金拴　著

科学出版社

北　京

内 容 简 介

本书概述了云杉与冷杉植物的生物学、生态学特性和云冷杉林的类型、分布与资源优势，全面系统地介绍了云冷杉植物萜类、多酚类、黄酮类、原花青素、甾类等重要生物活性物质的化学组成、结构特征、生物学活性。书中提取分离的关键技术和云冷杉树脂与精油系列产品开发利用的研究成果，为创新云冷杉林资源利用途径提供了理论依据和技术支持。全书内容丰富，数据翔实，集科学性、理论性、实践性于一体，有较高的学术水平和实用价值。

本书可供林学、林产化工、食品科学与工程、营养与卫生、农产品加工及相关专业的高校师生参考，也可供从事保健（功能）食品、天然活性产物、精细化工、林产资源研究与开发的科研技术人员及管理决策人员参考使用。

图书在版编目（CIP）数据

中国云冷杉林高效利用研究 / 樊金拴著. —北京：科学出版社，2018.3
ISBN 978-7-03-055904-3

Ⅰ. ①中… Ⅱ. ①樊… Ⅲ. ①云杉-资源利用-研究-中国 ②冷杉-资源利用-研究-中国 Ⅳ. ①S791

中国版本图书馆 CIP 数据核字（2018）第 306193 号

责任编辑：宋无汗 / 责任校对：郭瑞芝
责任印制：张 伟 / 封面设计：陈 敬

科学出版社 出版
北京东黄城根北街 16 号
邮政编码：100717
http://www.sciencep.com
北京九州迅驰传媒文化有限公司 印刷

科学出版社发行 各地新华书店经销
*
2018 年 3 月第 一 版 开本：720 × 1000 B5
2018 年 3 月第一次印刷 印张：16 3/4
字数：338 000

定价：108.00 元

（如有印装质量问题，我社负责调换）

作 者 简 介

樊金拴，男，陕西省合阳县人，1958 年 12 月生。1982 年 7 月毕业于西北林学院林学专业，获农学学士学位；1990 年 7 月毕业于西北林学院园林系经济林专业，获农学硕士学位；2006 年 6 月毕业于北京林业大学水土保持学院水土保持与荒漠化治理专业，获农学博士学位。主要从事野生植物资源开发与利用，经济林丰产栽培与产品加工利用，工矿废弃地生态环境修复等方面的教学与科研工作。先后主持十多项国家级和省部级科研课题，获省部级科技奖 4 项，国家发明专利2项，出版《中国冷杉林》和《煤矿废弃地生态植被恢复与高效利用》等 7 部著作，发表学术论文 160 多篇。现任西北农林科技大学林学院教授，博士生导师，野生动植物保护与利用学科带头人，陕西省经济植物资源开发利用重点实验室主任，兼任中国经济林协会木本油料专业委员会常务理事，陕西省农业专家服务团特聘专家，《西北林学院学报》和《陕西林业科技》编委会委员。曾任中国林学会经济林分会第四届和第五届副主任（2003 年 11 月～2014 年 12 月），教育部高等学校森林资源类教学指导委员会委员（2000 年 11 月～2012 年 12 月），国家林业局全国普通高等林业院校教学指导委员会委员（1994 年 10 月～1999 年 12 月），《经济林研究》编委会委员（2003 年 11 月～2014 年 12 月）。

前　言

云冷杉林是世界主要森林类型之一，也是我国重要的森林资源，其类型多、分布广、蓄积量大，因此，科学保护与合理开发利用云冷杉林对促进我国生态文明建设与社会经济可持续发展具有十分重要和深远的意义。近几十年来，我国云冷杉林的保护与利用不仅在理论上有了很大的发展，在实践上也取得了很大的成就，尤其是出现了许多新观点、新技术和新成果，因此，撰写一本内容新颖并具有理论意义和实践价值的专著，是作者多年的愿望。

本书是基于作者20世纪80年代末完成的硕士研究生学位论文“陕西秦岭冷杉及巴山冷杉树脂的研究”与后来完成的陕西省自然科学基金项目“巴山冷杉精油开发利用研究”、陕西省重点科技发展计划项目“巴山冷杉精油系列产品开发”、国家林业局中美国际合作基金项目“秦岭大熊猫栖息地和保护区发展最佳模式研究”等科研工作积累撰写而成的一部系统阐述云冷杉植物活性物质及其高效开发利用的科学专著，旨在总结研究工作的基础上，阐述云冷杉植物重要生物活性物质高值化利用的理论基础、技术方法及应用实践，为云冷杉林资源高效利用及其可持续发展研究与实践服务。本书的内容多为作者发表的相关研究论文，以及指导研究生的成果，并吸收了国内外同行有关云冷杉资源科学保护与合理利用的新技术、新工艺、新方法等方面的研究成果。本书在章节内容安排上，按照先理论研究后实践的顺序排列，既重视理论研究，又重视实践应用，力求达到理论与实践相结合。在撰写本书过程中，在阐述前人的理论和方法方面不求多求全，而是力求内容新颖和实用，努力突出云冷杉林高效利用的创新性理论研究成果与实践应用技术。

本书从筹划、资料收集与整理、撰写、补充完善，到最终定稿历时近 20 年时间。在相关研究和本书形成过程中，得到西北农林科技大学王性炎教授、北京林业大学周心澄教授两位导师的悉心指导和帮助，是他们把我引入云冷杉林研究领域。作者所在单位的同事也给予不少帮助，陕西省经济植物资源开发利用重点实验室给予出版资助，在此向他们表示深深的感谢！并对参加云冷杉开发利用研究的严江、李鸿杰、李国胜、冯慧英、刘滨、王飞、陈思同志的辛勤付出和严谨的科学精神表示衷心的感谢和诚挚的敬意！对书中参考的相关论著，以及引用相关研究成果的同行学者深表谢意！

限于作者学术水平及能力，书中不当之处在所难免，殷切希望读者批评指正。

樊金拴

2017年10月

目　　录

第一章　云冷杉资源特性

松科（Pinaceae）、冷杉亚科（Piceoideae）、云杉属（*Picea* Dietr.）和冷杉属（*Abies* Mill）植物广泛分布于亚洲、欧洲、北美洲、中美洲及非洲北部的高山地带，是北半球面积最大、蓄积量最高的一种植被类型，为世界主要森林类型之一。我国有云杉属 17 种 9 变种，冷杉属 24 种 3 变种，引进栽培 1 种（中国科学院中国植物志编辑委员会，1978），主要分布于东北、华北、西北、西南等地区及广西、浙江和台湾地区的高山地带。因云冷杉林独特的生物学与生态学特性，常组成大面积纯林，或与其他针叶树或阔叶树混生，不仅对全球气候变化十分敏感，在涵养水源、保持水土、调节气候、野生动植物保护、防风固沙等方面具有十分重要的作用，而且经济价值高，是木材、造纸和人造纤维及医疗保健品工业的主要原料。

第一节　云冷杉林特征

一、云冷杉林类型

松科冷杉亚科云杉属与冷杉属植物种类繁多，分布广泛，树冠常绿、稠密、耐阴。以云杉属与冷杉属树种为建群种所构成的暗针叶林郁闭、潮湿、阴暗，不仅在生态学、群落学和经营利用等方面都有很大的共同性，而且在天然林中又经常处于混交状态，故常被称为云杉冷杉林，简称为云冷杉林。

（一）云杉林

云杉属全球约 40 种，分布于北半球，向北可超越北回归线，向南分布于墨西哥南部、西班牙、土耳其及我国台湾地区，其中约 20 种是其分布地区寒温性针叶林的重要组成树种。根据叶的形状、叶下（背）面气孔线的有无和多少，可将云杉属分为云杉组、丽江云杉组和鱼鳞云杉组 3 个组。云杉组叶横切面为四方形或菱形，四面有气孔线，气孔线条数相等，或近相等，包括白皮云杉、鳞皮云杉、粗枝云杉、红皮云杉、白杄、青海云杉、雪岭云杉、新疆云杉、青杄、大果青杄、台湾云杉、长叶云杉等。丽江云杉组叶横切面近方形、菱形或扁平，叶上面每边的气孔线较下面多 1 倍，叶下面无气孔线，包括丽江云杉、紫果云杉等。鱼鳞云杉组叶横切面扁平，下面无气孔线，上面有两条白粉气孔带，包括鱼鳞云杉、麦吊云杉、西藏云杉等。我国是世界上云杉属植物种类最多、分布最广的国家，在东北、华北、西北、西南及台湾地区的山地和亚高山地带均有分布，尤以横断山地区种类最多，木材蓄积量丰富。其中，11种和6变种为我国特有，大果青杆与油麦吊云杉为国家二级保护植物。

中国天然云杉林主要类型包括川西云杉林、丽江云杉林、紫果云杉林、青海云杉林、粗枝云杉林、青杆林、麦吊云杉林、林芝云杉林、西藏云杉林、长叶云杉林。云杉林均为原始状况的复层异龄林，成熟林占 87.5%，平均林龄大于160年，大的可达300余年，成熟林每公顷蓄积量高达359m^3，最高达1000余m^3，高于冷杉林，但平均生长率很低，仅为 0.67%。云杉林林分特点与冷杉林基本相似，但由于云杉生态习性较为耐旱、耐寒并较喜光，因此两者经常混交，且常各自占有不同的小生境，形成林分的镶嵌分布，种群的动态也呈明显波动，在结构上云杉常为上层林，从而对环境资源的利用得以协调，因此这种混交林的生产力相当高（陈思等，2013）。云杉的天然更新方式和树种更替与冷杉也有不同之处，一般是林缘更新多于林窗更新，初期演替树种少为红华，多为白杨或山杨，病腐也较冷杉为轻。

（二）冷杉林

冷杉属植物广泛分布于北纬 14°（洪都拉斯）至 67°40′（西伯利亚）的寒带、亚寒带、温带、暖温带和亚热带山地，个别种可达热带山区。由于冷杉属要求在湿润温凉的环境，故主要分布在寒冷的高海拔或高纬度地带。我国拥有冷杉属植物共 28 种（含苍山冷杉变种、长苞冷杉变种、黄果冷杉变种 3 个变种和引进栽培的日本冷杉），约占世界冷杉属种类的 1/3，是世界上冷杉属植物种类最为丰富、地域分布最广的国家。其中，中国特有种 20 种，国家一级重点保护野生植物 4 种（百山祖冷杉、梵净山冷杉、元宝山冷杉与资源冷杉），国家二级重点保护野生植物 1 种（秦岭冷杉）（樊金拴，2007）。在亚高山地带，冷杉植物常与云杉伴生，组成大面积混交林，成为寒温性暗针叶林和亚高山暗针叶林的主要建群树种和长江上游水土保护林的主要树种，具有极高的科学研究和生产应用价值。

中国以冷杉为建群种组成的冷杉林不仅资源丰富，而且种类繁多，天然冷杉林主要类型包括鳞皮冷杉林、岷江冷杉林、长苞冷杉林、川滇冷杉林、峨眉冷杉林、苍山冷杉林、怒江冷杉林、西藏冷杉林、黄果冷杉林、巴山冷杉林、秦岭冷杉林等。冷杉林多为原始状况的成熟林和过熟林，林分特点为生境阴湿，郁闭度大，复层结构，异龄性显著，林地苔藓层发育，以林窗天然更新为主，初期演替树种常为红华，屡遭破坏形成灌丛，以悬钩子灌丛为习见，以后经历不同演替阶段始能恢复冷杉林。冷杉林生产量通常较高，平均每公顷为 327m^3，其中最高地区为西藏，平均单位蓄积量达 544.20m^3/hm^2，其次为云南达 472.30m^3/hm^2，再次为四川和甘肃。冷杉林常因林分年龄老化，生长率低，病腐严重。

二、云冷杉林分布

（一）世界分布

云冷杉林分布范围约为北纬 14°（洪都拉斯）至 72°（西伯利亚），包括从北半球的寒带、亚寒带到温带、暖温带和亚热带地区，个别种能达到热带，但主要分布在北半球的中纬度和高纬度地带，以俄罗斯、瑞典、芬兰、挪威、加拿大和美国（阿拉斯加）分布为多，在欧亚大陆的分布也十分广阔。其中，云杉属集中分布于北半球，向北可超越北回归线，向南分布于墨西哥南部、西班牙、土耳其及我国台湾地区。冷杉属集中分布于亚、欧、北美、中美及非洲北部的高山地带。其中 20 余种冷杉是这些地区广泛分布的寒温性针叶林的重要组成树种，以西伯利亚冷杉分布最广，直至北极圈；黄连山冷杉是欧亚大陆分布最南的种类；危地马拉冷杉在西半球则越过北回归线，为冷杉属分布最南的界限（北纬 14°49′）。

云杉林是北纬 57°～67°地区寒温带北方针叶林区的地带性植被。大约有 25 种云杉分布在北方针叶林带以南，一直到墨西哥北部，北纬 25°（奇瓦瓦云杉 *P. chihuahuana*）和我国台湾地区的 23°线（台湾云杉），以及越南的黄连山（北纬 21°附近），在此以南，再无云杉林的分布。在欧亚大陆西部的主要树种为欧洲云杉（*P. abies*），东部生长着新疆云杉，阿尔泰、萨彦岭山地海拔 1800～2000m 地带为新疆云杉，俄罗斯远东和太平洋沿岸北部地区广泛分布着鱼鳞云杉、红皮云杉，在萨哈林岛（库页岛）、千岛群岛为库页云杉（*P. glehni*），而在芬兰、挪威、卡列里北部分布着欧洲云杉。北美大陆北部的针叶林主要由加拿大云杉（*P. canadensis*）、黑云杉（*P. mariana*）等其他树种组成。加拿大中部地区为恩式云杉（*P. engelmanii*）、加拿大云杉等，阿拉斯加山脉和圣伊利山有西特喀云杉（*P. sitchensis*）。加拿大、美国太平洋沿岸的森林由西特喀云杉、冷杉、黄杉组成暗针叶林，东南由红云杉（*P. rubens*）、黑云杉等构成针阔混交林。在喜马拉雅山海拔 1500～3300m 分布有喜马拉雅云杉（*P. smithiana*），温带混交林中远东主要分布有红皮云杉和鱼鳞云杉，亚热带湿润林中太平洋沿岸海拔 900～1000m 有西特喀云杉（*P. sitchensis*）。

冷杉属植物从北半球的寒带、亚寒带到温带、暖温带和亚热带地区均有不同程度的分布，但主要分布在北半球的中纬度和高纬度地带。在美洲，主要分布在加拿大和美国北部的阿拉斯加州和中、西部高山地区（如洛基山脉等）。另外，在墨西哥和南美洲的高山中也有少量分布。在非洲，主要分布于北部高山寒冷地区中，数量较少。在欧洲，主要分布于北欧和俄罗斯的部分地区，尤其是在俄罗斯的西伯利亚地区有大量的分布，且多与云杉等植物组成混交林，形成了世界上分布面积最大的针叶林，又被称之为泰加林。在亚洲，主要分布于中国西南部的高山地区，在东北、西北、华北等地区也有一定分布。另外，在朝鲜、日本和中国台湾地区也有少量分布。欧亚大陆的暗针叶林分布的最北界限范围在北纬 57°～67°，暗针叶林是泰加地带的显域性植被，在此界线以南，水平地带的暗针叶林向山地垂直带逐渐过渡，且分布的海拔高度随纬度的减少而逐步提高。

（二）中国分布

以云杉、冷杉为主要建群种组成的暗针叶林一般属山地垂直带的森林类型。中国的云杉、冷杉林是北温带广泛分布的暗针叶林的一个组成部分，主要分布于我国东北山地、华北山地、秦巴山地、蒙新山地以及青藏高原东缘和南缘山地，在台湾地区的山地也有天然分布。

东北地区纬度偏高，气候寒凉，主要成林树种有鱼鳞云杉（*P. jezoensis* var. *microsperma*）、红皮云杉（*P. koraiensis*）与臭冷杉（*A. nepholepis*）。华北和西北地区除阿尔泰山外，其余地区干旱少雨，冷杉极为稀少，云杉分布也限于部分山区，如新疆冷杉（*A. sibirica*）和新疆云杉（*P. obovata*）主要分布区在俄罗斯西伯利亚，中国的阿尔泰山是它的分布南缘。天山云杉（*P. schrenkiana* var.*tanshanica*）分布于荒漠地带中的天山地区，青杄（*P. wilsonii*）与白杄（*P. meyeri*）分布于华北西部山区，向北可至内蒙古和燕山山脉，青杄向南可达秦巴山地。青海云杉（*P. crassifolia*）耐寒、耐旱，广布于青、甘、宁山地，能适应草原气候，在祁连山、贺兰山及西倾山形成主要森林类型。秦岭是南北气候的分界线，秦岭以南冷杉林优势显著，而云杉则大为逊色。秦岭冷杉（*A. chensiensis*）与巴山冷杉（*A. fargesii*）是秦巴山区的主要成林树种。青藏高原及其周边地带云冷杉分布各有特点，峨眉冷杉（*A. fabri*）与麦吊云杉（*P. brachytyla*）分布于高原东部边缘的川西山地；岷江冷杉（*A. faxoniana*）与紫果云杉（*P. purpurea*）分布于岷江上游地区，并进入甘、青地境，西界达大雪山东坡，东界达西倾山；鳞皮云杉（*A. sqamata*）与川西云杉（*A. balfouriana*）分布于雅碧江中上游地区；长苞冷杉（*A. geogei*）与丽江云杉（*P. likiangensis*）分布于金山江大湾区地区，长苞冷杉的变种急尖长苞冷杉（*A. geogei* var. *smithii*）还进入西藏东南部；怒江冷杉（*A. nukiangensis*）和苍山冷杉（*A. delavayi*）分别分布于云南西北端的怒江、澜沧江流域，以及西藏东南部和云南西北部的金沙江、澜沧江、怒江流域，向西可达高黎贡山南端，约北纬 25°山地；西藏冷杉（*A. spectabilis*）与西藏云杉（*P. spinulosa*）分布于西藏南部喜马拉雅山脉中段的湿润山区；长叶云杉（*P. smithiana*）仅见于吉隆地区；林芝云杉（*P. linzhiensis*）分布于藏东地区形成大面积森林；黄果冷杉（*A. ernestii*）及其变种云南黄果冷杉（*A. ernestii* var. *salouenensis*）在青藏高原局部和谷地带常有间断分布，主产于川西、滇西北及藏东南局部地区。青藏高原及秦巴山地以东广大地区以至沿海均无云杉分布，仅有少量冷杉见于局部亚热带山区。其中，梵净山冷杉（*A. fanjingshanensis*）产于贵州东北部梵净山，资源冷杉（*A. ziyuanensis*）产于广西东北部资源县与湖南西南部新宁县山区，元宝山冷杉（*A. yuanbaoshanensis*）产于广西北部，百山祖冷杉（*A. beshanzuensis*）产于浙江南部庆元县。这些都是冰后期的残遗，已列为珍稀濒危树种。台湾中央山脉分布的台湾冷杉（*A. kawakamii*）和台湾云杉（*P. morrisonicola*）为我国云冷杉分布最东的树种，组成我国东部亚热带地区唯一的亚高山暗针叶林类型。中国云杉、冷杉林的垂直分布随纬度自北向南逐次升高，并且分布幅度加大，由海拔300～1500m 增至 2500～4200m。但各地云杉、冷杉林的具体分布还与山体大小和走向有关。从全局来看，云杉分布高于冷杉，但有时也会出现冷杉分布高于云杉的现象。

三、云冷杉林利用

（一）云杉林

我国的云杉蓄积量丰富，主要分布于西南地区。云杉林是青藏高原区最具有特色的代表性森林类型，其资源略少于冷杉林而居全区第二位，面积为 $35\times10^4hm^2$，蓄积量为 $9.89\times10^8m^3$，分别占全国云杉林面积和蓄积的 81.82%和87.72%，拥有我国最大的云杉林分布区和资源占有量。云杉林在区内又以西藏自治区为最多（占 65.75%），其次为四川，云南、甘肃、青海占有量较少。在四川西北的林区中，云杉约占全林的 20%，云南及康藏高原地区约占全林的90%。袁凤军等（2013）以滇西北 10～200a 生丽江云杉为研究对象，采用直接收获法研究其个体生物量及各器官的生物量占总生物量的比例。结果发现：①随着树龄的增加，单株总生物量及各器官生物量随之增加，40a 生时个体生物量平均为 177.52kg/株，其后每隔 20a 其生物量约增加一倍，100a 生时为 1222.84kg/株，然后生物量增速放缓，至 200a 时达到 2328.23kg/株。②各器官生物量占总生物量的比例为树干平均占 54.97%，树根占 20.37%，树枝占 12.76%，树叶占 6.64%，树皮占 5.26%，干>根>枝>叶>皮；100a 后树皮生物量超过树叶生物量，表现出干>根>枝>皮>叶，地上部分生物量分配率高于地下部分。周维（2013）研究发现，14～60a 生云杉天然林林分生物量为 7.68～106.50t/hm^2，其中乔木层、灌木层和草本层生物量分别为 6.11～99.30t/hm^2、1.57～7.20t/hm^2 和 7.68～106.50kg/hm^2，乔木层的比例最大，占整个系统的 79.53%以上。随着树木的生长，树干比例从 52.48%增加到 54.28%，树皮比例从 11.24%增加到 12.40%，树根的比例从 13.56%增加到 15.43%；而树枝比例从 14.33%下降到 9.98%，树叶所占比例从 8.39%下降到 6.24%。

云杉属植物多数种类为造林和林业经营上的主要树种，其经济价值主要体现在用材、提制芳香油、栲胶及园林绿化上。

1. 木材资源的利用

云杉树干高大通直，节少，材质软，纹理通直、均匀，结构细致，声学性能好，易加工，具有良好的共鸣性能，可供建筑、航空、造船、胶合板、家具及音乐器具（钢琴、提琴）、箱盒、刨制胶合板与薄木以及木纤维工业原料等制造的好材料。云杉更为突出的特点是纤维长，故也是生产高级纸张和人造丝的优良原料。

2. 树皮的利用

云杉的木材为重要的建筑材料和纸浆材料，树皮和球果的种鳞均富含鞣质，可提取栲胶。俄罗斯、东欧和北欧的一些国家早已利用云杉树皮生产栲胶。研究表明，云杉中的丽江云杉树皮含总固体物质 14.16%，水分 11.3%，水溶物 13.76%，二氯甲烷萃取物 2.44%，非单宁物质 4.85%，缩合类单宁 8.91%，单宁纯度 64.75%（陈武勇等，2000）。一般云杉树皮含单宁 6.9%～21.4%，属缩合类单宁。用云杉鞣制成的革为黄棕色，丰满坚实，但缺点是渗透力差，透入皮内较慢，渗透到一定深度时，变得十分迟缓，延长时间也难以鞣透。其原因主要是其中的脂类物质（二氯甲烷萃取物）含量高，因此除去脂类物质是改善其质量的关键。

3. 干、枝、叶的利用

云杉的树干可提取树脂，用以制作松香和松节油；枝、叶、皮均可入药，民间用其治疗风湿病。种鳞中富含最具活性的多酚类物质，降血脂的作用明显，并对糖尿病患者的糖代谢、脂代谢、抗氧化和抗疲劳的疗效显著。云杉针叶含有 0.1%～0.5%的精油，以及动物生长发育所必需的氨基酸、维生素和多种微量元素，可用以提取芳香油，调制东方型香料、皂用香精和喷雾香精，在公共场所使用，赋予森林清香的愉悦感觉；也可用于生产低能量、高蛋白的饲料添加剂（兰士波，2016）。

4. 枝梢的利用

云杉和冷杉枝丫、梢头和等外材等采伐剩余物资源可用于制浆造纸。程幼学（1989）研究认为，利用云、冷杉枝丫材可生产符合轻工业部颁布标准的高档漂白木浆、硫酸盐漂白浆，白度达85%以上。但两者相比较差距如下：①原料相对密度小，云杉为0.396，冷杉为0.437；纤维较长，云杉为3.16mm，冷杉为2.68mm；细胞壁较薄，壁腔比云杉为0.29，冷杉为0.40；但原料木素含量较高，云杉为30.32%，冷杉为29.73%。总之可以看出云杉和冷杉是制造纸较好的原料，两者比较，云杉更好些。②从制浆工艺实验看出，以云杉为例，用碱量从18%增加到24%（Na_2O计），粗浆得率从46.1%降到41.1%，卡伯值从27.0降到18.5，但细浆得率相差不大，都在40%左右。冷杉也有相似的情况，在170℃下蒸煮，保温1h，卡伯值较高，残碱也较高；保温3h，卡伯值和残碱下降。结合漂白实验，以单段漂白为例，云杉浆用碱量为18%（用氯量9%），白度为60.7%；到用碱量20%，白度达66.6%，提高约6%；而超过20%用碱量，白度提高幅度下降。冷杉从用碱量20%提高到22%，白度提高幅度较大。蒸煮时间（保温时间）延长，白度有所提高，但硫化度降低到20%，由于卡伯值增加，因此白度下降。从硫酸盐浆物理指标可知，云杉裂断长为7000m以上，达到部标1*指标；而冷杉裂断为6000m以上，不到7000m，略低于云杉浆。③漂白实验。单段（H）漂白实验结果显示，随用氯量增加，白度提高，但云杉和冷杉浆用氯量超过10%时，白度增加幅度下降，通过增加时间到4h，白度提高，残氯已低于5%。三段（C、E、H）漂白实验结果显示，氯化段和次氯酸盐段比例为6∶4和7∶3及碱处理段用碱量为5%和6%对白度影响不大。用氯量过高，白度反而有所下降，如云杉用氯量9%时白度为78.5%，而用氯量为10%时白度仅为76.5%。对用碱量为22%和20%的浆，白度提高不大，但白度比单段漂白提高12%以上。

5. 园林应用

云杉的树形端正，枝叶茂密，树姿雄伟，适于园林或庭院栽培。庭院中既可孤植，也可片植。盆栽可作为室内的观赏树种，多用在庄重肃穆的场所，冬季圣诞节前后，多置放在饭店、宾馆和一些家庭中作圣诞树装饰。云杉叶上有明显粉白气孔线，远眺如白方缭绕，葱茏可爱，作庭园观赏树种，可孤植、丛植或与桧柏、白皮松配植，也可做草坪衬景。主要在园林中应用的有欧洲云杉、青海云杉、青杆、日本云杉、台湾云杉、西藏云杉、新疆云杉、雪岭杉、油麦吊云杉、鱼鳞云杉等。

（二）冷杉林

冷杉属是松科中仅次于松属的第二大属，为北半球主要森林树种，是重要的森林资源，在涵养水源、保持水土、保护生物多样性和维护国土生态安全等方面都发挥着重要的作用，其木材、树脂以及富含的精油都是重要的化工原料。又因其树干端直，枝叶茂密，四季常青，也是我国重要的造林树种和园林树种，经济价值极高。

1. 木材的利用

冷杉属木材由于密度小、强度低，常作为一般建筑用材，如房架、屋顶、柱子、搁栅、门、窗、轻便楼梯、轻型楼板、墙壁板及其他室内装修用。冷杉材质较轻、纹理通直，为枕木、电杆、桥梁、船舶和建筑制造等的多种用材，是我国开发利用的主要森林资源和建筑用材之一，也是许多地区常采用的一般家具用材，尤其适用作橱柜和箱盒，美工，雕刻和其他细木工用材。由于木材没有特殊的气味和滋味，被食品厂用于制作食品箱，使食品不变味，制作木桶贮存食用油，制作食品盒存放酪素、糖果等。又因木材的辐射阻尼较大，内摩擦小，顺纹传声速度快，被用作乐器的共鸣材，虽不如云杉属木材，但也是制作音板的乐器用材之一。冷杉材质富含纤维素、木质素，更是造纸和其他纤维工业的主要原料，也是人造板生产中的优质材种。冷杉木材还用于制作集装箱、包装箱、机模、水泥盒子、平衡木、模型、冰柜、火柴梗、牙签、木丝、玩具等。木材经防腐处理后可作一般电杆、枕木、坑木和篱柱。各种冷杉均能提取冷杉树脂，冷杉的树皮、枝皮含树脂，著名的加拿大树脂即是从香脂冷杉的幼树皮和枝皮中提取的，是制切片和精密仪器最好的胶接剂。国产冷杉也可提取相似的胶接剂。冷杉的木材色浅，心边材区别不明显，无正常树脂道，材质轻柔、结构细致，无气味，纹理直，易加工，不耐腐，为制造纸浆及一切木纤维工作的优良原料，可作一般建筑枕木（需防腐处理）、器具、火柴杆、牙签及木纤维工业原料、家具及胶合板，板材宜作箱盒、水果箱等。现如今大径级原木匮乏的情况下，冷杉木材也可以用于旋切单板、供制胶合板用。

2. 针叶的利用

冷杉的针叶、嫩枝和树皮中富含挥发油，可用来制备冷杉精油。冷杉精油中含量比较高的左旋萜二烯可制备调和化妆品的香精、皂用香精和柠檬香精等，用于喷雾香精、香皂、牙膏、制药及食品工业中，还可做合成薄荷脑等香料的原料。冷杉树皮浸出物由复杂的树脂酸组成，同冷杉医用香膏一致，为珍贵而重要的化工原料。粉状的冷杉树皮浸提残渣富含胡萝卜素、糖类及纤维素等成分，其质量优于杨树树皮，可作为牲畜饲料的添加剂。

国内外大量研究证明，冷杉叶含有丰富的钙、镁、铁、锌、磷等十多种营养元素和胡萝卜素、脂肪、蛋白质、水溶性维生素（B_1、B_2、P、C 等）及 18 种人体必需的氨基酸与 17 种黄酮醇糖苷（黄酮类物质）等，特别是维生素 C 含量较高（高达 17mg/100g）。其中库叶冷杉所含的蛋白质（6.1%～8.3%）、胡萝卜素（0.015%～0.23%）、叶绿素（0.22%～0.32%）、中性可消化纤维（34%～39%）及各种维生素和矿物质可与优质牧草媲美（方纪等，2006）。在国外，利用冷杉叶来提取β-胡萝卜素、叶绿素、维生素E、甾族化合物及植物杀菌素等生物活性物质，还可利用冷杉叶制成叶绿酸钠、香脂膏、叶绿素-胡萝卜素软膏、针叶蜡、维生素源浓缩物、针叶维生素软膏、维生素粉、医用针叶浸膏等产品，并广泛应用于农业、医药、香料、食品、酿造等部门。在国内，成功研制出富含β-胡萝卜素（300～800mg/kg）、叶绿素（6000～15000mg/kg）、维生素E（500mg/kg）、甾族化合物和植物杀菌素等生物活性成分和具有无毒、高营养等特点的冷杉叶粉饲料添加剂和冷杉叶卫生香等，用于食品、饮料、药物、保健品及鹅、牛、羊等饲料添加剂等方面。

3. 树皮的利用

科学研究证明，冷杉树皮的体积占树木总体积的13%，按重量计算，每采伐1m^3木材可得树皮130kg、枝梢100kg。冷杉树皮含5%～12%的缩合类单宁，是一种优质栲胶原料，具体表现在用丙烯酸甲酯改性的冷杉栲胶鞣性温和，成革丰满、粒面细致，对边肷部位有选择性填充效果（蒋廷方等，1984）。陈武勇等（2000）研究发现，冷杉栲胶经亚硫酸盐和合成单宁处理后，沉淀减少，渗透速度加快，成革丰满坚实，颜色浅淡，鞣革性能得到较大的改善。加亚硫酸盐浸提的栲胶结合鞣质和鞣制系数虽有所下降，但渗透速度却快得多，而且栲胶的浸提率大，故为首选的方法。浓胶加合成单宁的方法因渗透快和结合力较强，也可供选择。对冷杉单宁的级分鞣革性能研究结果表明：①冷杉单宁与皮蛋白质的结合量的顺序为水级分>商品冷杉栲胶>乙酸乙酯级分。②冷杉单宁渗透速度的快慢依次为乙酸乙酯>商品冷杉栲胶>水级分。③冷杉单宁的湿热收缩温度（Ts）和干热收缩温度（Tsd）的顺序为水级分>商品冷杉栲胶>乙酸乙酯，说明水级分的结合能力强。④占冷杉树皮丙酮水浸提物总固体量的71%的水级分，其鞣性能远比商品冷杉栲胶好。

第二节　云冷杉植物的生理代谢

一、生物学与生态学特性

（一）形态特征

松科云杉属与冷杉属均为常绿乔木，其共同的特点是①木材的木射线管胞内壁有锯齿，纹孔托外缘曲折或呈贝壳状或锯齿状，或不规则，锁闭膜上有放射状和弦向的棒状加厚，晚材带明显，木射线细胞水平壁纹孔显明。②植株体内含有树脂及挥发油，缺乏生物碱。树脂贮存在树脂道内，与挥发油共存。树脂中含有多种有机酸（如松香中含有90%以上的树脂酸），还有树脂醇、树脂酯及大量的树脂烃类。挥发油含于针叶及树脂中，挥发油中含有多种萜烯类。③种子油中均含有不常见的 3 种共存的特征脂肪酸，为顺-5, 9-亚油酸（18∶2）、顺-5, 9, 12-十八碳三烯酸（18∶3）和顺-5,11,14-二十碳三烯酸。云杉和冷杉最明显的区别是①云杉叶片为细四棱条形，小枝有极显著隆起的叶枕；冷杉叶片为宽扁条形，枝上无叶枕。②云杉木材具有正常的树脂道，但冷杉木材中无正常的树脂道。③云杉的小枝不规则互生，有显著凸起的叶枕，基部有宿存的芽鳞。叶、芽鳞、雄蕊、珠鳞、苞鳞均呈螺旋状排列，叶为四棱状线形、扁菱状线形或线形扁平，先端钝或尖，无柄，着生于叶枕之上，四面有气孔线或下（背）面无，叶内具 2 个通常不连续的边生树脂道；冷杉的小枝为淡褐色至灰黄色，沟槽内梳生短毛或无毛，枝上无叶枕，叶端微凹或钝，长 1.5～3cm，边缘略翻卷，叶内树脂道边生，球果孢鳞微露出，尖头通常向外反曲。

（二）生物学特性

云杉属一级侧枝向上斜伸，而次级侧枝下垂。枝仅具长枝一种类型，无短枝，小枝上有显著隆起的叶枕；叶为四棱状条形，在枝条上螺旋状着生；球果顶生，下垂，当年成熟，球果成熟后种鳞自中轴脱落。云杉属植物系浅根性树种，较耐阴耐寒，喜湿润，有较强的适应性，喜生于沟谷两岸，多分布于气候干冷，土壤为酸性而湿润的地方，海拔在 500～1800m。常在高纬度的寒带、寒温带至低纬度的暖温带与亚热带的亚高山与高山的阴坡、半阴坡和谷地形成的纯林，或与冷杉、落叶松、铁杉和某些喜冷凉气候的松树及阔叶树组成针叶混交林或针阔混交林。例如，云杉对气候要求不严，多分布于年平均温度 4～12℃、年降水量 400～900mm、年相对湿度 60%以上的高山地带或高纬度地区。抗寒性较强，能忍受−30℃以下的低温，但嫩枝抗霜性较差。云杉在气候温和而又湿润的条件下，在酸性至微酸性的棕色森林土或褐棕土生长甚好。云杉多系浅根性树种，主根不明显，侧根发达，约有 3/4 以上的根系集中分布于表层中，在进行强度后，容易发生风倒现象。云杉结实年龄一般为 30～40a，60～120a 为结果盛期，大致每 4～5a 出现一次种子年。云杉在侧光庇荫条件下天然更新良好，在小片火烧迹地和林中空地上天然更新幼树较多，但在稠密的林冠下更新不良。青杆为常绿乔木，高可达 50m，胸径 1.3m。其为耐阴性树种，喜生在土壤深厚、肥沃和排水良好的微酸性土壤上，要求气候温暖凉爽和湿润，抗旱性较差，分布区多湿多雨，空气相对湿度大，引种栽培到干旱条件下生长不良。其生长习性为性强健，适应力强，耐阴性强，耐寒，喜凉爽湿润气候，喜排水良好，适当湿润的中性或微酸性土壤，也常与白桦，红桦、臭冷杉、山杨等混生。

冷杉属所有侧枝几乎都是平展的。枝仅具长枝一种类型，无短枝，小枝无叶枕，叶脱落后有圆形、微凹的叶痕；叶扁平条形，在枝条上螺旋状着生；球果腋生，直立，当年成熟，球果成熟后种鳞宿存。冷杉属植物多为耐寒、耐阴性较强的树种，适应温凉和寒冷的气候，土壤以山地棕壤、暗棕壤为主，常生于气候凉润、雨量较多的高山地区。冷杉属较耐阴，在高纬度地区至低纬度的亚高山至高山地带的阴坡、半阴坡及谷地形成纯林，或与性喜冷湿的云杉、落叶松、铁杉和某些松树及阔叶树组成针叶混交林或针阔混交林。例如，峨眉冷杉在年均温度 3～8℃，一年中稳定超过 10℃的积温在 500℃以上，年相对湿度85%以上，年日照 1000h 的条件下能正常生长；但鳞皮冷杉等不如峨嵋冷杉耐阴湿，它分布于年降水量 600mm，相对湿度 60%左右的地区。冷杉对土壤水分和肥力要求高，天然林为多层林和异龄林。新疆冷杉耐寒冷气候，对土壤肥力和水分要求较高。在阿尔泰山西北部，年平均温度为–2～3℃，极端最低温度可达–44℃以下，年降水量 700～800mm，最高可达 1000mm，无霜期 90d 左右。新疆冷杉多生于气候湿润的亚高山下部或中山森林带的阴坡、半阴坡及平缓坡地上，土壤为深厚、肥润、排水良好的壤质上，并常与喜光的西伯利亚落叶松组成混交林，居于第二层，有时与西伯利亚云杉混交，在立地条件良好的个别地段则组成小面积纯林。新疆冷杉根系发达，具有明显的主根，且分布较深，抗风能力较强，花期 5 月，球果 10 月成熟。

（三）生态学习性

松科植物为北方常见树种，其分布规律大致为①多种冷杉、云杉、落叶松和少数松树喜气候寒冷、生境潮湿或要求干燥寒冷的气候，分布于高纬度的寒带至寒温带，向南分布到暖温带与亚热带的亚高山及高山，组成寒温性针叶林。②铁杉、少数云杉、冷杉、落叶松和部分松树要求温凉潮湿或温和干燥、四季分明、冬季寒冷的气候，主要分布于暖温带地区与亚热带中山以上，组成温性针叶林。③银杉、黄杉、油杉、金钱松和部分松树要求温暖湿润的气候，主要分布于亚热带中山以下，向南可分布到热带地区地势较高的凉湿山地，组成暖性针叶林。

云杉和冷杉树干端直高大，树冠深厚浓密，林地阴暗潮湿，林分结构以多时代复层林为特征。林下植物片层清晰，优势植物明显，概可分为藓类、灌木与草本等为优势层片的林分，反映出以湿度为中心的生境系列。各层片植物成分各地区多有相似，以“北极-高山成分”为主，既反映各地云杉、冷杉林林下趋同的生境对植物成分的影响，又表明其成分互有亲缘。但地区性分化明显，如杜鹃云杉、冷杉林、高山栎类云杉仅见于青藏高原东南部，箭竹云、冷杉林除见于此区外，还远见于台湾地区，青藏高原北部则出现锦鸡儿云杉林与原柏云杉林，再向西北则见有与草原相联系的以拂子茅为优势的草类云杉林。凡此既反映林下植物层片以施毒为主的气候分异，又可看出植物区系的历史轨迹，这可能是由于林下植物所处生境受乔木层庇护而较少变化的缘故。

冷杉、云杉幼苗需要庇荫，冷杉林下 1～3a 生幼苗通常极多，在混交林中多为冷杉，但 3a 以上苗数量锐减，长成幼树后，因林冠郁闭也难进入林层，多成为被压木甚至枯死，只有上层林木自然枯死或风倒形成林窗后，才能进行所谓的“林窗更新”；云杉则较多为林中空地或林缘扩张更新。因此成林后冷杉林的异龄复层现象常较云杉林更为强烈。云冷杉林此种特殊的更新进程与更新方式表明，树种间对光照利用在时间与空间上都可相互补偿，因此这种混交林更有利于天然更新与群落的结构相对稳定（李冰等，2012）。云冷杉天然林是长期形成的地带性植被类型，具有持续稳定性且不易发生演替，只有遭受外因，如火灾、采伐等人为破坏以及气候发生重大变化时，演替现象才会发生，顺行演替通常经过杨桦等小叶林阶段而恢复，逆行演替则常沦为灌丛草地。例如，发生气候变化而引起云杉、冷杉林“冷湿”环境改变，将导致其被其他植被类型更替。再例如，资源冷杉、百山祖冷杉、梵净山冷杉等都是冰后期气候“变暖”而成为历史的残遗，另有生长于内蒙古沙地特殊生境的白杄云杉林则因气候“变干”而处境濒危。这些残遗的云杉、冷杉林即使在保护下，如果任其自然发展，终将被地带性植被类型排挤以至灭绝。

二、生理代谢特点

代谢为一切生物所共有。植物代谢是植物利用太阳能和无机物质，形成体内的有机物，并用于各种生命活动，同时排除废物和多余能量的过程。根据代谢产物的不同，植物代谢被分为初生代谢与次生代谢。

（一）植物初生代谢与次生代谢的概念

植物初生代谢是指植物合成生命活动必需物质的代谢过程。初生代谢所生成的物质称为初生代谢产物，这些产物主要有蛋白质类、氨基酸类、糖类、脂肪类、RNA、DNA 等。可见，植物初生代谢的独特之处，在于自养性，即利用太阳光能，通过光合作用从二氧化碳、无机盐和水合成各种含能有机物质，供其生命活动之需。

植物次生代谢是指植物利用初生代谢产物产生对植物本身无明显作用的化合物的代谢过程。次生代谢所生成的物质称为次生代谢产物，如苷类、生物碱类、萜类、内酯类、酚类化合物等。植物的次生代谢产物具有多种复杂的生物学功能，在植物防御、作物改良、医药生产及人类疾病的防治等方面具有重要意义，在提高植物对物理环境的适应性和种间竞争力、抵御天敌的侵袭、增强抗药病性等方面起着重要作用。植物次生代谢物也是人类生活、生产中不可缺少的重要物质，为医药、轻工、化工、食品及农药等工业提供了宝贵的原料。尤其在医药生产方面，作为天然活性物质的植物次生代谢物，是解决目前世界面临的医药毒素作用大，以及一些疑难疾病（如癌症、艾滋病等）无法医治等难题的一条重要途径。

（二）植物初生代谢与次生代谢的关系

植物的初生代谢与植物的生长发育和繁衍直接相关，为植物的生存、生长、发育、繁殖提供能源和中间产物。绿色植物及藻类通过光合作用将 CO_2 和 H_2O 合成为糖类，进一步通过不同的途径，产生三磷酸腺苷（ATP）、辅酶（NADH）、丙酮酸、磷酸烯醇式丙酮酸、4-磷酸-赤藓糖、核糖等维持植物肌体生命活动不可缺少的物质。磷酸烯醇式丙酮酸与 4-磷酸-赤藓糖可进一步合成莽草酸（植物次生代谢的起始物），而丙酮酸经过氢化、脱羧后生成乙酰辅酶 A（植物次生代谢的起始物），再进入柠檬酸循环中，生成一系列的有机酸及丙二酸单酰辅酶A等，并通过固氮反应得到一系列的氨基酸（合成含氮化合物的底物），这些过程为初生代谢过程。在特定的条件下，一些重要的初生代谢产物，如乙酰辅酶 A、丙二酰辅酶 A、莽草酸及一些氨基酸等作为原料或前体（底物），又进一步进行不同的次生代谢过程，产生酚类化合物（如黄酮类化合物）、异戊二烯类化合物（如萜类化合物）和含氮化合物（如生物碱）等。

植物次生代谢产物的种类繁多，化学结构多种多样，但从生物合成途径看，次生代谢是从几个主要分支点与初生代谢相连接，初生代谢的一些关键产物是次生代谢的起始物。例如，乙酰辅酶A是初生代谢的一个重要“代谢纽”，在柠檬酸循环（TCA）、脂肪代谢和能量代谢上占有重要地位，它又是次生代谢产物黄酮类化合物、萜类化合物和生物碱等的起始物。可见，乙酰辅酶A会在一定程度上相互独立地调节次生代谢和初生代谢，同时又将整合了的糖代谢和TCA 途径结合起来。

综上所述，植物初生代谢通过光合作用、柠檬酸循环等途径，为次生代谢提供能量和一些小分子化合物原料，次生代谢也会对初生代谢产生影响。但是初生代谢与次生代谢也有区别，前者在植物生命过程中始终都在发生，而后者往往发生在生命过程中的某一阶段。

（三）云、冷杉初生代谢中间产物与次生代谢物的联系

云、冷杉植物的次生代谢是指利用蛋白质类、氨基酸类、糖类、脂肪类、

RNA、DNA 等初生代谢产物产生酚类、黄酮类、香豆素、木质素、生物碱、糖苷、萜类、甾类、皂苷、多炔类和有机酸等对植物本身无明显作用的化合物的代谢过程。从生源发生的角度看，植物次生代谢产物可大致归并为异戊二烯类化合物、芳香族化合物、生物碱类化合物和其他化合物几大类。异戊二烯类化合物的合成有两条重要途径，其一是经由柠檬酸循环和脂肪酸代谢的重要产物乙酰辅酶A出发，经甲羟戊酸产生异戊二烯类化合物合成的重要底物异戊烯基焦磷酸（IPP）和其异构体二甲基丙烯基焦磷酸（DMAPP）。其二是由戊糖磷酸途径产生的甘油醛-3-磷酸经过 3-磷酸甘油醛/NN 酸途径（去氧木酮糖磷酸还原途径）产生 IPP 和 DMAPP，然后由 IPP 和 DMAPP 生成各类产物，包括萜类化合物、甾类化合物、赤霉素、脱落酸、类固醇、胡萝卜素、鲨烯、叶绿素和橡胶等。芳香族化合物是由戊糖磷酸循环途径生成的4-磷酸赤藓糖与糖酵解产生的磷酸烯醇式丙酮酸缩合形成7-磷酸庚酮糖，经过一系列转化进入莽草酸和分支酸途径合成酪氨酸、苯丙氨酸、色氨酸等，最后生成芳香族代谢物，如黄酮类化合物、香豆酸、肉桂酸、松柏醇、木脂素、木质素、芥子油苷等。生物碱类化合物的合成也有两条重要途径，其一是由柠檬酸循环途径合成氨基酸后再转化成托品烷、吡咯烷和哌啶类生物碱；其二是由莽草酸途径经由分支酸产生的预苯酸和邻氨基苯甲酸产生的酪氨酸、苯丙氨酸以及色氨酸产生的异喹啉类和吲哚类生物碱。一些含氮的β-内酰胺类抗生素、杆菌肽和毒素等也是通过氨基酸合成。其他类化合物主要是由糖和糖的衍生物衍生而来的代谢物，通过磷酸己糖衍生的有糖苷、寡糖和多糖等。

三、次生代谢产物

我国云、冷杉植物种类繁多，资源丰富，其次生代谢产物多样，包括酚类、黄酮类、香豆素、木质素、生物碱、糖苷、萜类、甾类、皂苷、多炔类和有机酸等。目前次生代谢产物的分类方法主要有以下 3 种：①根据化学结构不同，分为酚类、萜类和含氮有机化合物等。②根据结构特征和生理作用不同，分为抗生素（植保素）、生长刺激素、维生素、色素、生物碱与植物毒素等。③根据其生物合成的起始分子不同，分为萜类、生物碱类、苯丙烷类及其衍生物等三个主要类型。通常根据其化学结构和性质的不同，将其分为酚类化合物（苯丙烷类、醌类、黄酮类、鞣质）、萜类化合物（萜类、甾体类）、含氮有机化合物（生物碱、氰苷、芥子油苷、非蛋白氨基酸）和其他次生代谢产物四大类，分述如下。

（一）酚类化合物

酚类化合物主要包括苯丙烷类化合物或其衍生物，广泛分布于约 250000 种维管植物中，结构迥异，种类繁多，参与调节生长发育、繁殖和防御等各种植物生理活动。

广义的酚类化合物主要包括黄酮类、简单酚类、多酚类和醌类。

1. 黄酮类

黄酮类是一大类以苯色酮环为基础，具有 C6-C3-C6 结构的酚类化合物，其生物合成的前体是苯丙氨酸和马龙基辅酶 A。黄酮类广泛地分布在各种植物中，一般可分为花色苷、黄酮醇和黄酮三类。花色苷主要分布于花瓣中，在植物的细胞内一般是以糖苷的形式存在，与糖基解离的花色苷剩余部分则称为花色素。花色素的功能主要作为诱引色，吸引昆虫或动物采食，协助传粉和传播种子。另外在一些植物的果实、叶片、茎干和根中也存在花色苷。黄酮醇和黄酮与花色素的结构非常相似，大部分呈淡黄色或象牙白色，和花色素一样也是植物花的呈色物质。这些物质还存在于植物叶片内，对动物起拒食剂的作用，也可以吸收大量紫外线，保护叶片不受其危害。黄酮类化合物泛指由两个芳香环（A 和 B）通过中央三碳链相互连接而成的以苯色酮环为基础结构的一系列化合物，目前已发现 4500 多种异型分子，如花色素苷（色素）、原花色素或缩合鞣质（阻食剂或木材保护剂）、异黄酮类化合物（防御产物和/或信号分子）、查耳酮、橙酮、黄酮、黄酮醇等。

2. 简单酚类

简单酚类为含有一个羟基的苯环化合物，按其结构可分为 3 类，即：①简单苯丙酸类化合物，具苯环-C3 基本骨架，如 *t*-桂皮酸，*p*-香豆酸、咖啡酸和阿魏酸等。②苯丙酸内酯类化合物，也称香豆素 A 类，含苯环-C3 基本骨架，但 C3 与苯环通过氧化方式环化，如伞形酮、补骨脂素和香豆素等。③苯甲酸衍生物类，具有苯环-C1 基本骨架，如水杨酸和香兰素等。许多简单酚类化合物在植物防御食草昆虫和真菌侵袭中起重要作用，某些成分还具有调节植物生长的作用。简单酚类是含有一个被羟基取代苯环的化合物，广泛分布于植物叶片及其他组织中，某些成分有调节植物生长的作用，有些是植保素的重要成分。例如，在某些植物的抗病过程中具有重要作用的原儿茶酸和绿原酸的衍生物——植保素；对植物生长有严重抑制作用的单宁类化合物——没食子鞣质。这类化合物甚至可以抑制周围其他植物的生长，形成植物异株相克现象。

3. 多酚类

多酚类化合物是具有多个酚羟基的次生代谢产物，广泛存在于植物体的皮、根、叶、果肉中的植物源多羟基酚类化合物又称为植物单宁，其在植物体的叶、木、皮、壳和果肉中均有一定含量，许多针叶树皮中的植物多酚含量高达20%～40%，仅次于木质素、纤维素及半纤维素含量。水果、谷物表皮中均含有较高植物多酚，如覆盆子多酚、苹果多酚、葡萄多酚、茶多酚、石榴皮多酚等。

多酚类化合物包括了低分子量的简单酚类到具有高聚合结构的大分子聚合物，多数情况下酚类化合物和单糖或多糖相结合，同时还以衍生物的形式存在，结构复杂，按化学结构分为聚碳酸酯（包含水解单宁及相关的化合物）和聚黄烷醇类（包含缩合单宁及相关的化合物）两大基本类型，其中，碳价结构为 C6、C6-C1、C6-C2、C6-C3、C6-C4、C6-C1-C6、C6-C2-C6、C6-C3-C6、$(C6\text{-}C3)_2$、$(C6\text{-}C3\text{-}C6)_2$、$(C6\text{-}C3)_n$、$(C6\text{-}C3\text{-}C6)_n$ 时依次为简单酚类、苯醌类，羟基苯甲酸类，苯乙酸、苯乙酮类，羟基肉桂酸类、香豆素类、苯丙烯类，萘醌类，氧杂蒽酮类，芪类、蒽醌类，黄酮、异黄酮、黄烷酮、黄烷醇、黄酮醇、花色苷，木脂素类，双黄酮类，木质素类，缩合单宁。

根据植物多酚的结构差异，一般把植物多酚分为水解类单宁（酸酯类多酚）和缩合类单宁（黄烷醇类多酚或原花色素）两类，它们的典型结构如图 1-1 所示。水解单宁通常指水解后能产生没食子酸（G）或各种没食子酸聚合物（CG、DHHDP、开环-DHHDP、S-HHDP、内酯化 valoneoylS，S-gallagyl）和糖的单宁还有一些单宁在糖上结合一些其他结构，如肉桂酸、黄酮、二苯乙烯等。缩合单宁主要指以儿茶素为前体物质，各单元之间的C-O键或C-C键缩合而成的单宁。另外，也有咖啡酸与儿茶素缩合而成的结构（孙希等，2015）。

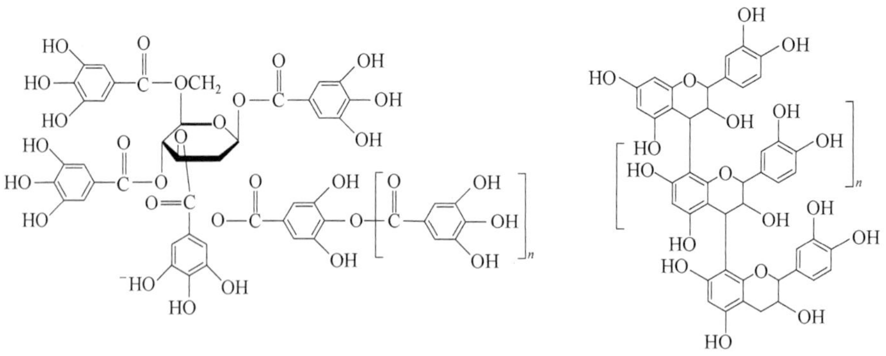

水解类单宁　　　　缩合类单宁

图 1-1　单宁结构

国内外的大量研究已经证明了水解单宁与缩合单宁两类物质在酸、碱、酶的作用下，水解性能有着很大区别，如水解单宁在酸、碱、酶的作用下表现不稳定，易于水解；而缩合类单宁在酸、碱、酶的作用下不易水解。从两者的结构图中可以看出这种区别主要缘于结构上的差异，但是两者共有的多酚结构又决定了它们具有某些相同的性质，这些共性在实际应用中可以体现在以下方面，如与重金属离子发生络合反应，与蛋白质、生物碱产生结合效应，并且能

够捕捉 $O_2^{-}\cdot$、$\cdot OH$ 及与多种衍生物产生活化反应等。植物多酚在自然界中分布十分广泛、储量极其丰富，且来源绿色环保，目前已成为国内外研究天然产物的热点领域。

4. 醌类

醌类化合物是一类由苯式多环烃碳氢化物（如萘、蒽等）衍生的芳香二氧化物，是植物呈色因子之一。根据其环系统可分为苯醌、萘醌和蒽醌。部分醌类具有抗菌、抗癌等功效，如胡桃醌和紫草宁。由苯式多环羟碳氢化合物（如萘、蒽等）衍生的芳香二氧化合物，存在于所有主要植物类群中，它也是植物呈色的主要原因之一。有些醌类是抗菌的主要成分，如紫草（*Lithospermum erythrorhizon*）栓皮层中的紫草宁，存在于胡桃中的胡桃醌等。

（二）萜类化合物

植物萜类化合物是由异戊二烯（五碳）单元组成的化合物及其衍生物，也称为异戊间二烯化合物，或萜烯类化合物，或萜烯，通常分为低等萜和高等萜。

萜类化合物是所有异戊二烯聚合物及其衍生物的总称。以异戊烷五碳类异戊二烯为基本单位，又称类异戊二烯，以侧链重复连接方式递增，分开链类和环萜类两种。开链型类萜的分子组成通式为（C_5H_8）$_n$，包括半萜（C5，即含一个异戊二烯单位，n=1）、单萜（C10，n=2）、倍半萜（C15，n=3）、二萜（C20，n=4）、三萜（C30，n=6）、四萜（C40，n=8）、多萜（>C40，n>8）及杂萜（含异戊二烯侧链）等。环萜型类萜因分子内碳环数的不同，可分为单环萜、二环萜、三环萜等。半萜、单萜及其简单含氧衍生物是挥发油的主要成分；二萜是形成树脂的主要成分；倍半萜是萜类的最大一族，有 7000 多种，作用广泛；二萜、三萜多以皂苷形式存在。二萜类以上也称“高萜类化合物”，一般不具挥发性。植物萜类广泛分布于植物、微生物的初级代谢物和次级代谢物中。

萜类化合物的生物合成是通过异戊二烯途径（又称甲羟戊酸途径）完成的，由 2 个、3 个或 4 个异戊二烯单元分别组成产生的为低等萜。其中由 2 个异戊二烯单元头尾相连形成单萜（C10）、由 3 个异戊二烯单元构成倍半萜（C15）、由 4 个异戊二烯单元构成二萜和多萜（[C5]$_n$，n>10）。单萜和倍半萜是植物挥发油的主要成分，也是香料的主要成分，许多倍半萜和二萜化合物是植保素。

甾类化合物和三萜为高等萜类，它们的合成前体都是含 30 个碳原子的鲨烯。甾类化合物由 1 个环戊烷并多氢菲母核和 3 个侧链基本骨架组成，植物体内三萜皂苷元和甾体皂苷元分别与糖类结合形成三萜皂苷，如人参皂苷和薯蓣皂苷等。

（三）含氮有机化合物

含氮有机化合物是一类分子结构中含有氮原子的植物次生代谢产物，其主要包括生物碱、胺类、非蛋白氨基酸和生氰苷。

1. 生物碱

生物碱属含氮有机次生代谢物中的最大一族，是一类含氮的碱性天然产物，分子结构中具有多种含氮杂环，主要包括异奎啉类、吲哚类和多炔类等。生物碱按其生源途径可分为真生物碱、伪生物碱和原生物碱。真生物碱和原生物碱都是氨基酸衍生物，但原生物碱不含杂氮环。伪生物碱不是来自氨基酸，而是来自萜类、嘌呤和甾类化合物。大约20%的有花植物能产生生物碱，目前已经分离到 12000 余种，其中许多种类是药用植物的有效成分。例如，喜树（*Camptotheca acuminata*）中喜树碱为一种有效的抗癌药物；罂粟（*Papaver somniferum*）中可待因具有止痛、镇咳功效；金鸡纳树（*Cinchona ledgeriana*）中奎宁为传统的抗疟疾药物，用来消除对其他抗疟疾药物产生的抗性；长春花（*Catharanthus roseus*）中长春花碱为抗肿瘤药物，可用于治疗淋巴瘤等。许多生物碱是药用植物的有效成分，如小檗碱、莨菪碱等，还有些是植保素。

2. 胺类

胺类是 NH_3 中氢的不同取代产物，根据取代基数目分为伯、仲、叔和季胺四种。现已鉴定结构的约 100 种，在种子植物中分布广泛，常存在于花部，具有臭味。

3. 非蛋白氨基酸

非蛋白氨基酸为不组成植物蛋白的氨基酸，以游离态的形式存在。目前已鉴定结构的达 400 多种，对动物常有毒性，多集中于豆科植物中。由于非蛋白氨基酸与蛋白氨基酸类似，易被错误地结合进正常蛋白质，导致蛋白质功能的丧失。

4. 生氰苷

生氰苷是一类由脱羧氨基酸形成的 *O*-糖苷，它是植物生氰过程中产生 HCN 的前体。生氰苷本身无毒性，当含生氰苷的植物被损伤后，则会释放出有毒的氢氰酸（HCN）气体。现已鉴定结构的达 30 种左右，存在于多种植物内，最常见的有豆科植物、蔷薇科植物等，如苦杏仁苷和亚麻苦苷。

（四）其他

除了上述的主要三大类外，植物还产生多炔类、有机酸等次生代谢物质，多炔类是植物体内发现的天然炔类，有机酸广泛地分布于植物各个部位。

第三节　云冷杉植物活性物质的性质与功能

云冷杉植物共同的特点是都含有树脂及挥发油，缺乏生物碱，缺少双黄酮。树脂贮存在树脂道内，与挥发油共存。树脂中含有多种有机酸，还有树脂醇、树脂酯及大量的树脂烃类。挥发油存在于针叶及树脂中，挥发油中含有多种萜烯类。云冷杉植物种子均可制油，油中均含有不常见的 3 种共存的特征脂肪酸，为顺-5，9-亚油酸（18∶2）、顺-5，9，12-十八碳三烯酸（18∶3）和顺-5，11，14-二十碳三烯酸。云冷杉植物的次生代谢产物种类较多，化学结构复杂，含量丰富，尤其是与人类健康紧密相关，具有生物活性的次生代谢物质，如植物甾醇、黄酮类、萜类、多酚类、原花青素等含量多，经济价值大，安全性高，不仅对于人类防病祛病，健身强体具有重要的作用，而且对于人们寻找替代目前食品、医药、化妆用品中广泛使用的诸多化学合成品的植物天然物质及利用此类生物活性物质开发功能性食品和制品提供了丰富的物质基础。根据已有研究，在此重点概述最有前景、亟待开发利用的云冷杉植物甾醇、黄酮类、萜类、多酚类、原花青素的化学组成、结构特征、分离鉴定以及功能与作用。

一、活性物质的组成与结构

植物的生物活性物质属植物的次生代谢产物，是植物在长期繁衍进化的过程中与环境相互作用的结果。因此，它与植物的其他次生代谢物一样，其产生和分布具有种属、器官组织和生长发育期的特异性。现将几种云冷杉植物的化学成分研究结果介绍如下。

（一）巴山冷杉

研究结果证明：巴山冷杉精油含量为 1.84%；巴山冷杉枝、叶中粗蛋白、氨基酸、维生素 C、粗脂肪、总糖、粗纤维、灰分的含量分别为 4.03%、1.67%；7.85mg/100g、8.15mg/100g；63.6mg/100g、55.0mg/100g；7.83%、4.57%；19.8%、14.13%；23.07%、23.30%和 1.7%、2.2%，枝叶中粗蛋白、氨基酸、维生素 C、粗脂肪、总糖、粗纤维、灰分的平均含量依次为 2.85%、8.0mg/100g、59.3mg/100g、6.2%、16.97%、23.19%和 1.95%。巴山冷杉针叶精油的主要化学成分为 α-蒎烯（13.25%）、柠檬烯（10.82%）、石竹烯（10.75%）、莰烯（10.40%）、乙酸龙脑酯（6.9%）、Δ-杜松烯（6.28%）、α-蛇麻烯

（3.97%）、芳萜醇（3.0%），α-依兰油烯（2.76%）、β-甜没药醇（2.56%）及α-橙花叔醇（2.54%）等。

研究发现，巴山冷杉枝叶中除了含有蛋白质、糖及其苷类等必要物质外，还含有莽草酸 0.5%（林於等，2010）、二氢黄酮、黄酮醇类、查耳酮等黄酮类化合物（冯慧英等，2016）及酚类、鞣质、有机酸、蒽醌、生物碱类等植物次生代谢产物。其中粗蛋白含量约为 4.03%、氨基酸 1.67%、氨基酸 7.85mg/100g、维生素 C 63.6mg/100g、总糖 19.8%、粗脂肪 7.83%、灰分 1.70%、水分 5.10%（李国胜等，2005）。陈旭（2013）对巴山冷杉的乙醇提取物进行了系统研究，结果如下。

1. 提取分离流程

巴山冷杉枝叶共 21kg，60℃温度下烘干，粉碎，加入 95%乙醇，45℃温度下热提四次，减压浓缩得总膏。将总膏混悬于水中，分别用石油醚、乙酸乙酯、正丁醇萃取五次，得到的萃取液再经浓缩后得不同溶剂的浸膏。

使用石油醚浸膏 44.9g 进行硅胶柱层析，以石油醚-乙酸乙酯系统梯度洗脱，硅胶薄层层析指导合并，然后采用薄层层析、葡聚糖凝胶色谱等各种分离手段进行分化，分离鉴定得 3 个单体化合物。

使用乙酸乙酯浸膏 680.9g 进行硅胶柱层析，以二氯甲烷-甲醇系统梯度洗脱，硅胶薄层层析指导合并，然后采用薄层层析、葡聚糖凝胶色谱、ODS 柱层析、制备高效液相色谱等各种分离手段进行分离纯化，分离鉴定得 11 个单体化合物（其中 2 个化合物与石油醚部位重复）。

根据核磁共振氢谱、碳谱以及参考文献、SDBS 数据库和 SciFinderScholar 数据库解析化合物的结构。

2. 化学成分的分离鉴定

采用硅胶柱层析、薄层层析、葡聚糖凝胶色谱、ODS 柱层析、制备高效液相色谱等方法，从巴山冷杉的乙醇提取物中分离纯化得 12 个单体化合物，根据波谱数据分析，以及与实验室样品对照等方法鉴定出它们的结构，分别为 24（*E*）-lanosta-8，24-dien-3，23-dion-26-oicacid（1），23-hydroxy-3-oxolanosta-8，24-dien-26，23-olide（2），麦芽酚（3），香草醛（4），对羟基苯甲醛（5），对甲基苯乙酮（6），对甲氧基苯甲酸（7），对甲氧基桂皮酸（8），（+）-（3*S*，4*S*）-3，4-dihydro-6-methoxy-2*H*-1-benzopyran-3，4-diol（9），mangifernoicacid（10），β-谷甾醇（11），胡萝卜苷（12）。陈旭（2013）从石油醚部位和乙酸乙酯部位中分离鉴定得 12 个单体化合物，结构如图 1-2 所示。其中化合物 9 为一个新的苯丙素，化合物 23-hydroxy-3-oxolanosta-8，24-dien-26，23-olide 可以保护 $CoCl_2$ 损伤和 H_2O_2 损伤的人骨髓神经母细胞瘤细胞模型（SH-SY5Y），香草醛在一定程度上可保护 Aβ25-35 损伤、$CoCl_2$ 损伤和 H_2O_2 损伤的 SH-SY5Y 细胞膜型。

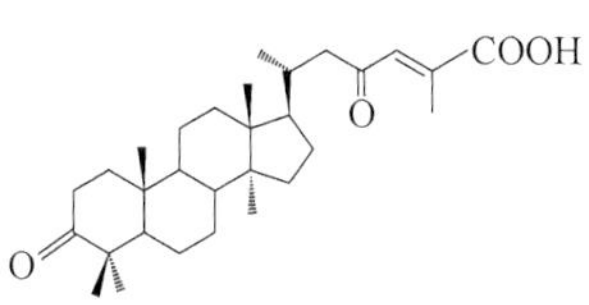

化合物1 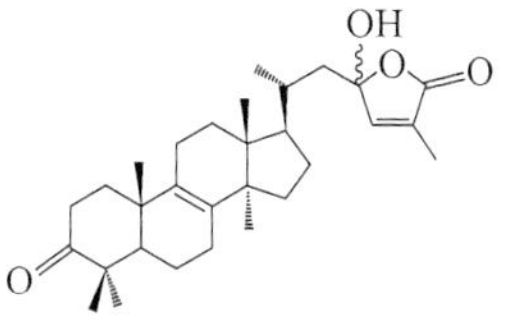　化合物2

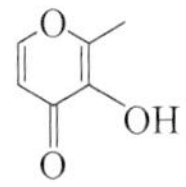

化合物3 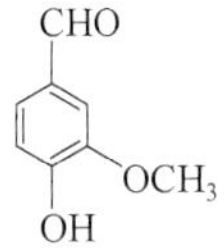　化合物4

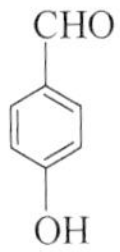

化合物5 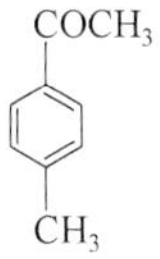　化合物6

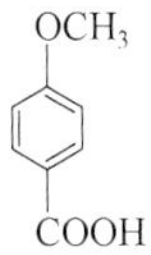

化合物7 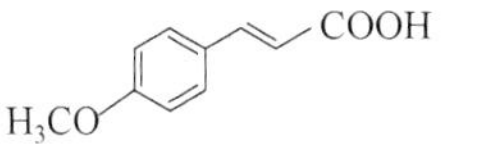　化合物8

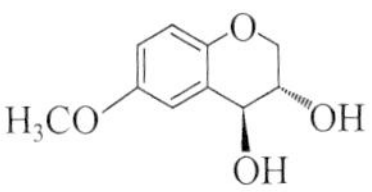

化合物9* 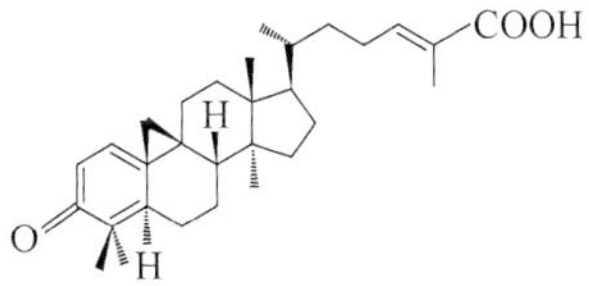　化合物10

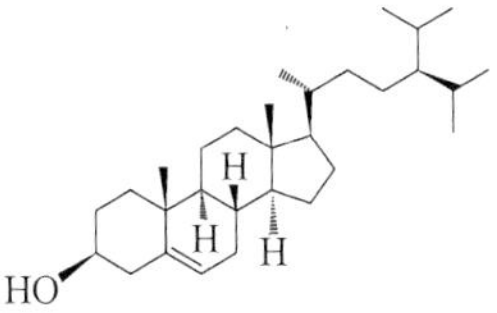

化合物11 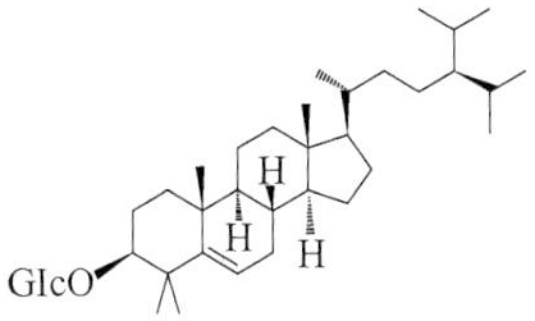　化合物12

图 1-2　从巴山冷杉中分离得到的化合物（*为新化合物）

（二）秦岭冷杉

秦岭冷杉，又名枞树，乔木，为我国特有树种，产于陕西南部、湖北西部及甘肃南部海拔 2300～3000m 地带。

取秦岭冷杉干燥枝叶 17kg 经粉碎后先用 80%乙醇回流提取三次，每次 3h。提取液浓缩后依次以氯仿、乙酸乙酯和正丁醇萃取，减压回收得各萃取部分浸膏分别为 800g、800g 和 1000g。对氯仿和乙酸乙酯部位，经反复硅胶柱层析（石油醚-乙酸乙酯、氯仿-甲醇）、Sephadex LH-20 凝胶柱层析（氯仿-甲醇、甲醇、甲醇-水）和 C18 反相硅胶柱层析（甲醇-水）进行系统分离纯化，经光谱和化学方法共分离鉴定了 75 个化合物，类型包括萜类、黄酮类、木脂素类和酚类等，而萜类又主要包括单萜、降二萜、二萜和三萜，其中新化合物有 8 个，包括 6 个三萜，2 个黄酮。在分离得到的 75 个成分中，萜类成分有 23 个，其中有 8 个三萜，11 个二萜，2 个降二萜以及 2 个单萜；黄酮类成分有 25 个；木脂素类成分有 7 个；其他类 20 个。本次研究除萜类成分丰富多样外，黄酮类成分涉及黄酮、双黄酮、黄酮醇、二氢黄酮、二氢黄酮醇、查耳酮、黄烷醇等，木脂素涉及双四氢呋喃类、二芳基丁烷类、8-*O*-4′-新木脂素、苯骈四氢呋喃类，这说明了该属植物的多样性和植物体内化合物的丰富性。此次在进行系统分离的过程中发现的 8 个三萜中，6 个为含有γ-内酯的Δ8-羊毛脂烷型，氧化度较高，具有很强的抗肿瘤活性，值得深入研究（李永利，2009）。

（三）元宝山冷杉

何瑞杰等（2012）采用色谱技术对元宝山冷杉的化学成分进行分离，并根据波谱学方法确定了化合物的结构，结果如下。

1. 提取与分离

取元宝山冷杉干燥的茎叶 10kg，粉碎后，经 95%乙醇冷提（7d×3 次），减压回收乙醇得浸膏。将浸膏分散于水中，以石油醚萃取并减压浓缩，得 250g。取 200g 石油醚部分经硅胶柱（200～300 目，1000g）以石油醚：乙酸乙酯（10：0～0：100）梯度洗脱得 9 个组分（Fr. Ⅰ-Ⅸ）。对 Fr. Ⅱ（18g）以石油醚：氯仿：丙酮（80：20：1～12：12：1）为洗脱剂，进行硅胶柱（200～300 目，360g）层析分离，再以氯仿：甲醇（1：1）为体系过凝胶柱，分别得到化合物 1（15mg）、化合物 2（960mg）、化合物 3（12mg）；以氯仿：甲醇（200：1～10：1）为洗脱剂，对 Fr. Ⅲ（10g）进行硅胶柱层析，从中得到化合物 4（40mg）和化合物 5（18mg）。

2. 成分鉴定

从元宝山冷杉中分离得到 5 个单体化合物，分别鉴定为 3α-甲氧基-9β-羊毛甾-7，24-二烯-26，23*R*-内酯（1）、β-谷甾醇（2）、6-甲基-3，7-二甲氧基山柰酚（3）、3-氧代-羊毛甾（9，11）-烯-24*S*，25-二醇（4）、豆甾-4-烯-6β-羟基-3-酮（5）。

（四）云杉

孙丽艳等（1991）利用水蒸气蒸馏法提取挥发油，总挥发油经脱水后用毛细管气相色谱分离，通过气相色谱—质谱—计算机联用和气相色谱—红外—计算机联用技术分析从云杉针叶及嫩枝中分离鉴定出 38 个成分，占云杉精油总成分含量的 85%。鉴定出主要成分有莰烯、β-旅烯、γ-萜品烯、樟脑、龙脑等。并查明云杉精油中含氧化合物占相当比例，主要成分为龙脑、樟脑、龙脑乙酯等，香味浓郁，且资源丰富，开发天然香料前景广阔。

（五）其他云冷杉

李永利（2013）采用色谱分离技术、波谱鉴定方法，以及 ECD 光谱计算等方法，对中国特有的冷杉、紫果冷杉、怒江冷杉三种冷杉属植物的乙醇提取物的化学成分（尤其萜类）进行了系统的研究，共分离鉴定了 185 个化合物，其中 50 个为新化合物，8 个结构新颖的四萜，2 个碳骨架新颖的五萜。这些化合物以萜类为主，其中三萜 45 个，二萜 48 个，倍半萜 17 个，单萜 11 个，四萜 8 个，五萜 2 个。

从峨眉冷杉中分离鉴定了 109 个（27 个新）化合物，包括 25 个三萜，34 个二萜，10 个倍半萜，3 个单萜，8 个四萜，2 个五萜，6 个木脂素，5 个苯丙素，7 个黄酮和 9 个其他小分子。本研究首次发现 8 个结构新颖的四萜类化合物，并通过 ECD 光谱方法确定其绝对构型，推测其由羊毛脂甾烷型三萜化合物和β-月桂烯类化合物经 Diels-Alder 反应形成的，同时发现了 2 个五萜类化合物，推测其由羊毛脂甾烷型三萜和松香烷型二萜经 Diels-Alder 反应形成的。首次通过 Cu-Ka 单晶衍射确定一个新松香烷型降二萜的绝对构型，同时发现了一个结构新颖的 9，10 裂环的松香烷型二萜和 3 个具有含有螺环结构的新三萜，另外还发现了 3 个结构新颖的倍半萜。

从紫果冷杉中分离鉴定了 82 个（15 个新）化合物，包括 19 个三萜，14 个二萜，8 个倍半萜，9 个单萜，17 个木脂素，2 个苯丙素，8 个黄酮和 5 个其他小分子。本研究首次发现了一系列含有 23 位羰基，26 位羧基的羊毛脂甾烷型三萜，并通过 Cu-Ka 单晶衍射确定这类化合物的绝对构型。首次在本属发现了 2 个含有 28 位羟甲基的环阿尔廷烷三萜，通过 Cu-Ka 单晶衍射确定其绝对构型，并通过 CD 谱方法确定了一个新木脂素的绝对构型，同时发现 3 个新的单萜化合物。

从怒江冷杉中分离鉴定了 44 个（8 个新）化合物，包括 14 个三萜，15 个二萜，4 个倍半萜，3 个木脂素，2 个苯丙素，1 个黄酮和 5 个其他小分子。本研究首次在本属植物中发现 1 个结构重排的羊毛脂甾烷型降三萜并通过 Cu-Ka 单晶衍射确定其绝对构型，另外发现 5 个新的三萜化合物。

几种云、冷杉针叶富含蛋白质、多糖、黄酮、多酚和原花青素等生物活性物质含量见表 1-1（王群，2016）。

表 1-1 几种云冷杉针叶的活性成分含量 （单位：mg/g）

树种	蛋白质	多糖	多糖	多酚	黄酮	原花青素
日本冷杉	1.50	42.58	1.38	39.38	7.9	4.93
青海云杉	0.93	60.44	0.79	29.72	6.72	3.17
蓝粉云杉	1.33	87.40	1.47	48.95	9.46	4.75
红皮云杉	0.82	48.26	1.40	26.14	6.12	3.14

注：表中多糖、蛋白质为鲜重，其余为干重。

二、活性物质的性质

人类社会以森林剩余物为主要原料，通过化学资源化、高值化利用技术，生产出市场广阔、环境友好和附加值高的绿色化学品，是当今国际农业、能源和材料业发展的重要趋势。植物次生代谢产物能降低癌症风险（抗癌作用），屏蔽自由基的生成（抗氧化作用），对真菌、细菌和病毒的感染起保护作用（抗菌），具有的降低胆固醇水平等保健作用已受到人们广泛关注。近年来的研究表明，云冷杉属植物树干、皮、枝、叶与根中富含萜类、多酚类、黄酮类、单宁类、原花青素等物质，它们具有重要生理活性和特殊经济用途，是一种具有极高价值的医药、食品与林产化工原料。

（一）抗菌、抗氧化

李小燕等（2014）采用可见分光光度计法对沙地云杉等 8 种云杉属植物叶片提取液中的多酚、黄酮含量以及其提取液对 DPPH 自由基、ABTS 自由基、O_2^-·、·OH清除能力的研究结果表明：供试的8种云杉属植物叶中多酚、黄酮差异较大，但其叶片提取液中多酚、黄酮含量大体呈现相同的走势，其中沙地云杉和青杆的含量均最高，粗枝云杉、川西云杉（变种）的含量相对较低；供试的8种云杉属植物叶片提取液对DPPH自由基、ABTS自由基、O_2^-、·OH均有不同程度的清除作用，尤以青杆叶片的提取液对 DPPH 自由基、ABTS 自由基、O_2^-·的清除能力较强，其次为沙地云杉；多酚和黄酮含量与 ABTS 自由基、O_2^-·清除能力之间的相关性较高，与 DPPH 自由基、·OH 清除能力之间有较弱正相关。

巴山冷杉针叶中主要含有二氢黄酮、黄酮醇和查耳酮等黄酮类物质。影响巴山冷杉针叶黄酮提取率的因素由大到小依次为乙醇体积分数>超声温度>超声功率>超声时间。超声波法提取巴山冷杉针叶黄酮的最佳工艺条件为乙醇体积分数55%、超声温度66℃、超声功率300W、超声时间40min，在此条件下黄酮提取率可达4.817%。巴山冷杉针叶黄酮提取液对DPPH自由基和ABTS自由基均具有较好的清除作用（冯慧英等，2016）。臭冷杉精油具有抑菌、镇咳祛痰平喘、镇静、抗惊厥、镇痛、解热的药理功效（李凡等，1998）。

（二）降血脂、降血糖

云杉具有潜在的降血脂、降血糖作用，有保健品或药用开发价值。尤其是人们通过食用存在于大量植物种子和植物油中的植物甾醇，人体就会减少食物胆周醇的吸收，从而降低血液的胆固醇水平。邓心蕊等（2014）对红皮云杉中的抗氧化物质分离纯化及体外抗氧化能力研究结果证明，PT40%-E 对羟基自由基清除活性最好，清除率可达97.998%；PT20%-D对DPPH自由基的清除活性最好，清除率为 99.617%；PT80%-D 总还原力最好；PT40%-D 在抗脂质过氧化能力方面表现突出，抑制率为 99.148%。多酚类物质对高脂饲料诱导的高血脂小鼠具有良好的降血脂和抗氧化功能，可以缓解高脂小鼠体重的升高，并提高脾脏指数。通过调节血清中血脂四项的含量，实现辅助降血脂功能、辅助降低甘油三酯、辅助降低血清总胆固醇方面的作用，对糖尿病小鼠具有良好的降血糖、抗氧化和抗疲劳作用，能提高小鼠的存活率，改善小鼠体重增长缓慢，抑制肝脏指数过度升高。多酚类物质的降空腹血糖实验和糖耐量实验结果均为阳性，表明有治疗糖尿病的作用，可降低血清中含量。

（三）抗肿瘤

研究认为，红皮云杉多酚有显著的抗肿瘤作用，高剂量红皮云杉多酚的抑瘤率为 61.31%，且安全性好（周芳等，2016）。以 D-101 为固定相介质，红皮云杉多酚的最佳纯化工艺条件为上样浓度 1.5mg/mL、上样量 25mL、径长比 1∶25、洗脱剂浓度 70%、洗脱流速 2.0mL/min、多酚得率 56.88%。从冷杉、紫果冷杉、怒江冷杉中分离得到的化合物中筛选出一些具有抗炎、抗肿瘤活性单体化合物，其中 AF-43 抑制 NO 产生的活性最明显，其 IC_{50} 为 24.2μmol/L，AF-81 肿瘤细胞毒活性最强，尤其对细胞株 HCT116 和 ZR-75-30，其 IC_{50} 分别达到 1.12μmol/L 和 1.30μmol/L。结合这些化合物的结构和抗炎活性测试数据，分析发现含有 18 羟甲基或 C18 琥珀酸衍生物的二萜化合物都有一定活性，而在 C18 琥珀酸衍生物中 C18 琥珀酸甲酯的活性最强（李永利，2013）。

（四）化感

化感作用主要是指一个活体植物（供体植物）通过地上部分茎叶挥发、茎叶淋溶、根系分泌等途径向环境中释放一些化学物质，从而影响周围植物（受体植物）的生长和发育。这种作用包括促进和抑制两个方面，在范围上包括种群内部和物种间的相互作用。广义的化感作用还包括植物对周围微生物的作用，以及由于植物残株的腐解而带来的一系列影响。植物的化感作用广泛存在，与植物对光、水分、养分和萌发竞争一起构成植物间的相互作用，它能够影响植物分布、群落的形成和演替、种子的保存和萌发、真菌孢子萌发、氮循环等。植物在防御其天敌，如昆虫和植食动物的侵食过程中，化感作用作为阻食剂的次生物质发挥着重要的作用。人们从北美冷杉、罗勒等植物中分离到了昆虫保幼激素活性物质。当昆虫取食这些植物的同时摄入相应的激素活性物质，从而影响到昆虫的变态发育过程，导致不育或死亡。植物中含有的涩味、苦味、酸味物质都能大大降低其适口性而成为很好的防御天敌动物侵食的化学武器。例如，具有涩味而且难被消化酶分解的次生物质单宁是植物对抗动物侵食的最为重要的生化屏障。潘存德等（2009）采用 GC-MS-MS 技术分析了云杉针叶水提液的乙醚、乙酸乙酯、正丁醇三种有机萃取物的化学组成，共鉴定出了包括酚酸、长链脂肪酸、单宁酸和吲哚类物质在内的 17 种化合物。证明了天山云杉凋落物中存在的化感与自毒物质是导致其种群天然更新障碍的最主要原因，同时揭示了自毒作用发生的化学物质基础（郑舒文，2015）。

三、活性物质的功能

富含多酚类、黄酮类、单宁类、萜类、甾体及原花青素等生物活性物质的云、冷杉植物的功能主要有以下几个方面。

（一）生理功能

近年来研究发现，在所有旺盛生长的细胞中都发生着次生代谢物的不断合成和转化，植物次生代谢在其生命活动中起着重要作用。例如，吲哚乙酸、赤霉素等直接参与生命活动的调节；木质素为植物细胞壁的重要组成成分，纤维素、木质素、几丁质等对维持生物个体的形态必不可少；花青素是一类广泛地存在于植物中的水溶性天然色素，在植物的生殖器官，如花瓣、种子和果实中呈现不同的颜色；叶绿素、类胡萝卜素等作为光合色素参与植物光合作用过程等；有些次生代谢物，如水杨酸和茉莉酸，还作为信号分子参与植物的生理活动。植物体内合成的维生素 C 在植物抗氧化和自由基清除、光合作用和光保护、细胞生长和分裂以及一些重要次生代谢物和乙烯的合成等方面具有非常重要的生理功能。许多物种的生存已离不开这些天然产物。叶绿素是含镁的四吡咯衍生物，是由原卟啉 IX 通过生物合成（次生代谢）形成的。

云、冷杉植物富含的生物碱、黄酮类、萜类、有机酸、木质素等活性物质为植物中的一大类生理代谢物质，它们不仅对于植物自身在复杂环境中的生存和发展起着不可替代的作用，而且具有一定的生理活性及药理作用。例如，吲哚乙酸、赤霉素等作为植物激素，直接参与生命活动的调节；木质素为细胞次生壁的重要组成成分；叶绿素、类胡萝卜素等萜类物质作为光合色素参与光合作用过程等。某些碱基为核酸的重要组分，生物碱具有抗炎、抗菌、扩张血管、强心、平喘、抗癌等作用；黄酮类化合物具有抗氧化、抗癌、抗艾滋病、抗菌、抗过敏、抗炎等多种生理活性及药理作用，且无毒副作用，对人类的肿瘤、衰老、心血管疾病的防治具有重要意义。目前，世界上75%的人口依赖从植物中获取药物，除化学合成之外，人类大量依赖植物次生代谢的活性产物作为药物。

许多次生代谢物具有药用价值或者促进人体健康的功能，有些代谢物则是人体必需的营养成分，如维生素及其前体等。其中：①类胡萝卜素分为两类：含氧的类胡萝卜素，包括β-玉米黄质、玉米黄质和叶黄素；不含氧的类胡萝卜素，包括番茄红素、α-和β-胡萝卜素。胡萝卜素是对抗自由基最有效的抗氧化剂之一，具有强化免疫系统，增强抵抗力，预防白内障与心脏、血管疾病及防癌抗癌等主要功能。②植物甾醇存在于大量的植物种子和植物油中（向日葵籽、芝麻籽），可以降低血液的胆固醇水平，是由于食用它们，人体就会减少食物胆周醇的吸收。③硫代葡萄糖苷决定了芥末、山葵和大头菜的特别味道，其最重要的代表是含硫化合物，其起抗癌作用，还可以对细菌感染起到保护作用，其中的许多种可以改善肝脏的排毒作用。④酚酸和有机类黄酮属于传统的植物性抗氧化剂，它们大量出现在水果、蔬菜和全麦谷物的皮层中，这是人们通常弃之不食的部位。橙子或是柚子的白膜层含有丰富的橙皮苷。在葡萄皮中可以发现花色苷，从葡萄籽中可以提取原花青素。水果皮中（如梨子和苹果）可以提取丹宁酸。有机类黄酮含有特别丰富且多样的保健作用，它们通常有抗感染作用（如橡树皮浴），可通过强化抗氧化性的保护作用来调整免疫系统的反应能力，并以此长期地抵抗癌症的形成。特别是来自东亚的不发酵的绿茶，一直深受人们喜爱，其中含有少量的咖啡因和有刺激性的丹宁酸，而且含有丰富的儿茶酸，它们对维生素的抗氧化性作用起补充作用，基本上可以每天服用。⑤植物凝血素存在于植物荚果和谷物产品中，它们可以降低血液的葡萄糖水平。⑥含硫化合物最重要的代表是葱类蔬菜（大蒜、阔叶葱、大葱和洋葱）。有效物质蒜氨酸的分解产物有很强的抗炎作用，可以抵抗细菌感染，还可以由此对血压和免疫系统产生作用。

（二）生态功能

植物次生代谢产物是植物对环境的一种适应，也是在长期进化过程中植物与生物和非生物因素相互作用的结果。在对环境胁迫的适应、植物与植物之间的相互竞争和协同进化、植物对昆虫的危害、草食性动物的采食及病原微生物的侵袭等过程的防御中起着重要作用。

1. 对非生物因素的防御作用

植物对非生物因素的防御主要表现在抵御不良物理环境，即对环境胁迫或逆境的适应，提高植物对物理环境的适应性方面。在自然环境条件下，高温、低温、干旱、高盐等物理环境都有可能对植物造成伤害。植物生长环境中的温度、水分、光照、大气、盐分、养分等都会对植物的生长产生各种各样的影响甚至胁迫。在植物耐旱、抗寒和耐盐性研究中都发现次生代谢产物都在其中发挥重要作用。在一定程度上，植物对环境胁迫可以做出反应，次生代谢及其产物是其生化反应基础。近年来研究表明，高温、干旱、低温、高盐营养等物理环境，可以诱导植物细胞产生逆境蛋白，如高温诱导的热激蛋白（HSP），低温诱导的冷响应蛋白（CRP），低温、外源脱落酸（ABA）及水分胁迫诱导的胚胎发育晚期丰富蛋白（LEA），干旱和高盐诱导的渗调蛋白等，这些蛋白可以直接参与到细胞内的各种生化反应或通过改变某些酶的活性而增强植物的抗逆境能力。

2. 对生物因素的防御作用

1）化感作用

植物间的化感作用主要是指植物产生并向环境释放次生代谢产物，从而影响周围植物生长和发育的过程。化感作用包括促进和抑制两个方面，在范围上包括种群内部和物种间的相互作用。植物彼此间相互作用的剧烈程度不亚于植物与昆虫间的相互作用，但这些相互作用一般是非专一性的。植物的次生代谢物质在地面上是从树叶、树枝等部位释放到环境中的，在地下则是通过根的作用释放到环境中。这些化合物抑制其他植物的发芽或生长以减低其他植物的竞争能力，这就是异株克生现象。化感作用在森林抚育、植物保护、生物防治等方面有着广阔前景。

2）植食性昆虫的防御作用

植物次生代谢物可以影响许多昆虫的行为。首先，次生代谢物的挥发性可作为诱导植食性昆虫寻找食物、产卵的信号物质。其次，可以作为防御物质，存在于许多植物中，对昆虫具有驱避、拒食、胃毒、触杀、生长发育抑制等生理活性。第三，挥发性次生代谢物可以作为植食性昆虫天敌识别寄主的信号，为植食性昆虫天敌搜寻猎物提供信息，从而达到间接防御的目的。这些情况充分表明，次生代谢产物在植物、植食性昆虫、昆虫天敌三级营养关系中起着重要的作用，它是三者之间进行交流的信使，在三者的协同进化中起重要作用。

3）对大型草食性动物采食量的防御作用

植物对动物或人类的采食往往通过超补偿反应以弥补采食造成的营养和生殖损失。在防御上，可造成钩、刺等物理屏障。但由于动物能抗御植物的物理防御，因此植物对采食量有效的防卫是植物利用次生代谢产物进行的化学防御。其防御的机制主要有 3 种，第一种是次生物质决定植物可食部分的适口性，使动物拒食，如由生物碱、皂角苷、类三萜、类黄酮等化合物形成的苦味对动物有拒斥作用，使动物不以味苦的植物为食；第二种是利用氰类及生物碱等有毒物质进行质量防御，由于这类物质易被吸收，在剂量很低时就对动物产生有效的生理影响，从而达到防御目的；第三种是利用酚类和萜类化合物抑制动物消化，限制觅食。

4）对病原微生物的防御作用

植物的挥发性次生代谢物对微生物具有杀灭或抑制作用。当植物受到真菌、病毒、细菌等病原微生物的诱导后可以产生抗病菌能力，其生化机理是植物产生的次生物质构成植保素或抑菌物质参与了免疫反应。植保素是植物受到感染后诱导产生的一些酚类、类萜及含氮有机化合物的总称，如苯甲酸、红花醇、绿原酸、蚕豆素、菜豆素等物质能够提高植物的抗病能力，增强免疫能力。而在植物体内非诱导的次生代谢物可以作为预先形成的抑菌物质暂时贮存在一定的组织中，当植物受到病原体的诱导后转变为植保素、木质素等产生免疫反应。

3. 增强植物抵御天敌侵袭的能力

植物能生成的毒性物质的种类很多，如生物碱、皂角苷、葫芦素、烯羟酸内酯、硫代葡萄糖苷等。多数植物还具有较强的诱导防御能力，即植物被取食后产生应激的次生代谢产物，使植物的防御水平在短时间内迅速提高，以威慑、毒害入侵昆虫或食草动物。大量的研究表明，植物次生代谢物对植食性哺乳动物的食物摄入量、代谢、蛋白质利用率、体组织成分及脂肪沉积、酶活性、内源性蛋白质分泌、肝脏和肾脏细胞膜的完整性、生长速率、繁殖及存活均具有显著的抑制作用。

4. 增强植物抵抗病害的能力

致病微生物的侵袭是危害植物生存的又一重要因素，次生代谢产物在提高植物抗病能力方面也起着举足轻重的作用。例如，松科云冷杉含有较高的萜类和酚类物质，具有很强的抗腐性。较为著名的植保素是在植物受到感染后被诱发产生的，它对病原真菌具有高度毒性，且对真菌无特异性，被认为是植物产生的抗真菌物质中最重要的一类。目前已鉴定的植保素有 200 多种，其中很大一部分来自豆科植物，如大豆根系中的大豆抗毒素、豌豆豆荚中的豌豆素、大豆豆荚中的菜豆素等。植保素中最简单的是苯甲酸，其他较复杂的有生物碱、类异黄酮，如豌豆素、类萜衍生物、甘薯黑疤霉酮、脂肪族衍生物、红花醇等。

（三）经济功能

植物次生代谢物是医药、食品添加剂、化妆品、农业化学与精细化学等工业的重要原料。例如，天然橡胶是三叶橡胶树、杜仲等植物产生的次生代谢物，均为聚异戊二烯类化合物，前者是顺式-聚异戊二烯，后者是反式-聚异戊二烯，是由甲羟戊酸途径产生的次生代谢物，是合成橡胶不可比拟的一种世界性工业原料和重要的战略物资；漆树的次生代谢物漆酚（酚类化合物）是生漆工业原料的重要成分。还有许多植物次生代谢物是香料、色素、调味品、化妆品等重要的工业原料。例如，阿玛箭、阿托品、小檗碱、可待因、利舍平、长春花新碱等生物碱类，薯芋皂苷配基等甾类，毛地黄皂苷配基、地高辛等卡烯内酯为医药工业原料；卡哈苡苷、甜蛋白等甜味剂，奎宁等苦味剂和藏红花等色素为食品添加剂原料；紫草宁、花色素苷等色素和玫瑰油、茉莉油、薰衣草油等香精为化妆品原料；除虫菊酯、印度楝素等为农业化学产品原料；蛋白酶、维生素类、脂类、乳胶、油脂等为精细化学品生产原料。

第四节　云冷杉活性物质形成与积累

研究表明，植物的生物活性物质不仅对提高植物自身保护和生存竞争能力、协调与环境关系上起了重要作用，而且其产生与变化比初生代谢产物和环境有着更强的相关性和对应性。植物体内的不同次生活性物质在生物合成、运输、积累等方面既有一定的相关性，同时又受到多种环境因素的影响，存在着相对的独立性。植物活性物质的形成及其储藏位点都严格地限制在植物一定的发育期、特殊器官、组织和特化的细胞。因此，植物活性物质的合成和积累不但受遗传控制，同时还受树龄、季节（生长发育阶段）的影响。不同种源的同一植物在相同的环境下生长有差异。同种植物，由于所处的生长环境不同，对环境将会产生不同的反应。同一植株不同部位各次生代谢产物含量不同，不同生长期其含量也不同。植物对所处生境的反应不仅体现在外部形态上，在代谢水平上也有反应，也就是环境不同会导致其所含的化学成分产生差异。影响云冷杉活性物质形成与积累的主要因素有以下方面。

一、地理种源

不同种源的同种植物，其活性物质的产量不仅受光照、土壤条件、温度等生态环境因子影响，也由其自身生物遗传特性决定。楚秀丽等（2011）对5个种源的青钱柳叶片黄酮类物质含量差异极显著的研究结果充分证明了对进行目标次生代谢物的优良种源选择的重要性。

二、植物组织与器官

金则新等（2007）发现，青钱柳营养器官均含有鞣质、蒽醌、总黄酮、生物碱、绿原酸和皂苷6种次生代谢活性物质，但活性物质的含量在同一植株的不同器官中是有差异的。次生代谢产物及其前体物质的合成存在区域化现象，其合成部位和积累部位存在差异。另外，对七子花（*Heptacodium miconioides*）次生代谢产物积累的研究发现，就不同器官而言，黄酮、总皂苷和总生物碱的含量以叶片最高，而次生代谢产物的总含量以老根最高；不同层次而言，活性物质的总量、总皂苷、绿原酸、鞣质、木质素均为上层最高，黄酮以中层最高，总生物碱是下层最高（杨蓓芬等，2007）。

三、植物生长期

大量研究发现，植物次生代谢活性物质的积累不仅受季节的影响，而且受年龄的影响。李建辉等（2008）对濒危植物夏蜡梅（*Sinocalycanthus chinensis*）叶片次生代谢产物含量的动态分析表明，3类次生代谢产物总含量、皂苷含量、游离蒽醌含量的变化曲线均为“双峰型”，其中，3类次生代谢产物总含量、皂苷含量在5月和9月出现2个峰值；游离蒽醌的含量在6月和9月出现2个峰值；生物碱含量的变化规律与其他2类次生代谢产物不同，其变化曲线总体趋势是逐渐下降，以5月最高，10月最低。张九东等（2009）研究发现，红豆杉（*Taxus chinensis*）树皮中紫杉醇含量为63～142mg/kg；叶中紫杉醇含量为13～135mg/kg；幼枝和木质部中几乎不含紫杉醇。相同年龄枝和叶中紫杉醇含量差异较大，1a、2a和3a生枝上叶中紫杉醇含量以3a生最高，1a生最低。

四、环境因子

植物的次生代谢产物是植物在长期进化中与环境进行生物与非生物相互作用的结果，次生代谢产物在植物提高自身保护，提高生存竞争能力，协调与环境关系上充当着重要的角色，其产生和变化比初生代谢产物更易受到环境的影响。

（一）光照强度

光是植物生命活动中重要的环境因子之一，它不仅是植物生长发育的能量来源，而且作为信号因子调控植物的生长发育。光对植物活性物质的合成和积累产生重要的影响。

适宜的光照强度能促进植物同化产物的积累，进而有利于次生代谢活性物质的合成。研究表明，减弱光照强度可诱导积累生物碱，从而增加植物组织中生物碱的含量。适度遮阴条件下，红豆杉中的紫杉醇、雷公藤（*Tripterygium wilfordii*）愈伤组织中的二萜内酯，银杏（*Ginkgo biloba*）叶中的黄酮等次生代谢产物的含量都有不同程度的提高。然而，有些研究发现，增加光照强度有利于生物碱等一些次生代谢物的合成，如充足的光照能提高金银花（*Lonicera ferdinandii*）中的氯原酸、麻黄（*Ephedra sinica*）生物碱等有效成分的含量。

目前，关于光强对萜类物质影响的研究结果也并不一致。有研究表明，强光照促进单萜类物质的积累，低光照条件下其含量降低。萜烯类物质也会受到光强的影响，遮阴处理后的幼苗也表现出较低水平的丹宁酸。因此，在生产实践中，可以通过调整植株的种植密度，进行适当的遮阴处理等措施来改变光强，从而达到最佳的种植效果，获得最大收益。

（二）光质

光质对次生代谢的影响较为复杂，不同波段对不同种类的次生代谢活性物质积累的影响不同，相同波段的光对同一类次生代谢物质的影响对不同植物的表现不同。据研究报道，绿光对冬凌草（*Rabdosia rubescens*）再生植株体内的冬凌草甲素和迷迭香酸的合成有明显的促进作用，而红光培养下植株体内次生代谢产物的形成受到了明显的抑制（苏秀红等，2010）。红光比蓝光更利于长春花细胞中生物碱的合成；蓝光对水母雪莲（*Saussurea medusa*）愈伤组织中黄酮合成的促进作用最强，其次是远红光和白光，红光最低；红膜使根部红景天（*Rhodiola sachalinensis*）苷含量提高；黄色薄膜下茶树（*Camellia sinensis*）的花青素含量较高，茶多酚含量仅次于红薄膜覆盖的含量；在紫膜和黄膜覆盖下，人参总皂苷含量明显提高，深蓝膜下人参总皂苷含量明显下降（李彦等，2012）。可见，不同的光质对不同种类次生代谢物的影响存在差异。这是由于植物界存在着红光、远红光调节的第一光形态建成反应，以及蓝光、近紫光调节的第二光形态建成反应。这两类反应效应不同，如红光能促进植物体内碳水化合物的积累，蓝光能提高蛋白质的含量。

（三）温度

温度在调节植物代谢水平上发挥着重要作用。温度对毛状根次生代谢物有一定的影响，一般植物组织培养的温度为 20～25℃，次生代谢产物的积累对温度的依赖性依不同培养系而异（杨慧洁等，2010）。将黄豆（*Glycine max*）在低温条件下培养 24h，其根部总酚酸、染料木黄酮、大豆黄素和染料木苷的代谢水平都有显著增高，若施加苯丙氨酸解氨酶的竞争性抑制剂 AIP（2-aminoindan-2-phenylphoshonic acid），则其酚酸含量显著下降（李彦等，2012），说明低温促进了由苯丙氨酸转向次生代谢的过程。

（四）水分

水分是植物生长发育的必要条件，土壤中水分含量与降水量的多少都会影响植物的次生代谢。干旱胁迫通常会使药用植物体内的次生代谢物质浓度升高，如萜类、生物碱、有机酸等。杨蓓芬等（2007）通过研究光照与水分胁迫对东魁杨梅（*Myrica rubra* cv. *Dongku*）叶片次生代谢产物的影响发现，1 层遮阴、水分适宜和 2 层的水分胁迫有利于东魁杨梅叶片中总黄酮含量的合成积累；全光照、水分充足和 2 层的水分胁迫有利于叶片总绿原酸、总鞣质的合成积累；2 层遮阴、水分充足和 2 层的水分胁迫有利于叶片游离蒽醌的合成积累。干旱对次生化合物含量的影响通常与干旱胁迫的程度、发生时间的长短有关。短时间的干旱胁迫，可使次生代谢成分的含量增加，但长时间的胁迫，会得到相反的结果。由于在适度干旱的条件下，植物的生长受到限制，大量的光合产物在体内积累，植物利用这些“过剩”的光合产物合成含碳次生化合物，从而提高了组织细胞中次生代谢产物的浓度。但严重的干旱会使产生的光合产物和其他原料非常有限，而使植物中含碳次生化合物的合成受到限制。

（五）养分

一般认为，氮素营养的匮乏会导致萜类、酚类等不含氮次生代谢产物的积累，反之，则会促进含氮次生代谢产物，如生物碱、氰苷等的合成。研究发现，随施氮量的增加，枸杞（*Lycium barbarum*）果实中甜菜碱和黄酮含量有增加趋势，而类胡萝卜素含量逐渐降低；枸杞多糖含量降低，总糖含量增加，施适中氮量（600～900kg/hm^2）时次生物质和多糖、总糖的含量均较高。此外，镁对杜仲叶中黄酮、京尼平苷酸、京尼平苷、桃叶珊瑚苷、绿原酸、杜仲胶 6 种次生代谢物的合成和积累有一定的促进作用。

小 结

云冷杉林为世界北半球地区主要森林类型之一，也是我国北方温带地区和西部高山地区的重要森林类型，其种类多，分布广，资源丰富，是我国生态环境建设和社会经济可持续发展的重要物质资源之一。尤其是云、冷杉植物的皮、根、叶、果、树脂等器官组织富含的植物甾醇、黄酮类、萜类、多酚类、原花青素等与人类健康紧密相关的次生代谢物质（通常也称之为“植物生物活性物质”）经济价值大，安全性高，不仅在植物抵抗高温、低温、干旱、高盐等物理环境伤害，提高抗病抗虫抗化感作用等自身防御能力及其促进植物进化方面具有不可替代的重要作用，而且具有抗炎、抗菌、抗过敏、扩张血管、强心、平喘、抗氧化、抗癌、抗艾滋病等多种生理活性及药理作用，对于人类防治肿瘤、衰老、心血管等疾病具有重要的作用，是医药、食品添加剂、化妆品、农业化学与精细化学等工业的重要原料，为人们开发功能性食品和生产替代目前食品、医药、化妆用品中广泛使用的诸多化学合成品的植物天然物质制品提供了重要物质保证。

实施天然云、冷杉林保育工程既是构筑国土生态屏障，为中华民族的子孙后代留下优质的生态资产的重大举措，又是保护野生动植物及生物多样性的重要内容，意义重大而深远。经过 20 多年的不懈努力，我国的天然云冷杉林保护与建设虽然取得了较大发展，初步建立起以自然保护区为主，兼具生态公益林和森林公园的网络体系，但还面临许多问题。一方面，从我国目前的自然保护区、生态公益林和森林公园建设所覆盖的区域和范围来看，还有许多生态脆弱区域、重要植被类型、重要湿地没有纳入保护范围，盲目开发导致自然保护区被蚕食、天然植被资源锐减或破碎化、湿地干涸及污染等情况仍十分严重。尤其是对百山祖冷杉、梵净山冷杉、元宝山冷杉与资源冷杉等国家一级保护野生植物，秦岭冷杉、大果青杄与油麦吊云杉等国家二级保护植物和康定云杉与白皮云杉等濒危保护物种尚未得到有效的保护。大多数自然保护区范围过小，野生动植物栖息地破碎，导致食物链结构不完整，并受周边工农业生产活动的剧烈影响，致使天然植被恢复缓慢，加上生态系统退化，水土流失，洪涝或干旱等自然灾害频繁等现实，使天然植被资源难以得到有效保护。这表明我国的天然云、冷杉植被资源保护还存在空白和欠缺，未达到布局合理、功能齐备、优势互补、效益显著的要求，从而在一定程度上成为影响国民经济可持续发展的因素，甚至在有的地方已威胁到当地人民赖以生存与发展的环境。另一方面，云、冷杉植物的次生代谢是指利用蛋白质类、氨基酸类、糖类、脂肪类、

RNA、DNA 等初生代谢产物产生酚类、黄酮类、香豆素、木质素、生物碱、糖苷、萜类、甾类、皂苷、多炔类和有机酸等对植物本身无明显作用的化合物的代谢过程。云、冷杉植物的皮、根、叶、果、树脂等器官组织富含的次生代谢产物具有多种复杂的生物学功能，在植物抗逆、防御、抵御天敌侵袭、医药生产及人类疾病防治等方面具有重要的生态与经济意义。虽然我国云、冷杉植物种类多，分布范围广，资源量大，但综合利用的水平还很低，尤其是云、冷杉植物次生代谢产物的开发利用才刚刚起步，其深度与广度远远不够。以冷杉为例，从广度来看，国内只利用了极少部分冷杉资源生产少量冷杉油和光学冷杉胶，而国外冷杉胶和冷杉油等冷杉制品的生产早就实现了工业化，并对冷杉树脂等产品在涂料、医药、农药、电器、塑料、橡胶、有机合成、金属加工、可再生能源等领域的应用进行了广泛的研究。从深度来看，国内对冷杉树脂从形成分泌理论到采集、加工和利用等方面进行了深入系统的研究，并对冷杉树脂进行了一定规模的采集利用，而国外冷杉资源综合利用的程度已达相当水平，包括从木材、树皮、针叶、树枝、果实种子等都有全方位的利用。因此，加大科技支撑，组织多学科、多领域专家深入开展云、冷杉的次生代谢物组成、性质、提取、分离、产品开发及药理及临床应用等方面研究，开发出云冷杉高值化名牌特色产品，为国民经济与人类健康服务的前景十分广阔。

参考文献

陈思，董永恒，高智辉，等，2013. 甘肃兴隆山保护区青杆群落结构分析[J]. 西北林学院学报，28（1）: 39-45.

陈武勇，马云志，刘波，2000. 冷杉栲胶的制取及鞣革试验[J]. 皮革化工，18（1）: 11-13.

陈旭，2013. 巴山冷杉化学成分及生物活性研究[D]. 武汉: 华中科技大学.

程幼学，1989. 云杉、冷杉制漂白浆小型试验技术报告[J]. 生物质化学工程，（4）: 13-18.

楚秀丽，杨万霞，方升佐，等，2011. 不同种源青钱柳叶黄酮类物质含量的动态变化[J]. 北京林业大学学报，33（2）: 129-133.

邓心蕊，王振宇，刘冉，等，2014. 红皮云杉球果乙醇提取物的抗氧化功能研究[J]. 北京林业大学学报，36（2）: 94-101.

杜志，亢新刚，包昱君，等，2012. 长白山云冷杉林不同演替阶段的树种空间分布格局及其关联性[J]. 北京林业大学学报，34（2）: 14-19.

樊金拴，2007. 中国冷杉林[M]. 北京: 中国林业出版社.

方纪，侯林英，侯祥瑞，2006. 冷杉的开发与利用概况[J]. 长春大学学报，16（1）: 67-69.

冯慧英，樊金拴，刘滨，等，2016. 巴山冷杉黄酮的提取鉴定及其抗氧化性分析[J]. 食品工业，(1): 63-67.

何瑞杰，方宏，吴颖瑞，2012. 元宝山冷杉化学成分的研究[J]. 广西植物，32(4): 548-550.

蒋廷方，廖华，张涛，1984. 新品种冷杉和云杉栲胶物理化学性能的研究[J]. 中国皮革，（5）: 10-20.

金则新，李钧敏，丁军敏，2007. 青钱柳不同营养器官次生代谢产物分析[J]. 安徽农业科学，35（13）: 3806-3807.

兰士波，2016. 红皮云杉种质资源现状及保存策略[J]. 中国林副特产，（2）: 89-91.

李冰，樊金拴，车小强，2012. 我国天然云冷杉针阔混交林结构特征、更新特点及经营管理[J]. 世界林业研究，

25（3）: 43-49.

李凡，石艳春，李中秋，等，1998. 臭冷杉精油对小鼠T、B淋巴细胞增殖反应的影响[J]. 吉林中医药，（2）: 54.

李国胜，樊金拴，2005. 巴山冷杉化学成分的初步研究[J]. 西北林学院学报，20(3): 142-144.

李建辉，金则新，陈波，等，2008. 濒危植物夏蜡梅叶片次生代谢产物含量的动态分析[J]. 西北林学院学报，23（2）: 28-30.

李小燕，刘贤德，张宏斌，等，2014. 几种云杉属植物叶片提取物的抗氧化性研究[J]. 甘肃农业大学学报，49(6): 102-106，113.

李彦，周晓东，楼浙辉，等，2012. 植物次生代谢产物及影响其积累的因素研究综述[J]. 江西林业科技，（3）: 54-60.

李永利，2009. 秦岭冷杉化学成分及其生物活性研究[D]. 上海: 第二军医大学.

李永利，2013. 三种冷杉属植物的化学成分与生物活性研究[D]. 上海: 上海交通大学.

林於，马廉举，刘新，等，2010. 巴山冷杉中莽草酸的提取工艺及含量测定初步研究[J]. 广东药学院学报，28（4）: 341-344.

潘存德，王强，阮晓，等，2009. 天山云杉针叶水提取物自毒效应及自毒物质的分离鉴定[J]. 植物生态学报. 33(1): 186-196.

苏秀红，董诚明，王伟丽，2010. 光质对冬凌草再生植株生长及次生代谢产物的影响[J]. 时珍国医国药，21（12）: 3278-3279.

孙丽艳，周银莲，阮大津，1991. 云杉精油的成分分析[J]. 林业科学，27（3）: 289-291.

孙希，金哲雄，2015. 植物多酚提取分离方法的研究进展[J]. 黑龙江医药，28（1）: 80-82.

王清春，李晖，李晓笑，2012. 中国冷杉属植物的地理分布特征及成因初探[J]. 中南林业科技大学学报，32（9）: 123-127.

王群，2016. 几种松科植物活性成分及多酚抗氧化性能力的研究[D]. 哈尔滨: 东北林业大学.

杨蓓芬，金则新，邵红，等，2007. 七子花不同器官次生代谢产物含量的分析[J]. 植物研究，27（2）: 229-232.

杨慧洁，闻玉莉，杨世海，2010. 不同因子对药用植物毛状根次生代谢产物积累的影响[J]. 现代中药研究与实践，24（6）: 90-93.

袁凤军，廖声熙，崔凯，等，2013. 滇西北丽江云杉不同龄级个体生物量研究[J]. 西部林业科学,（3）: 77-82.

张九东，雷颖虎，冯宁，等，2009. 陕西省秦巴山区红豆杉中紫杉醇含量研究[J]. 陕西师范大学学报（自然科学版），37（4）: 76-81.

郑舒文，2015. 几种云杉遗传多样性及其对环境适应性研究[D]. 呼和浩特: 内蒙古农业大学.

中国科学院中国植物志编辑委员会，1978. 中国植物志（第7卷）[M]. 北京: 科学出版社: 59-95, 123-167.

周芳，赵鑫，向琪，等，2016. 红皮云杉多酚体内抗肿瘤活性研究[J]. 安徽农业科学，44（8）: 4-6.

周维，2013. 不同年龄云杉生物量和碳密度分布特征[D]. 长沙:中南林业科技大学.

第二章　云冷杉萜类活性物质

从植物的花、果、叶、茎、根中得到的有挥发性和香味的萜类化合物，具有一定的化感作用，工业原料价值和祛痰、止咳、祛风、发汗、驱虫、镇痛等生理活性。它们既是构成中草药及某些植物香精、树脂、色素等的主要成分，又是医药、食品、香料、农药、日化等工业的原料，具有极高的应用价值和广阔的开发利用前景。

第一节　萜类化合物概述

一、萜类化合物的分类

萜类化合物是所有异戊二烯聚合物及其衍生物的总称，即分子符合$(C_5H_8)_n$通式的化合物。萜类化合物中的烃类常单独称为萜烯。萜类化合物除以萜烯的形式存在外，还以各种含氧衍生物的形式存在，包括醇、醛、羧酸、酮、酯类以及苷等。萜类化合物在植物界中普遍存在，常见含萜类化合物的植物类群有：蔷薇科（Rosaceae）、藜科（Chenopodiaceae）、天南星科（Araceae）、毛茛科（Ranunculaceae）、萝科（Asclepiadaceae）、莎草科（Cyperaceae）、禾本科（Gramineae）、柏科（Cupressaceae）、杜鹃科（Ericaceae）、木樨科（Oleaceae）、木兰科（Magnoliaceae）、樟科（Lauraceae）、胡椒科（Piperaceae）、马鞭草科（Verbenaceae）、马兜铃科（Aristolochiaceae）、芸香科（Rutaceae）、唇形科（Labiatae）、菊科（Compositae）、松科（Pinaceae）、伞形科（Umbelliferae）、桃金娘科（Myrtaceae）等。萜类化合物是挥发油（又称香精油）的主要成分，从植物的花、果、叶、茎、根中得到的有挥发性和香味的油状物，其作用有一定的生理活性，如祛痰、止咳、祛风、发汗、驱虫、镇痛。天然精油原料中的萜烯和萜类化合物，可用精馏法、直接蒸气蒸馏法、冻结法和萃取法分离，广泛用于香料、医药、食品、日用化学品生产中。

根据化学结构特征，萜类化合物可以分为半萜（由 1 个异戊二烯单位组成）、单萜（由 2 个异戊二烯单位组成）、倍半萜（由 3 个异戊二烯单位组成）、二萜（由 4 个异戊二烯单位组成）、二倍半萜（由 5 个异戊二烯单位组成）、三萜（由 6 个异戊二烯单位组成）、四萜（由 8 个异戊二烯单位组成）、多聚萜（由 8 个以上异戊二烯单位组成）等。其中，半萜为植物油的主要成分，单萜和倍半萜及其简单含氧衍生物是挥发油的主要成分，二萜是形成树脂的主要成分，三萜则以皂苷的形式广泛存在，四萜为植物胡萝卜素，多萜为天然橡胶。

（一）单萜类

单萜类是由 2 个异戊二烯单元组成的具有 10 个碳原子的一类化合物。单萜类化合物依据具有基本碳骨架是否成环的特征，可分为链状单萜和单环、双环、三环的环状单萜，其中单环和双环较多，构成的碳环多数为六元环。其中，具有桂花烷基本碳骨架的环戊烷型单环单萜氧化物环烯醚萜是一类具有显著生物活性的重要的单萜类化合物。

单萜类化合物是植物精油的主要组成成分，广泛分布于高等植物的腺体、油室和树脂道等分泌组织、昆虫激素、真菌及海洋生物中，多数是挥发油中沸点较低部分的主要组成部分。单萜类的含氧衍生物（醇类、醛类、酮类）具有较强的香气和生物活性，是医药、食品和化妆品工业的重要原料，常用作芳香剂、防腐剂、矫味剂、消毒剂及皮肤刺激剂。例如，樟脑有局部刺激作用和防腐作用，斑蝥素可作为皮肤发赤、发泡剂，其半合成产物 *N*-羟基斑蝥胺具有抗癌活性。

（二）倍半萜类

倍半萜是指分子中含 15 个碳原子的天然萜类化合物，无论从数目上还是从结构骨架的类型上看，都是萜类化合物中最多的一个类型。倍半萜化合物一般多按其结构的碳环数分为无环型、单环型、双环型、三环型和四环型等。也有按环的大小分为五元环、六元环、七元环，直到十一元环。例如，按倍半萜结构的含氧基分类，更便于认识它们的理化性质和生理活性，如倍半萜醇、醛、内酯等。倍半萜类化合物广泛分布于木兰目（magnoliales）、芸香目（rutales）、山茱萸目（cornales）及菊目（asterales）植物中。在植物体内常以醇、酮、内酯等形式存在于挥发油中，多具有较强的香气和生物活性，是挥发油中高沸点部分的主要组成部分和医药、食品、化妆品工业的重要原料。

（三）二萜类

二萜类是由 4 个异戊二烯单位构成，含 20 个碳原子的化合物类群。二萜类是高等植物的普遍成分，它们形成树脂，尤其是针叶树树脂中的主要部分。在树脂中，它们与苯基丙烷衍生物，如松醇一起存在，而松醇是木质素的基本成分。多数双萜烯都呈现有两个或三个环的环状结构。在无环的双萜烯中，叶绿醇是最重要的组分，它是非常丰富的叶绿素分子的一部分。

（四）三萜类

多数三萜类化合物是一类基本母核由 30 个碳原子组成的萜类化合物，其结构根据异戊二烯规则可视为 6 个异戊二烯单位聚合而成。目前已发现的三萜类化合物多为四环三萜和五环三萜，少数为链状、单环、双环和三环三萜类化合物。常见的四环三萜类主要有羊毛脂甾烷型、大戟烷型、达玛烷型、葫芦素烷型、原萜烷型、楝烷型和环菠萝蜜烷型；五环三萜类包括齐墩果烷型、乌苏烷型、羽扇豆醇型、木栓烷型、羊齿烷型、异羊齿烷型、何帕烷型和异何帕烷型等。三萜及其萜类化合物在植物中分布广泛，菌类、单子叶和双子叶植物、动物及其海洋生物中均有分布，尤以菊科、豆科、卫矛科、橄榄科、唇形科等双子叶植物中分布最多。

（五）四萜类

四萜类是分子中含有 8 个异戊二烯单位的化合物，在自然界分布很广，最早在胡萝卜中提取得到的胡萝卜素即是一种四萜，它是维生素 A 原，是一种重要的营养素。四萜分子中含有较多的共轭双键，因此这类化合物通常具有颜色，β-胡萝卜素为黄色。

（六）多萜类

多萜类是由多个异戊二烯单元构成的化合物，为某些树脂、色素、橡胶等的成分。例如，多萜化合物橡胶为反式链接的异戊二烯长链化合物，是汽车工业和飞机工业的重要原料。

二、萜类化合物的性质

1. 萜类化合物的物理性质

（1）形态。单萜和倍半萜类多为具有特殊香气的油状液体，在常温下可以挥发，或为低熔点的固体。可利用此沸点的规律，采用分馏的方法将它们分离开来。二萜和二倍半萜多为结晶性固体。

（2）味。萜类化合物多具有苦味，有的味极苦，因此萜类化合物又称苦味素。但有的萜类化合物具有强的甜味，如具有对映-贝壳杉烷骨架的二萜多糖苷——甜菊苷的甜味是蔗糖的 300 倍。

（3）旋光性。大多数萜类具有不对称碳原子，具有光学活性。

（4）溶解度。萜类化合物亲脂性强，易溶于醇及脂溶性有机溶剂，难溶于水。随着含氧功能团的增加或具有苷的萜类，其水溶性增加。具有内酯结构的萜类化合物能溶于碱水，酸化后，又自水中析出，此性质用于具有内酯结构的萜类的分离与纯化。萜类化合物对高热、光和酸碱都较为敏感，或氧化，或重排，会引起结构的改变。在提取分离或氧化铝柱层析分离时，应慎重考虑。

2. 萜类化合物的化学性质

（1）加成反应。萜类化合物中的碳架双键和官能团双键都能与相应试剂发生加成反应，这些反应是分离提取和鉴定萜类化合物的基础。

（2）氧化反应。不饱和键是发生氧化反应的主要位点，常见的氧化试剂包括臭氧、铬酸、四乙酸铅、高锰酸钾等。

（3）脱氢反应。脱氢反应可以使萜类化合物中的环结构演变成芳香环。

（4）重排反应。萜类化合物中富含双键，可以发生协同重排或酸碱催化的重排反应。

三、萜类化合物的作用

萜类化合物的抗菌作用有助于增强植物的抗病能力。萜类化合物所产生的香气为很好的引诱剂，具有刺激昆虫取食或起昆虫性信息素的作用，有利于植物抵御天敌的侵害和传花授粉，对维系植物与其他生物类群的互惠关系与某些种群能够稳定的繁衍提供了保证。

萜类化合物具有抑制种子萌发及幼苗生长、调节群体密度、影响种群格局和群落演替等化感作用。

萜类化合物具有祛痰、止咳、祛风、发汗、驱虫、镇痛等生理活性，并已作为药物的有效成分被人们广泛使用。

许多萜类化合物还是香料工业的重要原料，被越来越广泛地应用于香料、食品、日用化学品等工业，并且取得了很大的经济效益。

第二节　萜类活性物质的化学组成

一、云冷杉精油

（一）精油的化学组成

国内外大量研究发现，松科云冷杉属植物针叶、树脂、树皮、球果等部位的挥发性物质的成分主要以单萜烯为主，此外还有倍半萜类化合物及少量的二萜类化合物。α-蒎烯、β-蒎烯和柠檬烯等不但是冷杉属植物精油的主要成分，也是云杉属植物精油的主要成分。例如，川滇冷杉叶精油的主要成分为α-蒎烯、β-蒎烯和柠檬烯（林文彬等，1998）。岷江冷杉精油最主要组分是单萜和双环单萜烃类化合物柠檬烯（41.35%）、α-蒎烯（22.31%）、莰烯（17.87%）等（黄远征等，1988）。鳞皮冷杉挥发油的主要成分是柠檬烯（67.89%）、α-蒎烯（10.69%）、β-蒎烯（2.57%）、月桂烯（2.08%）、β-石竹烯（2.03%）和α-蒈烯（1.75%）等（蒲自连等，1988）。臭冷杉枝皮精油的主要成分为檀烯（1.6636%）、α-蒎烯（14.5519%）、莰烯（9.3148%）、β-蒎烯（4.6190%）、β-月桂烯（1.0595%）、环化小茴香烯（7.7254%）、柠檬烯（40.1202%）、芳樟醇（1.2928%）、乙酸龙脑酯（9.7286%）、乙酸萜品酯（1.4200%）、α-葎草烯（1.2137%）、α-红没药醇（0.9025%）等（姜子涛等，1988）。吉林省延边地区的臭冷杉精油的主要成分为柠檬烯、莰烯、乙酸龙脑酯、α-蒎烯、β-蒎烯（徐永红等，1994）。秦岭冷杉树脂精油的主要成分为柠檬烯（29.86%）、β-蒎烯（27.52%）、α-蒎烯（25.51%）、莰烯（9.98%）、月桂烯（2.15%）、乙酸龙脑酯（1.57%）及三环烯（1.43%）等。巴山冷杉树脂精油的主要成分为α-蒎烯（13.25%）、柠檬烯（10.82%）、石竹烯（10.75%）、莰烯（10.40%）、乙酸龙脑酯（6.9%）、γ-杜松烯（6.28%）、α-蛇麻烯（3.97%）、芳萜醇（3.0%），α-依兰油烯（2.76%）、β-甜没药醇（2.56%）及α-橙花叔醇（2.54%）等（樊金拴，1998a；樊金拴等，1992a；王性炎等，1991）。巴山冷杉针叶精油的主要成分及相对含量分别为乙酸龙脑酯 29.113%、D-苧烯 10.343%、β-石竹烯 9.130%、莰烯 8.196%、α-蒎烯 5.504%、两环萜烯 4.416%、α-石竹烯 3.623%、Δ^3-蒈烯 3.054%、月桂烯 1.822%、β-蒎烯 1.489%、法呢三烯-醇 1.328%、桥环萜烯 1.259%、桥环萜烷 1.031%、莰烯 8.196%、α-非兰烯 0.089%、Δ^4-蒈烯 0.04%、对异丙基-甲苯 0.049%、α-水芹烯 0.091%、单环萜烯（盂烯）0.657%、萜醛 0.356%、α-荜澄茄烯 0.472%、柠檬烯（类异戊二烯）0.815%、衣兰烯 0.072%、古巴烯 0.405%、波旁烯 0.421%、异-喇叭烯 0.117%、异-荜澄茄烯0.102%、甲基-异丙基-八氢-奥0.273%、单环倍半萜烯0.272%、氧化三环萜 0.111%、卡达三烯 0.147%、氧化-β-石竹烯 0.588%、氧化-α-石竹烯 0.251%、乙酸-法呢三烯酯 0.162%、西柏四烯 0.435%、杜松二烯 0.896%、桉叶油二烯 2.603%、二氢卡达烯 0.111%（樊金拴等，1992b）。

云杉针叶及嫩枝精油成分主要为莰烯、β-蒎烯、γ-萜品烯、樟脑、龙脑、乙酸龙脑酯等，尤其是龙脑、樟脑、乙酸龙脑酯等含氧化合物占相当比例（孙丽艳等，1991）。

青海云杉针叶精油的主要成分为α-蒎烯、莰烯、左旋乙酸冰片酯；枝条精油的主要成分为α-蒎烯、α-水芹烯、莰烯、1-甲基-5-（1-1-甲基乙烯基）-环己烯、石竹烯。（史睿杰等，2011）

挪威云杉幼树主要的挥发性物质为α-蒎烯、β-蒎烯、β-水芹烯，且幼树主干上部这 3 种物质的相对含量均显著高于下部主干韧皮。其中，挪威云杉幼树的韧皮部挥发性物质的主要成分为α-蒎烯、莰烯、β-蒎烯、月桂烯、3-蒈烯、柠檬烯、β-水芹烯 7 种单萜化合物，而且，α-蒎烯、β-蒎烯、月桂烯、3-蒈烯、β-水芹烯的含量在上部韧皮与下部韧皮有明显差异，其中上部韧皮部α-蒎烯、β-蒎烯和β-水芹烯的含量明显高于下部主干韧皮部。挪威云杉幼树主干上部韧皮的α-蒎烯相对含量为 33.56%，下部为 20.51%；β-蒎烯在上部主干韧皮的相对含量为 33.6%，下部为 16.84%；β-水芹烯在上部主干韧皮的相对含量为 16.92%，下部为 11.42%（陈鹏等，2001）。

新疆云杉精油的主要成分为 5, 6-二甲基-1, 3-环已二烯（0.096%）、1, 3, 5-环庚三烯（0.05%）、1, 1-二甲基-2-亚乙基环戊烷（0.096%）、γ-松油烯（1.8%）、α-蒎烯（65.6%）、莰烯（0.8%）、n-丁基苯（0.02%）、3-甲基-4-亚甲基双环[3.2.1]辛-2-烯（0.034%）、β-蒎烯（12.5%）、4-蒈烯（0.58%）、α-松油烯（0.68%）、3-甲基-6-异丙基环已烯（0.8%）、柠檬烯（0.8%）、对-聚花素（0.4%）、D-葑基醇（0.02%）、α-龙脑烯醛（0.8%）、反-松香芹醇（0.35%）、樟脑（0.1%）、1,4,4-三甲基双环[3.2.0]庚-6-烯-2-醇（0.43%）、1,3-双亚甲基环戊烷（0.03%）、双环[4.1.0]庚-2-烯（0.04%）、1（7），2-二烯-对-薄荷-8-醇（0.62%）、α-松油醇（1.9%）、桃金娘烯醇（0.03%）、6,6-二甲基双环[3.1.1]庚-2-烯-2-醛（0.05%）、4, 4, 6-三甲基双环[3.1.1]庚-4-烯-2-酮（0.04%）、顺-香芹醇（0.03%）、金合欢醇（0.02%）、内冰片基乙酸酯（0.01%）的组分，占精油含量的 80%左右（孙关中等，2000）。

从红皮云杉 1a、2a 生枝及针叶挥发物中分别鉴定出包括 4-甲基-1-（1-甲基乙基）环己烯、1S-α-蒎烯、β-月桂烯、1R-α-蒎烯、异松油烯、（1R）-1，7，7-三甲基-[2.2.1]庚-2-酮、2-甲基-5-（1-甲基乙基）-双环[3.1.0]-2-庚烯、p-伞花烃、乙酸龙脑酯等萜类物质在内的 16 种和 14 种化合物。其中，4-甲基-1-（1-甲基乙基）环己烯、1S-α-蒎烯、β-月桂烯、异松油烯为两类枝叶共有的挥发物主要成分，α-水芹烯、龙脑为 1a 生枝叶独有挥发性成分（郭阿君，2016）。

（二）精油的性质

1. 理化性质

冷杉精油在常温下是无色透明的油状液体，有挥发性，不溶于水，易溶于汽油、醚类、动植物油和 0.5～1 倍体积 90%的酒精中。冷杉精油易溶解各种树脂、石蜡和橡胶，光线、空气和温度会使冷杉针叶油树脂化和氧化，因此，在其加工和贮存过程中，应避免接触空气、水分和光线，并避免使用这些物质。

冷杉精油主要物理常数如下：相对密度（d_{20}^{20}）为 0.8609～0.9250；折射率（n_D^{20}）为 1.4685～1.4938；比旋光度$[a]_d^{20}$为–67°～–19°；酸值（KOH mg/g）<1.5；酯值（KOH mg/g）为 30～60。

2. 生物学活性

研究结果显示，臭冷杉精油对大肠杆菌、变形杆菌、痢疾杆菌、金黄色葡萄球菌、柠黄色葡萄球菌具有明显的抑菌作用（韩书昌等，1991）。巴山冷杉精油对枯草杆菌、蜡状芽孢杆菌、金黄色葡萄球菌、青霉、黄曲霉、大肠杆菌、变形杆菌和酵母菌有较好的抑制效果。方差分析结果表明，同一浓度的巴山冷杉精油对于枯草杆菌、蜡状芽孢杆菌、金黄色葡萄球菌、青霉、黄曲霉、大肠杆菌、变形杆菌和酵母菌的抑菌效果差异均极显著，其最佳抑菌作用浓度枯草杆菌为10%，酵母菌为20%，蜡状芽孢杆菌、金黄色葡萄球菌、大肠杆菌、变形杆菌为 30%，青霉、黄曲霉为 5%。不同浓度巴山冷杉精油的抑菌实验（滤纸法）结果显示，浓度为5%、10%、20%、30%的巴山冷杉精油对枯草杆菌、蜡状芽孢杆菌、金黄色葡萄球菌、青霉、黄曲霉、大肠杆菌、变形杆菌、酵母菌和对照的抑菌效果分别为 15.1mm、13.64mm、13.53mm、14.4mm、12.88mm、12.4mm、12.1mm、14.86mm，16.50mm、14.8mm、14.4mm、13.5mm、12.88mm、12.4mm、12.1mm、14.86mm，15.44mm、15.1mm、14.9mm、13.3mm、12.1mm、12.9mm、12.78mm、15.14mm，14.86mm、16.17mm、16.51mm、12.64mm、11.74mm、13.37mm、14.1mm、14.5mm，14.4mm、12.35mm、12.6mm、10.8mm、11.2mm、11.83mm、11.67mm、13.2mm。方差分析结果表明，不同浓度的巴山冷杉精油对于枯草杆菌、蜡状芽孢杆菌、金黄色葡萄球菌、变形杆菌的抑菌效果差异极显著；对于黄曲霉、大肠杆菌的抑菌效果差异显著；对于青霉、酵母菌的抑菌效果差异不显著（樊金拴等，1998）。

3. 药理作用

我国传统医学认为冷杉果实（朴松实）涩、微辛、平，能够平肝息风，调经活血，止血，安神定志，可用于高血压症，头痛，头晕，心神不安，月经不调，崩漏带下。除此之外，现代医学科学研究证明，精油是中草药中一类重要的活性成分，药理作用甚多，主要有①抗菌消炎和防腐作用，精油大多有一定的抑菌功效，其中的各类抗菌活性很高。②解热镇痛作用。③安神镇静作用。此外，有的精油在药理上还可起到祛痰止咳、祛风健胃、驱虫、抗肿瘤、防皱保养、抗粉刺痤疮、去角质、补水收敛等作用。例如，臭冷杉精油具有显著的镇咳、祛痰、抗炎与平喘作用。尤其是对氨气刺激动物呼吸道黏膜引起小鼠咳嗽有显著抑制作用，并可使气管分泌的液体量增多，使痰变稀易咳出，又可加速纤毛的运动，有利于排痰，从而具有显著的祛痰作用；对乙酰胆碱和稀酸组胺引起豚鼠哮喘有显著的抑制作用，表明其能对抗组胺、乙酰胆碱等过敏介质引起气管支气管收缩（刘威，1990）。T淋巴细胞和B淋巴细胞是维持机体特异性免疫应答的重要细胞。利用丝裂原反应性方法体外研究臭冷杉精油对小鼠T淋巴细胞和B淋巴细胞的作用，结果显示，臭冷杉精油可使ConA激发的T淋巴细胞增殖反应及LPS诱导的B淋巴细胞增殖反应明显降低。说明臭冷衫精油对多克隆的T淋巴细胞和B淋巴细胞功能有抑制作用。臭冷杉精油通过抑制T淋巴细胞和B淋巴细胞增殖从而使免疫应答受抑制，进而调节机体的免疫应答水平（李凡等，1998）。臭冷杉精油对佐剂关节炎大鼠继发性多发关节炎有非常显著的抑制作用，对原发性关节炎也有一定抑制作用，对淋巴细胞增殖反应、TNF、IL-1的产生有明显抑制作用（师海波等，2000）。

1）毒性与刺激性

西安交通大学医学院研究结果表明，巴山冷杉精油为低毒性、无刺激性产品。

（1）毒性。按霍恩氏法对巴山冷杉精油进行了急性毒性实验，实验结果按急性毒性半数致死量（LD_{50}）毒性分级，属低毒级。另外，吉林省中医中药研究院药理室的研究结果表明，臭冷杉精油的急性毒性（LD_{50}）实验结果为（8.4965±1.6419）mL/kg（p=0.95）。

（2）一次皮肤刺激实验将巴山冷杉精油用食用金龙鱼油稀释，配制成各实验组所需浓度后进行的皮肤刺激实验，结果表明，各实验组动物受试侧皮肤和对照侧皮肤均未见异常改变，分值为 0。根据一次皮肤刺激强度评价标准评价，实验显示受试动物对实验家兔皮肤无刺激性。

（3）多次皮肤刺激实验将巴山冷杉精油用食用金龙鱼油稀释，配制成各实验组所需浓度备用。将西安交通大学医学部实验动物中心提供的健康家兔 12 只（雌雄不限）实验动物随机分为3组，每组4只，分别为高剂量组（原液）、中剂量组（1/10 原液）、低剂量组（1/100 原液）。将实验动物背部脊柱两侧的毛剪掉，各暴露出 3cm×3cm 面积的皮肤，其中的一侧用各实验组相应浓度的受试物 0.31ml/日涂于暴露的皮肤上，另一侧用食用油涂抹作为对照，然后用一层油布覆盖，再用纱布和绷带固定，每日一次，共 14 次。实验期间每日观察皮肤反应，并按皮肤慢性刺激实验评分标准记录每只动物的分值，实验结束时取动物受试局部皮肤作组织病理学检查，根据各实验组皮肤刺激反应的分值和组织病理学检查结果，对受试物进行评价。结论为根据多次皮肤刺激指数>30，组织病理检查积分>4，判定受试物对皮肤有刺激性，本次实验结果显示实验用冷杉精油原液和 1/10 原液对实验动物有刺激性，但 1/100 原液对实验动物无刺激。

2）抗炎作用

吉林省中医中药研究院研究显示，臭冷杉精油对急慢性炎症，Ⅲ型、Ⅳ型变态反应和佐剂关节炎均有明显抑制作用。

臭冷杉精油能够抑制热烫性足肿胀，表明其对激肽，特别是缓激肽的释放或其致炎活性有明显的抑制作用。臭冷杉精油对制霉菌素性足肿胀有抑制作用，但对制霉菌素引起的足肿胀炎症组织渗出物中酸性磷酸酶含量没有明显影响，可能是其对溶酶体膜没有稳定作用，但对溶酶体酶的制炎活性有抑制作用。

臭冷杉精油能够明显减少角叉菜胶性足肿胀炎症组织渗出物中 PEG（聚乙二醇）的含量，表明其明显抑制 PGE（前列腺素 E）的合成或释放。新近研究表明，PGs（前列腺素）特别是 E 类 PGs 在免疫调节中起重要作用，PGE 能选择性地抑制 T 细胞（Ts）功能，从而使 Ts 失去了对辅助性 T 细胞（TH）和 B 细胞功能的抑制、调节作用，导致 B 细胞功能亢进分泌过多的抗体（如风湿因子等），这也是形成自身免疫的重要原因。因此，臭冷杉精油抑制 PGE 产生是治疗风湿性关节炎等自身免疫性疾病的重要原因。臭冷杉精油能减少脂质过氧化产物丙二醛含量，提高 CAT（过氧化氢酶）和 SOD（超氧化物歧化酶）活性，表明其有明显的清除自由基作用，从而防止了自由基造成 IgG（免疫球蛋白）的结构变化形成抗原，防止变性的 IgG 同风湿性因子形成免疫复合物。另外，佐剂关节炎接近于人类风湿性关节炎的动物模型，臭冷杉精油抑制大鼠佐剂关节炎，证明其可治疗人类风湿性关节炎。

臭冷杉精油用时以 1%吐温 80 配成所需浓度的乳剂，均灌胃（ig）给药，对照给同体积 1%吐温 80 的水 20mL/kg。结果显示：①臭冷杉精油对各种致炎剂引起大鼠足肿胀均有明显抑制作用。对角叉菜胶引起的足肿胀，1.20mL/kg 臭冷杉精油同 80mL/kg 布洛芬相当，且有明显的量效关系。②臭冷杉精油对组胺、5-HT、PGE1 引起的毛细血管通透性增强有明显的抑制作用。③臭冷杉精油显著抑制白细胞游走。④臭冷杉精油明显抑制大鼠巴豆油气囊肿的渗出及肉芽组织增生。⑤臭冷杉精油对大鼠 Arthus 反应的影响明显。攻击前给药对 Arthus 反应有显著的抑制作用，致敏前后给药也有一定的抑制作用。⑥臭冷杉精油对大鼠可逆性被动 Arthus 反应有明显的抑制的作用。⑦臭冷杉对大鼠迟发型超敏反应的影响实验结果表明致敏前后及攻击前后皆能明显减少硬结面积。⑧臭冷杉精油可明显抑制大鼠佐剂关节炎。⑨臭冷杉精油对 PGE 的合成或释放有明显抑制作用，但对酸性磷酸酶含量没有明显影响。⑩臭冷杉精油可显著减少小鼠肝组织中脂质过氧化产物丙二醛含量，提高小鼠肝组织中过氧化氢酶及大鼠血清中过氧化物歧化酶活力。

3）镇咳祛痰平喘作用

吉林省中医中药研究院用臭冷杉精油对大鼠、小鼠、豚鼠、家鸽等动物进行的氨雾法和酚红排泌法实验结果表明，臭冷杉精油具有显著的镇咳、祛痰、平喘作用。

臭冷杉精油对氨气刺激动物呼吸道黏膜引起小鼠咳嗽有显著抑制作用，可使气管分泌的体量增多，使痰变稀易咳出，又可加速纤毛的运动，以利于排痰，从而达到显著的祛痰作用。臭冷杉精油对乙酰胆碱和稀酸组胺引起豚鼠哮喘有显著的抑制作用，表明其能对抗组胺、乙酰胆碱过敏介质引起气管支气管收缩，具有明显的平喘作用。

4）对中枢神经系统的抑制作用

吉林省中医中药研究院药理室用臭冷杉清油进行的动物实验结果显示：臭冷杉精油能够显著减少小鼠的自发活动，非常明显地增加戊巴比妥钠睡眠时间及其阈下剂量的睡眠率，表明其有明显的镇静作用。臭冷杉精油能明显对抗戊四氮及电刺激所致的惊厥，表明其有显著的抗惊厥作用。但对士的宁、咖啡因引起的惊厥无明显对抗作用，表明其镇静作用部位可能在脑干（金春花等，1989）。另外还发现，臭冷杉精油能显著增加热刺激的痛阈，减少乙酸引起的扭体反应，证明有显著的镇痛作用。其对角叉菜胶及酵母混悬液引起的大鼠发热有明显的抑制作用，同时明显降低正常大鼠的体温，表明有明显解热作用，臭冷杉精油对角叉菜胶引起的大鼠发热，有显著的抑制作用，是由于冷杉精油抑制角叉菜胶引起前列腺素合成和释放，从而使发热中枢（视前区下丘脑前部）前列腺素减少导致解热。但其解热机理尚不清楚。

臭冷杉精油主要含单萜，如α-蒎烯、莰烯、柠檬烯和乙酸龙脑酯等成分与常用中药，如辽细辛、北柴胡、荆芥、薄荷均不同。臭冷杉精油具有挥发油解热、镇痛、镇静的一般共性，它的特性是镇静作用选择性较高，其作用部位可能在中脑；口服效果好，临床使用方便，而上述中药挥发油大部分药理实验均采用腹腔注射。臭冷杉精油不像辽细辛挥发油有麻醉作用，它的镇痛、解热作用时间较长。实验还证明，臭冷杉精油有显著的抗炎、祛痰、镇咳、平喘作用。

（1）镇静作用：①精油能显著减少小鼠自发活动。②精油能非常显著延长戊巴比妥钠的睡眠时间。③精油能显著提高睡眠率。

（2）抗惊厥作用：①精油能非常显著降低电刺激引发的惊厥率。②精油对戊四氮诱发的小鼠惊厥有显著的抑制作用，其作用随剂量的增加而增强，而对士的宁、咖啡因诱发的小鼠惊厥无抑制作用。

（3）镇痛作用：①精油能非常显著降低乙酸引起的小鼠扭体反应。②精油对热刺激痛阈的影响实验表明精油有明显的镇痛作用。

（4）解热作用：①臭冷杉精油对角叉菜胶引起大鼠发热均有非常显著抑制作用（$p<0.001$）。②臭冷杉精油对酵母混悬疼引起的大鼠发热有明显的抑制作用。③1.70ml/kg 臭冷杉精油明显降低大鼠正常体温（$p<0.01$，2h、4h）、（$p<0.05$，6h），但 0.85ml/kg 给药 4h 后，降低体温作用不明显。

二、云冷杉树脂

（一）树脂的化学组成

国内外的研究资料表明，冷杉树脂是由 30%～35%冷杉油、30%～45%树脂酸、20%～28%中性物、4%～10%氧化树脂酸和少量果酸、单宁及微量脂肪酸所组成。其中，冷杉油是挥发性的萜烯及其醇、酯等衍生物，其组成可分为液体和固体两部分，其中α-蒎烯的含量最高在30%左右，最低不到10%，柠檬烯含量较高（可高达40%以上）。固态乙酸龙脑酯是冷杉油的特有成分之一，此外还有龙脑（莰醇）、莰烯等。冷杉树脂中的树脂酸含有枞酸、新枞酸、脱氢枞酸、左旋海松酸、右旋海松酸、异海松酸、长叶松酸及一些三萜酸等。冷杉树脂的中性物质中，主要是二烯烃类化合物和含氧二萜烯类化合物，前者主要有对应于各树脂酸的烯、烷类（如海松二烯，去氧枞烷等），后者主要有冷杉醇、枞醇、枞醛、异枞醇、新枞醇等，冷杉醇是中性物质的主要成分。总之，冷杉树脂的组成，不仅受遗传因素和生态环境影响，而且受采集季节、采集方法、加工工艺、贮存条件等影响。

（二）树脂的特性

1. 理化特性

新鲜冷杉树脂几乎无色，久置后渐呈黄绿色，为稍具荧光的透明体，有黏性，并有特殊气味。它不溶于水，溶于乙醚、苯、乙酸乙酯、松节油等溶剂。

冷杉树脂因来源树种不同，物理性质有很大变异，如相对密度在 0.9550～1.077，折光指数在 1.5156～1.5274。

冷杉树脂的化学性质也因来源树种不同，有一定的变化幅度，如酸值在 54.0～113.8 变动，皂化值在 62.0～127.4 变动。冷杉胶的酸值在 80.0～110.0，皂化值在 90.0～135.0 变动。树脂酸具有双键和羧基两个活性中心，可以发生一系列化学反应，如异构、聚合、裂解、歧化、氧化、酯化、成盐等。因此，通过这些反应可以制备多种衍生物，提高树脂酸的利用价值。

2. 生理特性

1）贮备养料

研究证明，树脂形成的原因是植物新陈代谢的特点，树脂物质在树木的整个生长期都维持某种平衡。美国乔治亚大学在不产脂季节（当年 11 月～翌年 3 月）利用温室对湿地松苗木进行了纯粹的松脂化学特性研究，发现长期处于黑暗环境的湿地松，树脂酸的含量会逐渐减少，他们认为松脂是一种后备养料，当松树处于饥饿状态或生理受压制期间，树脂可能转化为微粒而再被利用。Sukhav 根据对松树施放带放射性的 $^{14}CO_2$ 气体时，在 3h 内，树木的下部树脂就变成放射性的了，几天内树脂的放射性达到最大值，然后又逐渐消失的实验结果，认为树脂物质的半衰期估计只有 2～3d 时间。

2）保护作用

人们在生产实践中发现，当冷杉树或其他针叶树受到动物或其他机械伤害时，在创口部位很快会流出树脂，封闭伤口，防止水分蒸发和病菌的侵入，促使伤口愈合。为了加强这种功能，还会在伤口的附近或木质部产生大量的新生病态树脂道。还有些树平时没有树脂道，但在受伤后产生树脂道，分泌树脂，如安息香树脂、妥路树脂、秘鲁树脂、欧洲冷杉树脂。

研究发现，新疆冷杉叶子中的挥发性组分含量高达 10.09%，这些组分对病原菌有较高的抗性，树木在受伤后，具有极强杀菌能力的α-蒎烯、Δ^3-蒈烯、柠檬烯含量增加。创伤反应所产生的树脂比正常情况下皮层树脂囊里的树脂中所含的具有强杀菌抗虫能力的单萜化合物的比例高，并且，单萜和树脂对危害冷杉植物的钻蛀性害虫——冷杉棘胫小蠹（鞘翅目棘胫小蠹科）的抗性依下列顺序减小：柠檬烯>Δ^3-蒈烯>α-蒎烯=月桂烯>β-蒎烯>树脂=莰烯>三环烯（樊金拴等，1991）。

3）招蜂引蝶，吸引昆虫受粉

许多研究结果证实，植物和昆虫之间，以及昆虫之间的跟踪、性诱引和威慑等作用都是以能够通过空间传播的萜类物质作为媒介的。某些萜类化合物无疑是吸引或拒斥昆虫的信息物质。冷杉树脂所具有的特殊气味在受粉中起着有益的作用。

4）药用

臭冷杉广泛分布于我国东北、华北，朝鲜，日本和西伯利亚地区，其叶、树皮均可入药。小兴安岭和长白山林区群众常将其树皮和小枝煎煮后，冲洗，用于治疗腰腿疼。现代药理研究表明臭冷杉精油具有较强的抗炎作用。吉林省中医中药研究院从臭冷杉新鲜小枝中提取的臭冷杉精油已获批国家二类中药新药。

第三节　萜类活性物质形成与分布

一、树脂道的结构与分布

（一）树脂道的结构

1. 冷杉树脂道的形成

树脂道是许多植物科的特征。科学研究发现，漆树科（Anacardiaceae）、菊科（Compositae）、金丝桃科（Hypericaceae）、豆科（Leguminosae）、伞形科

（Umbeuiferae）等被子植物体内，都有分泌树脂类物质的分泌道，它们的形成方式包括 3 种：裂生、溶生和裂溶生。松柏类植物的树脂道都是以裂生方式产生，但油松胚珠珠心组织中的树脂道则是以溶生方式产生。一般认为，冷杉树脂道是通过细胞间隙的扩大和巨型薄壁细胞的解体两种方式形成的。树脂物质是由分泌细胞产生的，大多贮存在细胞间隙中，含有树脂的细胞间隙，像树脂囊一样，由一层薄壁坚韧致密的管状物包裹着。这个管壁有析出分泌物和把树脂道严密地与组织的细胞间隙系统隔离开来的双重作用。作者研究发现，秦岭冷杉、巴山冷杉皮层和针叶的树脂道都是以裂生方式发生，但树脂囊则是以溶生方式发生的。树干皮层与针叶中的薄壁细胞在代谢过程中所形成的树脂物质，在细胞的分泌压力下，通过纹孔进入细胞间隙。随着细胞间隙内树脂的不断增多，细胞间隙也不断扩展，在树脂的挤压下，周围细胞逐渐失去水分和其他内含物，细胞体被压小压扁，彼此紧密衔接，逐渐演变成树脂道。也正是由于树脂道在形成与延伸过程中，周围其他各类细胞的生长速度不同，造成了皮层树脂道呈弯弯曲曲分布的特性。树干皮层中具有巨大液泡，作为贮藏代谢产物之用的巨型薄壁细胞的自然解体，也有可能形成最初的树脂微囊，以后随着微囊内树脂的逐渐增加，并在不断加大的树脂压力作用下，周围细胞被压扁，树脂微囊不断扩展，形成最终的树脂囊，并与树脂道相联通。分泌压力的存在是树脂物质进入树脂道和冷杉能形成皮瘤的根本原因。

2. 冷杉树脂道的构造

冷杉树皮皮层中的树脂道系统是由树脂囊（粗大近圆形的储腔）和树脂道（细长管状储腔）形成的网状系统，树脂囊和树脂道的管壁是由一至数层分泌细胞构成的。当树脂道内充满大量树脂时，能把周围的薄壁细胞压扁，变成分泌细胞，使层数增加；当树脂减少时，部分分泌细胞又会吸收水分逐渐恢复成普通薄壁细胞，使层数减少。

冷杉针叶的树脂道分布于叶肉组织中，一般为 2 个，多为中生，也有边生或同时具有边生和中生的，树脂道在近叶柄处消失，与皮层树脂道不通联。据报道，新生长的针叶不具有树脂道，经过 1.5～2 个月生长后，树脂物质才慢慢积累起来，7～8 个月后达到最大值，并在整个生长期维持不变。

（二）树脂道的分布

理论研究与生产实践都证明，冷杉植物的木质部没有正常的树脂道，多数树种也无树脂细胞，少数树种的木射线薄壁细胞中含有树脂，个别树种，如臭冷杉、欧洲冷杉（*A. pectinata*）在受到外界伤害时，可在木质部形成纵向病态树脂道。冷杉的嫩芽、枝皮、球果、针叶和树皮中都有树脂道分布，尤以树皮、针叶及幼枝中分布最多。但是，不同树种之间以及同一种不同株之间，冷杉树脂囊的大小、形态、多少及产脂量，均有较大差异。

1. 树皮中的树脂道

冷杉树脂道绝大部分存在于树干的皮层中。巴山冷杉树皮呈暗灰色或暗灰褐色，块状开裂；秦岭冷杉树皮呈灰白色。树脂囊呈椭圆球形和纺锤形，不规则地分布在树皮表面，形成瘤状突起，其内充满树脂，手压有柔软感，树脂道分布在皮层中，在树皮纵切面上，树脂道呈弯曲管道状，上下延伸。在树脂囊（道）较密集处，树脂道之间相互交联，构成树脂道网。树节周围的树脂道通常呈近对称分布，而且数量多，分布较密集。树节周围树脂道的这一特殊分布形式，主要是由于树枝的生长，使周围细胞对树脂道相应产生挤压造成的，或是由于树脂道周围其他各类细胞生长速度不均衡所造成的（樊金拴，1991）。

解剖测定结果表明，在秦岭地区的巴山冷杉和秦岭冷杉，一般树脂道直径为 0.03～0.45cm，长 4.8～36.0cm，树脂囊直径为 0.2～1.61cm，突起高 0.13～0.83cm，中龄巴山冷杉与其树干同一高度处各个方向上皮层树脂道分布状况测定结果见表 2-1。

表 2-1　巴山冷杉同一高度树干各个方向树脂道分布

方向	北	东	南	西	东北	西南
样皮面积/cm^2	256.2	256.2	256.2	256.2	512.4	512.4
树脂囊数/个	20	24	38	36	44	74
树脂囊密度/（个/dm^2）	8	9	15	14	9	14
树脂囊纵切面面积/cm^2	5.37	7.13	9.95	9.95	12.50	19.90
树脂道总长度/cm	151.5	164.0	161.5	143.0	315.5	304.5
树脂道总截面积/cm^2	18.18	19.68	19.38	17.16	37.86	36.54
树脂道和树脂囊总截面积/cm^2	23.55	26.81	29.33	27.11	50.36	56.44
树脂道与树脂囊截面积占皮面积/%	9.2	10.5	11.5	10.6	9.8	11.0

注：材料取自胸径为 23.3cm 的巴山冷杉树高 1.3m 处，环剥样皮宽度 14cm、总面积为 1024.8cm^2，树脂道平均直径为 0.12cm。

巴山冷杉树干同一高度环状剥皮的纵剖面树脂道分布情况的调查统计结果显示，树脂囊数量、密度、树脂道和树脂囊总面积以及树脂道与树脂囊面积占树皮面积的百分比，都是南面最多，西面次之，东面再次之，北面最少，或西南方向多，东北方面少，可见，树干四周虽然都有树脂道分布，但数量上有显著差异。说明冷杉树的生长发育及树脂分泌，与光照及温度有密切关系。

经测定，一株 57a 生，胸径 33cm，树高 16m 的巴山冷杉，树干离地面高度

5m 处面积为 142cm×8cm 的树皮上，有长度 4.8cm 以上的树脂道 40 条；树脂道直径为 0.03～0.35cm，平均为 0.14cm；树脂道长度为 4.8～23cm，平均为 9.7cm。一株 42a 生，胸径 27.7cm，树高 15m 的巴山冷杉，树干皮上的树脂囊数达 2500 多个，树脂道总长度为 1340m，树脂道和树脂囊体积占树皮体积的 11%。按照西北地区冷杉二元立木材积表查算，该株树的平均树皮率为 14%，立木材积为 $0.4798m^3$，树皮体积为 $0.06717m^3$，立木树脂包总体积 $5080cm^3$，树脂道总体积 $2340cm^3$，树脂道与树脂囊总体积为 $7420cm^3$，解剖前粗视树脂囊数目 2534 个，解剖后树脂道总长度 1339.83m，解剖后树脂囊总数目 20984 个。树脂囊总体积占样皮体积 7.57%，树脂道总体积占样皮体积 3.48%。一株 50a 生，胸径 33.5cm，树高 19.5m 的秦岭冷杉，树干皮上的树脂囊数近 13000 个，树脂道总长度近 2210m，树脂道与树脂囊总体积占树皮体积的 21%。立木材积为 $0.8833m^3$，树皮体积为 $0.12366m^3$，立木树脂囊总体积 $23000cm^3$，树脂道总体积 $3090cm^3$，树脂道与树脂囊总体积为 $25970cm^3$，解剖前粗视树脂囊数目 12965 个，解剖后树脂道总长度 2209.08m，解剖后树脂囊总数目 36315 个。树脂囊总体占样皮体积 18.6%，树脂道总体积占样皮体积 2.5%。据在树高 1.3m 处取样调查，胸径分别为 9.7cm、16.6cm、28.5cm、38.1cm 的 4 株巴山冷杉树干部位平均树脂囊密度为 8 个/dm^2，树脂囊平均直径为 0.583cm，平均高度为 0.289cm。胸径分别为 10.3cm、18.3cm、33.5cm、53.3cm 的 4 株秦岭冷杉树干部位平均树脂囊密度为 7 个/dm^2，树脂囊平均直径为 0.821cm，平均高度为 0.406cm。

解剖研究发现，树干基部和顶部树脂量很少，树脂主要存在于树干的中部（图 2-1）。中径阶（D=14～38cm）的秦岭冷杉与巴山冷杉，树脂在树干 2/3 高度以下（即 1～6m）含量最高（图 2-2）。大径阶（D≥38.0cm）的秦岭冷杉与巴山冷杉，树脂在树干高度 1/4～3/4 区段内含量较高。尤以中部 6～14m 范围内含量最高。大径阶秦岭冷杉，在树高 1/5～4/5 范围内为树脂囊集中分布区，密度最大。大径阶巴山冷杉在树 1/5～2/3 范围内为树脂囊集中分布区（图 2-3）。此外，

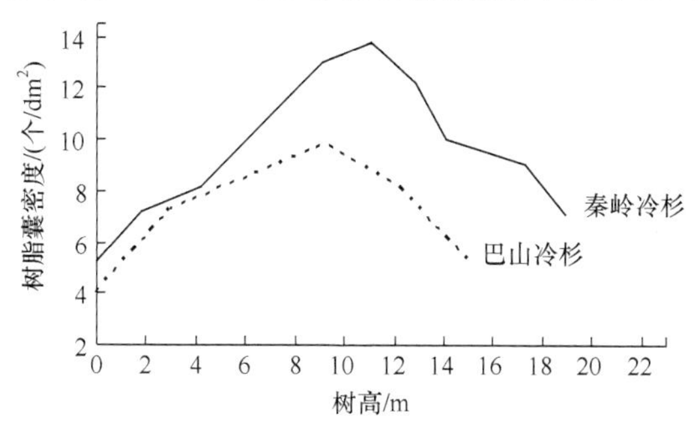

图 2-1　冷杉树脂囊密度与树高变化

树脂囊平均体积在树高 3/5 以下较大，3～4m 最大，随着树干高度增加，单个树脂囊体积逐渐减少。秦岭冷杉的树脂囊密度和平均体积均较巴山冷杉的为大（图 2-4）。

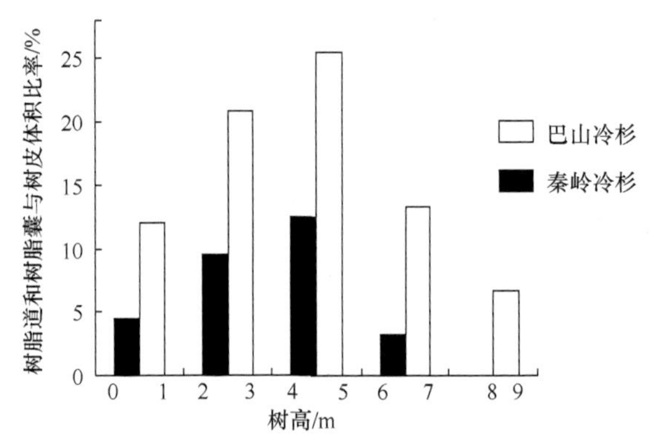

图 2-2　中径阶冷杉树脂道和树脂囊总体积占树皮体积比率与树高变化

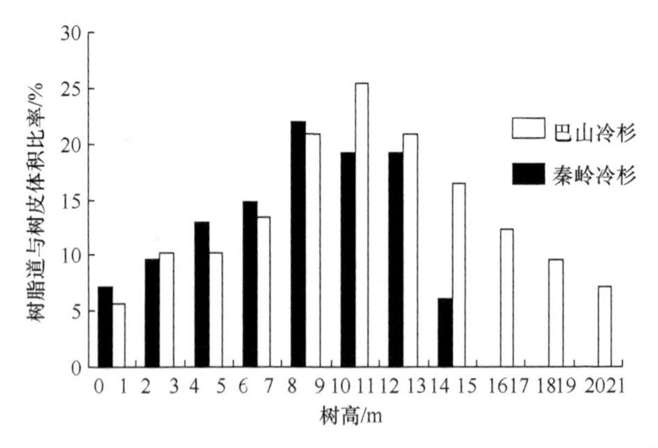

图 2-3　大径阶冷杉树脂囊和树脂道总体积占树皮体积比率与树高变化

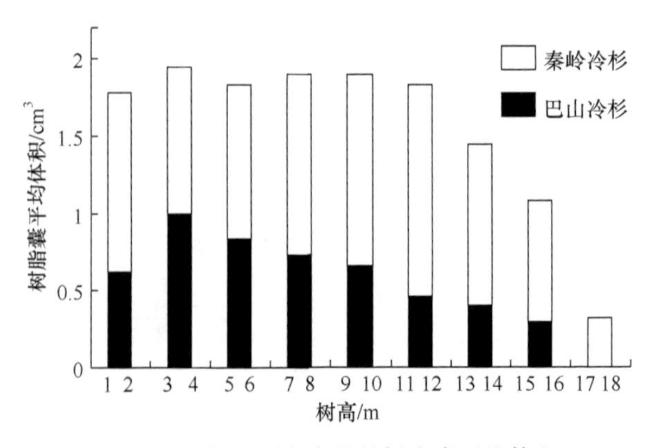

图 2-4　冷杉不同高度处的树脂囊平均体积

2. 树皮中的树脂道

调查测定结果表明，秦岭冷杉和巴山冷杉有枝条皮层中的树脂道分布、外观和解剖结构特征与树皮树脂道的情形基本相同，只是树脂囊体积较小、数量少，树脂道较直，少弯曲，分布较密集。枝条皮层中的树脂囊主要分布在基径>6.0cm，或长度>20.0cm 的枝条基部附近的上半部，但在基径<4.0cm 或长度<4.0cm 的枝条上树脂囊都很少。

3. 针叶中的树脂道

解剖研究结果表明，冷杉针叶主要由表皮、叶肉和维管束三部分组成。秦岭冷杉和巴山冷杉针叶的横切面上各有 2 个中生的树脂道，分布在叶肉组织中。树脂道是充满树脂的细胞间隙，由两层薄壁细胞围合而成。树脂道从叶子基部贯穿到叶子尖端，因叶柄内无树脂道，故与皮层树脂道不通联。秦岭冷杉和巴山冷杉叶子尖端部位树脂道数不同，巴山冷杉叶子尖端大多具有 1 个树脂道，而秦岭冷杉具有 2 个树脂道，但秦岭冷杉和巴山冷杉的新生嫩叶中均无树脂道。

4. 球果和根部的树脂道

实地调查发现，秦岭冷杉及巴山冷杉的大孢子叶球与球果中富含树脂物质，手触有黏感，鼻嗅有浓烈的清香气息。解剖观测发现，其胚乳位于大孢子叶的近轴面上，树脂道分布于珠心组织中。秦岭冷杉和巴山冷杉的根中均无树脂道分布。一些生长在沟底水旁或沼泽地上的成年冷杉树，其根颈处常分布有大量的树脂囊，但与树干皮层中的树脂囊相比，具有密度大、体积小、呈横纺锤形、环状分布的特点。

二、萜类活性物质的生物合成

萜类化合物是植物次生代谢物中的一类重要化合物，不仅在生物体内发挥着重要生理功能或生物活性，如抗疟疾的青蒿素，抗乳腺癌的紫杉醇，抗氧化的番茄红素，天然名贵香料檀香油等，在植物生长、发育过程中起重要作用，而且在寄主的识别选择、信息素信号及植物防御外来植食性害虫和其伴生致病真菌的侵害等方面具有重要的生态作用，同时也具有重要的商业价值，广泛用于工业、医药卫生等方面。因此，研究萜类化合物的生物合成具有重大而深远的理论意义与实践价值。

（一）萜类化合物的生物合成途径

根据已有研究，萜类化合物的生物合成过程从属于异戊二烯代谢途径，总体可分为四步：

（1）前体物质异戊烯焦磷酸（isopentenyl diphosphate，IPP）的合成。IPP

或二甲丙烯焦磷酸（dimethylallyl diphosphate，DMAPP，IPP 的异构化产物）为萜类合成的基本前体，合成途径有两条，即甲羟戊酸途径（MVA）和甘油醛磷酸/丙酮酸途径（DXP）。经典的 MVA 途径存在于胞质和内质网中，3-羟基-3-甲基戊二酸单酰 CoA 还原酶（3-hydroxy-3-methyl-glutaryl CoA reductase，HMGR）为该途径的第一个限速酶；DXP 途径存在于质体中，参与此途径的两个限速酶分别是 1-去氧木糖-5-磷酸合成酶和 1-去氧木糖-5-磷酸还原酶。此外，线粒体也可通过 MVA 途径产生泛醌异戊二烯基团，是第三类 IPP 生物合成区室。IPP 合成途径的区室化特征可能与萜类代谢亚细胞水平特异性有关。

（2）异戊二烯焦磷酸同系物的产生。IPP 在异戊烯基转移酶的作用下发生亲电子延伸反应，使相应的中产物通过 C5 单位头对尾、头对头等方式连续加成形成异戊烯焦磷酸同系物。例如，法呢基焦磷酸、牻牛儿基焦磷酸、牻牛儿基牻牛儿基焦磷酸等烯丙焦磷酸酯类物质，是构成各类萜化合物的直接前体。异戊烯基转移酶催化亲电耦合反应的过程为丙烯基焦磷酸酯首先离子化，再和 IPP 的末端双键反应形成一个第 3 位 C 的阳离子化合物，最后脱去一个质子完成反应。

（3）萜类基本骨架的构建。各类烯丙基焦磷酸酯经特异性萜类合酶作用可产生各种萜类的碳骨架，如植烯、鲨烯的形成等。

（4）骨架的次级酶修饰。萜类碳骨架合成后，需经过附加不同含氧官能团、共振结构和环化作用等次级修饰过程，才可赋予萜类物质结构多样性，化学性质复杂性，以及功能特异性等特征。例如，（–）-柠檬烯在不同烯丙位上特异性引入一个氧原子，就会在辣薄荷中转化为（–）-薄荷醇，在留兰香中转变为（–）-香芹酮，二者分别为不同种植物精油的特征性成分。向萜类骨架引入氧原子的羟基化或环氧化反应，多由细胞色素 P450 多功能氧化酶催化完成。

（二）萜类生物合成酶的种类

研究萜类合成酶种类、结构及其编码基因等，有助于人们通过 DNA 重组技术来改造萜类合成细胞中的代谢途径，以提高萜类最终产量或在不含萜类的生物中合成萜类，为促进有用萜类合成提供新的机会。

1. 萜类合成酶的种类

研究表明，萜类合成酶系组成种类较多，主要包括萜类合酶（terpene synthases，TPS）、戊烯基转移酶、HMGR 酶、DXPS 酶和 DXR 酶等。其中，萜类合成酶是萜类化合物生物合成过程中的关键酶之一。TPS 分别催化前体底物香叶酯二磷酸（geranyl diphosphate，GPP）、法呢基焦磷酸（farnesyl diphosphate，FPP）、牻牛儿基牻牛儿基焦磷酸（geranyl geranyl diphosphate，GGPP）形成单萜、倍半萜和二萜。目前，在云冷杉树中已报道的萜烯合成酶有 23 种，其中大冷杉（*A. grandis*）11种、挪威云杉（*P. abies*）10种、北美云杉（*P. sitchensis*）2种（龚治等，2010）。

2. 萜类合成酶的理化特性

根据已有研究，大多数萜类合成酶都是可溶性的酸性蛋白，天然分子质量在35～80ku，其催化反应依赖于2价金属阳离子（如Mg^{2+}，Mn^{2+}，Fe^{2+}等），反应底物主要是以 GPP、FPP 和 GGPP 为主。其中单萜合成酶的等电点值（isoelectric point，pI）在pH为6左右，其最佳pH范围在6.8～7.8。研究证明，裸子植物单萜合成酶的催化作用不仅依赖于2价金属离子（但更偏好Mn^{2+}），而且还需要单价阳离子（如K^+）来激活。裸子植物单萜合成酶的最适 pH 为碱性，而被子植物的最适 pH 接近中性。在单萜合成酶、倍半萜合成酶和二萜合成酶 3 大类萜类合成酶中，大部分萜类合成酶的产物是唯一的。然而有少数萜类合成酶则不然，如大冷杉的（–）蒎烯合成酶能够产生（–）-α-蒎烯和（–）-β-蒎烯。虽然每一类酶的底物相同，然而同一种酶在不同植物中的产物却不尽相同。同一种萜类合成酶能够产生多种产物。例如，从大冷杉中分离出的 2 种萜烯合成酶γ-h 蛇麻烯合酶和δ-桉叶烯合酶，在异源表达后可分别产生 34 种和 52 种倍半萜（龚治等，2010）。

3. 萜类合成酶结构特征

1）基因结构

研究发现，在各种萜类合成酶的核酸序列中，其内含子和外显子的位置分布大致一致，因而其酶蛋白表现出较高的同源性。利用反义基因方法并根据其氨基酸序列的相关性，可将萜类合成酶基因分为6类（依据最低同源性不得低于40%），它们分别是 *Tpsa*、*Tpsb*、*Tpsc*、*Tpsd*、*Tpse*、*Tpdf*。*Tpsa* 包括被子植物的倍半萜和二萜合成酶；*Tpsb* 几乎包括被子植物全部的单萜合成酶；*Tpsd* 包括 11 种裸子植物单萜、倍半萜和二萜合成酶；从序列比对和系统发育树构建来看，裸子植物的萜烯合成酶形成了一个独立的分支，即 *Tpsd*。有研究表明，*Tpsd* 基因家族还可根据系统发生学进行亚分类，*Tpsd* 可分为 Tps-d1、Tps-d2、Tps-d3，它们分别包括主要的单萜合成酶、倍半萜合成酶和二萜合成酶。

2）氨基酸结构

X 线衍射研究发现，萜类合成酶大多具有相似的蛋白三维结构。萜类合成酶通常具有 2 个非常明显的结构域 ,即酶蛋白的C-末端活性区域和N-端活性区域。这 2 个结构域在结构上类似糖基水解反应的核心。在C-末端活性位点区域，萜类合成酶含有 1 个富含天冬氨酸的 DDXXD 基序（motif），其被认为与 2 价金属阳离子和酶底物连接有关，是酶的催化活性中心。该基序在进化上高度保守，通过与底物质子化而启动反应。而在 N-末端活性位点区域，萜类合成酶则含有基序 RRX8W。由 600～650 个氨基酸组成的单萜合成酶，比倍半萜合成酶多 50～

70 个氨基酸。其原因是单萜合成酶定位于质体中，而倍半萜合成酶定位于细胞质中，故单萜合成酶需要一个 N-末端转移肽定向与质体结合（Keeling et al., 2006）。

（三）萜类合成酶催化机制

研究表明，萜类合成酶的催化机制首先是各种底物在相应萜类合成酶的催化下，进行亲电性的异构化-环化反应。以单萜为例，GDP 在 2 价金属离子协助下被离子化，解离形成烯正碳离子与焦磷酸基负离子的离子对，然后与酶结合，重排形成异构体 LDP（3*R*-或 3*S*-linalyl diphosphate，取决于 GDP 底物的起始折叠构象），经旋转成顺式构象，接着 LDP 离子化并进行亲电子攻击双键富电碳原子而环化，生成相应的 4*R*-或 4*S*-α-松油烯正碳离子。由这一中间体，通过加成、重排和进一步环化等多条路线，形成不同的单萜化合物。所有的单萜合成酶均能催化以上异构化和环化反应，并且这些一系列离子对的反应步骤均发生在酶的相同活性位点上。亲电子异构化-环化反应决定了单萜的骨架类型、立体异构体和衍生物，只有少数单萜合成酶催化生成链状产物，如月桂烯和芳樟醇。

三、影响萜类活性物质形成的因素

植物萜类化合物的形成受多种因素的影响，主要因素为遗传控制和生态环境条件，如温度、光照、水分、营养、CO_2 浓度、空气湿度、机械损伤等。

（一）遗传因素

1. 树种

已有的研究表明，不同冷杉树种之间受遗传特性的制约，冷杉树脂与冷杉精油的组成及含量大不相同。国内冷杉植物中，岷江冷杉、臭松、新疆冷杉、巴山冷杉产脂量均较高，紫果冷杉、黄果冷杉次之，冷杉、长苞冷杉再次之，鳞皮冷杉更少。在国外，香脂冷杉、新疆冷杉、萨哈林冷杉等产脂量均较高。针叶中的精油含量以岷江冷杉针叶为最高（3.5%），臭冷杉次之（2.4%），辽东冷杉再次之（1.1%），黄果冷杉为最低（0.28%）；枝叶中的精油含量以巴山冷杉为最高（1.84%），臭冷杉次之（1.8%），秦岭冷杉再次之（1.74%），岷江冷杉为最低（0.78%）。研究结果显示，巴山冷杉当年、1a、2a、3a、4a、5a 针叶精油含量分别为 1.62%、1.72%、1.73%、1.86%、1.82%、2.2%，平均为 1.83%；当年、1a、2a、3a、4a、5a 枝条精油含量分别为 2.07%、2.0%、1.94%、1.85%、1.70%、1.65%，平均为 1.87%；当年、1a、2a、3a、4a、5a 枝叶精油含量分别为 1.85%、1.86%、1.84%、1.81%、1.70%、1.88%，平均为 1.82%。秦岭冷杉当年、1a、2a、3a、4a、5a 针叶精油含量分别为 1.5%、1.54%、1.65%、1.67%、1.81%、1.17%，平均为 1.56%；当年、1a、2a、3a、4a、5a 枝条精油含量分别为 2.16%、1.92%、1.89%、1.76%、1.66%、1.42%，平均为 1.80%；当年、1a、2a、3a、4a、5a 枝叶精油含量分别为 1.83%、1.73%、1.77%、1.72%、1.74%、1.80%，平均为 1.77%。数据表明，巴山冷杉枝叶的精油含量均较秦岭冷杉枝叶的精油含量为高；两种冷杉枝叶精油含量均随叶龄增大而增加，随枝龄增大而减少；针叶的精油含量随叶龄增大而增大，枝条中精油含量随枝龄增大而减少（伍艳梅等，2006a）。

2. 树龄

一般地，由针叶、嫩枝皮和木质部组成，长度不超过 30～40cm，直径不超过 8mm 的冷杉枝梢平均有 70%的针叶、18%的树皮和 12%的木质部。其中以针叶含油量为最高（可达 2%～3%），嫩枝皮次之（约 1.3%）。老皮所得精油质量很差，木质部则不含挥发油。因此，生产上要求利用直径小、叶密、新鲜的嫩枝梢。研究表明，秦岭太白山地区的同龄秦岭冷杉龄针叶精油的含量远远高于枝条精油的含量，且 3a 生秦岭冷杉针叶和枝条的精油含量均为最高，如图 2-5 所示。

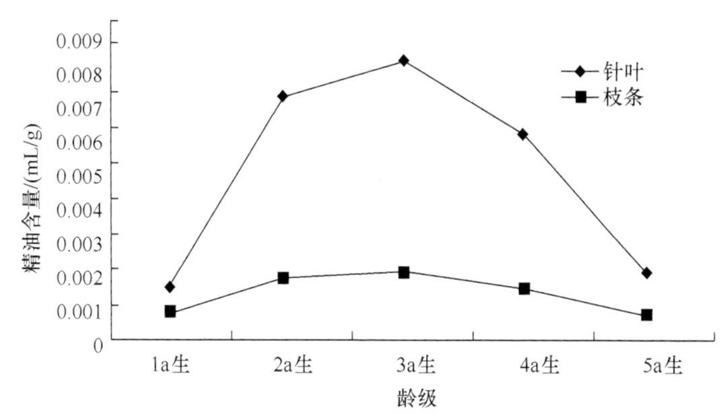

图 2-5　太白山地区不同年龄秦岭冷杉枝叶精油含量

云冷杉幼树枝梢含油量通常较高，如二三十年生幼树的针叶含量高达 3.5%，而五十至一百年生冷杉含油量为 1.7%～1.8%。同一产地不同年龄的冷杉精油含量，针叶大于枝条，且均以 3a 生枝、叶的含量为最高。另外，同一产地不同年龄、不同部位的冷杉枝、叶精油含量差异很大（表 2-2），不同年龄巴山冷杉针叶和枝条的精油含量接近于正态分布，其中，以 3a 生的精油含量为最高。方差分析结果表明，不同年龄同一产地巴山冷杉针叶、枝条的精油含量之间差异极显著。而且，同一年龄的针叶精油的含量远高于枝条的含量（图 2-6），故在进行巴山冷杉精油提取时选择 2a、3a、4a 生针叶、枝条作原料为好。

表 2-2　同一产地不同年龄巴山冷杉枝叶精油含量及分析　（单位：mg/g）

产地	岷江			太白山			神农架		
年龄/a	针叶	枝条	枝+叶	针叶	枝条	枝+叶	针叶	枝条	枝+叶
1	0.00316Cc	0.00062Ee	0.00189Bb	0.0059Ee	0.008Dd	0.00695Ab	0.00526Cc	0.0013Bc	0.00328Ab
2	0.01654Aa	0.01118Bb	0.01386Aa	0.0136Bb	0.0045Bb	0.00905Aab	0.01598Aa	0.0041Aa	0.01004Aa
3	0.01704Aa	0.01344Aa	0.01524Aa	0.0156Aa	0.0053Aa	0.01045Aa	0.01656Aa	0.0044Aa	0.01048Aa
4	0.0167Aa	0.00838Cc	0.01254Aa	0.0115Cc	0.0032Cc	0.00735Aab	0.0102Bb	0.00228Bb	0.00624Aab
5	0.00602Bb	0.00378Dd	0.0049Bb	0.0095Dd	0.0018Dd	0.00565Aab	0.00594Cc	0.00134Bbc	0.00364Ab
F 值	264.759**	151.091**	26.435**	98.936**	47.558**	1.888	247.219**	23.362**	2.917*

注：表中数字为巴山冷杉枝叶精油含量的平均值。不同的大、小写字母表示处理间差异分别达 1%和 5%显著水平（Duncan 法）（伍艳梅等，2006b）。

*表示差异显著；**表示差异极显著。

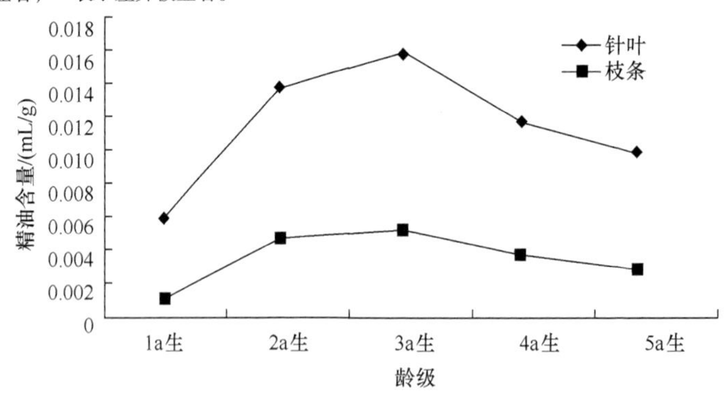

图 2-6　太白山地区不同年龄巴山冷杉枝叶精油含量

据测定，秦岭冷杉 1a、2a、3a、4a、5a 生针叶精油含量分别为 0.00148mL/g、0.00692mL/g、0.00786mL/g、0.0056mL/g 和 0.0019mL/g；1a、2a、3a、4a、5a 生枝条精油含量分别为 0.00048mL/g、0.0037mL/g、0.00404mL/g、0.00214mL/g、0.00092mL/g。可见秦岭冷杉针叶精油的含量随龄级的增长先升后降，其中 3a 生针叶精油含量最高。方差分析结果显示，五个不同年龄的针叶精油含量存在极显著差异，重复间差异不显著。LSD 多重比较结果表明，1a 生和 5a 生之间差异不显著，其他年龄之间差异显著。秦岭冷杉枝条中精油的含量随着龄级的增加是先增加后降低，3a 生枝条精油含量最高。方差分析结果显示，不同年龄枝条对精油的含量影响显著。多重比较结果表明，不同年龄枝条精油含量相互之间差异显著。

3. 树木生长因子

一般来说，生长健壮、发育良好的树木，生理代谢活动旺盛，产脂量高。据实地调查，树龄在15a以上的冷杉，有树脂囊产生，30a以上的树，产脂量较高。一般中龄以上的树木，下部树皮都开裂，树脂囊已经干枯或消失，只有在树干中、上部可采脂。胸径达10cm左右的树，皮较光滑，有少量微小的树脂囊；胸径达20cm左右的树才有较多的树脂囊；胸径达30～60cm的树，树脂囊增多；胸径达60cm以上的树，树干中部以下，树皮均开裂，无采脂价值。因此胸径在20～60cm的树，最适宜采脂。树高在5m以上的树就可进行采脂，但较10m以上的树，产脂量低。树冠生长发育状况良好，树冠体积大，光合作用能力强，因而制造和积累的营养多，产脂量显然较高。调查结果分析证明：①秦岭冷杉树龄（a）、胸径（cm）、树高（m）、胸径处树皮厚度（mm）、树冠体积（mm^3）与产脂量（g）的关系分别为 Y=0.67332X–11.25599（R=0.941），Y=1.01275X–10.68309（R=0.954），Y=1.92461X–13.52843（R=0.879），Y=42.34957X–11.49609（R=0.861），Y=5.74011+0.04841X（R=0.750）。②巴山冷杉树龄（a）、胸径（cm）、树高（m）、胸径处树皮厚度（mm）、树冠体积（mm^3）与产脂量（g）的关系分别为 Y=0.64438X–10.21637（R=0.852），Y=0.90922X–8.49707（R=0.844），Y=1.55155X–9.5676（R=0.796），Y=38.74121X–9.6229（R=0.823），Y=6.77439+0.04436X（R=0.623）；③巴山冷杉树干下部（树干2m以下区段）的产脂量均与全树产脂量的关系为 Y=2.72812X–0.47181（R=0.802）（以上式中，Y均代表产脂量；X均代表相应自变量；R均代表相关系数）。

（二）生态环境条件

生态环境条件的影响主要包括气候、立地条件、营养、水分、机械损伤和化学药剂等方面。

1. 气候

气候是影响萜类化合物形成的重要因素之一，在特定的气候条件和不同的植物群落中，萜类化合物的类型不同。一般地，大多数热带地区植物含有大量的挥发油成分。松柏科植物虽然主要生长在温带地区，但含有大量树脂的松柏科植物种类也基本上生长在亚热带和一部分热带地区。云冷杉植物一般春季发嫩叶时，含精油量较低，夏季较高，秋冬季的含油量基本与夏季相同。此外，萜类化合物的种类和数量受CO_2浓度变化的影响。研究结果表明，CO_2倍增可提高欧洲赤松体内α-蒎烯的浓度。

2. 立地条件

一般地，受压木和生长在东北坡或沼泽地的冷杉树冠发育弱，冷杉树上针叶少的枝梢精油含量低，而生长在光照好的南坡和土壤肥沃的冷杉，树冠发育良好，枝壮叶茂，精油含量高。受遗传和环境因素的影响，不同种之间及同一种不同种源之间在精油组分及其含量上有较大差异。研究结果显示，甘肃岷山、陕西太白山、湖北神农架地区同年龄巴山冷杉枝叶精油的含量分别为0.01704mL/g、0.01546mL/g、0.01656mL/g。甘肃岷山、陕西太白山、湖北神农架三个地区的巴山冷杉精油主要化学成分含量分别为 1-桥环萜烯为 1.321%、1.259%、5.22%，α-蒎烯为 11.857%、5.504%、7.48%，β-蒎烯为 1.466%、8.196%、0.776%，β-香叶烯（月桂烯）为 1.233%、1.031%、0.842%，莰烯为8.657%、5.504%、5.614%，蒈烯-3 为 3.865%、3.054%、20.652%，D-苧烯为25.643%、10.343%、3.887%，乙酸-龙脑酯为 1.781%、29.113%、0.839%，α-石竹烯为 3.452%、3.623%、1.824%，β-石竹烯为 11.584%、9.13%、4.86%，杜松二烯为 8.009%、5.307%、3.180%，两环萜烯为 1.017%、4.416%、21.231%，桉叶油二烯为 0.475%、1.508%、3.397%。方差分析结果表明，各个种源地区之间精油含量差异显著。可见，就其中价值最高的乙酸-龙脑酯而言，巴山冷杉精油质量由高到低依次为陕西种源>岷山种源>湖北种源。

3. 营养

萜类化合物的种类、数量、含量及释放量随季节的变化而有明显的不同，这主要与温度、光照强度和植物生长发育过程、土地的肥沃程度有关。研究表明，巨冷杉经过高温处理后，在它的 10 种挥发物中有β-水芹烯、莰烯、乙酸龙脑酯、萜品油烯 4 种物质的水平与对照相比明显降低，但萜类物质的总量没有变化。随温度的升高、光照强度的增加，植物萜类化合物的总量增加，但随 N、P 和 K 的增加，萜类化合物的总量减少。环境因子的改变可影响植物的代谢活动，同时对萜类化合物的形成产生间接的影响。实验证明，把植物材料放到无光照的条件下，不仅其单萜释放率没有变化，而且其异戊二烯的释放只能持续几分钟，光可诱导和激活用于合成萜类化合物的关键酶。针叶中总单萜和倍半萜的含量随季节、叶龄、树冠朝向不同而变化。不同林分密度下的产脂量调查结果显示，10 株平均年龄 43a，平均胸径 21cm，平均树高 9.5m，密度 564 株/hm^2 的巴山冷杉树干下部 2m 区段内产脂量为 46.07g，平均单株产量 4.61g/株。而 10 株平均年龄 44a，平均胸径 21.8cm，平均树高 10.2m，密度 2800 株/hm^2 的巴山冷杉树干下部 2m 区段内产脂量为 22.4g，平均单株产量 2.24g/株。表明在相同立地条件下，同一树种，不同密度林分中，疏林平均单株产脂量明显高于密林平均单株产脂量。

4. 水分

萜类化合物的浓度通常与干旱胁迫的程度、发生时间的长短有关。短时间的干旱胁迫，可使次生化合物增加；长时间的干旱胁迫，会得到相反的结果。

中度干旱使植物生长受到限制，大量光合产物在体内积累，有利于萜类物质的合成。严重干旱可抑制叶绿素合成，使叶片变黄，并使植物中含碳次生化合物的合成受到限制。在干旱期间，组织中的萜类化合物、生物碱、单宁、有机酸（如绿原酸）、生氰苷、其他硫化物等次生代谢物的浓度常常上升。例如，植物在受到中度干旱胁迫的针叶树中，低分子量的萜类物质水平升高。植物受到严重干旱胁迫后，次生代谢物含量下降。例如，针叶树的反应是含油树脂的合成减少，同时树脂酸和单萜的组成也发生变化。植物受到严重干旱胁迫后气孔关闭，使萜类的挥发受到限制，但α-蒎烯的浓度升高。

5. 机械损伤

萜类化合物的产生与植物受到病虫害的侵袭有关。当植物受到植食性昆虫或微生物的攻击后，可产生一系列生理生化反应，能诱导植物产生更多的挥发物质或植物的挥发物质成分的含量和各组分浓度比例的改变。植物挥发性成分的改变，一方面使植食性昆虫难以辨认；另一方面对植食性昆虫可能具有驱避作用，同时也可能具有引诱天敌的作用，以达到防御植食性昆虫侵袭的目的。例如，针叶树在伤诱导后，在伤口附近产生单萜和二萜树脂酸。实验结果显示，冷杉受伤后导致 7d 内单萜环化酶活性的提高，二萜环化酶的活性也提高了 400 倍。当叶子发育时，萜类化合物的散发和萜类化合物合成酶的活性都提高了 100 倍。叶子出现约 14d 时萜类化合物含量达到峰值，之后逐渐衰落。表明叶中萜类化合物合成酶的水平是发育过程中萜类化合物产物的一个基本决定因素。

6. 化学药剂

研究结果表明，利用电石、30%的乙烯利和三十烷醇处理冷杉，可以提高树脂产量，增产效果达40%以上，但以电石和30%的乙烯利处理，增产效果更佳，增产率可达 73%以上，且二者之间无显著差异。从树龄看，以 50a 龄级的冷杉树进行刺激，增产效果最好。

1）药剂种类

选取 80 株生长状总值中等或良好的巴山冷杉，分为四组，每组 20 株，分别用电石、30%的乙烯利和三十烷醇进行处理，另一组作为对照。实验结果显示，对照、电石、30%的乙烯利、三十烷醇平均单株产脂量分别为 4.38g、8.71g、8.13g、7.28g，电石、30%的乙烯利和三十烷醇增产率分别为 98.9%、85.7%和 66.2%。可见，3 种药剂处理结果都能增产树脂，但增产程度不同，增产率均在 65%以上。方差分析结果显示，电石、30%的乙烯利和三十烷醇处理与对照组的平均单株产脂量有极显著差异。多重比较（即 q 检验）结果表明：电石和乙烯利处理组与对照组均有显著差异，这两种药剂增产效果最佳，差异不显著。

2）药剂浓度

选取 100 株生长状况中等以上的巴山冷杉分为 5 组，每组 20 株，除一组作对照外，其余 4 组分别以 10%、20%、30%和 40%的乙烯利处理。实验结果显示，对照、10%、20%、30%、40%的乙烯利的平均单株产脂量分别为 4.38g、6.27g、6.75g、7.60g、7.20g，10%、20%、30%、40%的乙烯利的增产率分别为 43.2%、54.1%、73.6%和 66.2%。结果表明，用不同浓度的乙烯利处理后，都能增加树脂产量，但增产程度不同，增产率均在 40%以上。方差分析的结果显示各处理间差异显著。多重比较（q 检验）结果表明 30%的乙烯利处理组增产效果最佳。

3）树木年龄

电石、乙烯利和三十烷醇处理对不同年龄巴山冷杉树脂的增产实验结果及分析表明，不同树龄之间增产效果差异显著，尤其是 50a 龄级树木的平均单株产脂量比其他年龄级树木的平均单株产脂量高，增产效果最好，差异显著，如表 2-3 所示。

表 2-3　不同药物对不同年龄冷杉刺激树脂增产效果

树龄/a	对照/g	处理					
		电石		乙烯利		三十烷醇	
		产量/g	增产/%	产量/g	增产/%	产量/g	增产/%
20	1.25	1.3	44	1.54	23.2	1.44	15.2
30	4.22	5.75	66.6	6.44	52.6	4.95	17.3
40	8.7	15.2	74.7	14.85	70.7	11.93	37.9
50	18.26	34.7	90	32.33	77.1	25.54	39.9

注：表中产量为实测平均单株产量。乙烯利浓度为 30%。

四、萜类活性物质生物合成的调控

综上研究，植物萜类化合物，如单萜、倍半萜以及二萜等高级萜类不仅拥有单独的合成途径，且具有独特的酶促反应机制。另外，萜类的代谢频道不仅受植物发育进程的调控，也受不同诱发因子的启动。例如，气候条件是影响萜类物质形成的重要因素之一，其种类、数量、含量和释放量都会随季节的变化而变化，多数热带植物含有大量挥发油成分，亚热带松柏科植物树脂含量明显高于温带松柏科植物。此外，萜类代谢与植物营养水平有关。在植物生长过程中，添加氮可以导致以碳为基础的次生代谢物质的减少，其中单萜类化合物受营养水平的影响更为显著。

萜类合成酶的活性常常会受到外界因素的影响，如创伤、蛀干害虫及其伴生的致病性真菌的侵害和各种激素类化学物质均能影响萜类合成酶的活性。研究证明，萜类合成酶活性是在基因转录水平上受到控制。用甲基茉莉酸酯（MeJA）处理挪威云杉后，MeJA 能够诱导树脂道形成，同时诱导萜类合成酶的活性增高和萜烯化合物积累。其原因是 MeJA 能够诱导树干组织中单萜合成酶和二萜合成酶转录水平的暂时增加。白松木蠹象抗性树和易感树在单萜、倍半萜、二萜合成酶组成性表达上均没有什么差异，但是在创伤后的 16d 之内，抗性树与易感树的单萜合成酶和倍半萜合成酶在转录水平上表现出显著性差异。创伤都能导致抗性树和易感树的萜类合成酶在转录水平上的增加。创伤后 6h，萜类合成酶的转录水平就开始增加，并在创伤后的第 4～7d 达到最高，而且在第 7d 的时候，抗性树与易感树间的差异最显著。创伤 16d 后，萜类合成酶的转录水平开始降低。

单萜、倍半萜和二萜合成酶都能受到创伤的诱导，从而导致转录水平的变化，不过它们之间的反应时间有差异。单萜合成酶的 mRNA 积累发生在创伤 2h 内，通常在 2～4d 达到最大值。二萜合成酶的基因诱导表达类似单萜合成酶，但时间延后。而（*E*）-*α*-红没药烯合成酶的 mRNA 水平在创伤后 12d 才达到最大值。昆虫是已知的能够诱导针叶树萜烯类化合物增加的因素之一。白冷杉（*A.concolor*）针叶的单萜合成酶活性在虎蛾幼虫取食后增加。白松木蠹象取食西岸云杉后能够诱导一些萜烯合成酶转录体的表达。萜类物质的变化有利于植株进行自我保护及防御病虫害的侵袭。

植物萜类化合物的生物合成受关键酶与限速酶的调控。其中，转移酶、合酶等关键酶的表达决定代谢途径的启动及相关特定物质的合成，而 HMGR、各种萜类环化酶、鲨烯合成酶等限速酶的表达则与物质的合成量相关。萜类合酶是萜类生物合成的关键酶，该酶具有多重特性，如一种植物中有多种萜类合酶基因，其表达有时空特异性，在特定细胞和组织中表达，在生长发育的特定阶段表达，以及具防御反应诱导的瞬时表达等。但是，该合酶基因在植物中一般表达量较低，难以分离纯化。

近年来，人们利用增加萜类代谢途径中限速步骤酶编码基因的拷贝数，或通过反义 RNA 和 RNA 干涉等技术，以增加灭活代谢途径中具有反馈抑制作用的编码基因，在不影响细胞基本生理状态的前提下，阻断或抑制与目的途径相竞争的代谢流，利用已有的途径构建新的代谢旁路合成新的萜类化合物等。例如，将萜类代谢途径中的一系列关键酶基因导入大肠杆菌中可构建一条新的代谢途径，实现在无类胡萝卜素合成的大肠杆菌菌株中生成类胡萝卜素。研究表明，部分大肠杆菌菌株经 DXP 途径可以合成少量的类胡萝卜素，通过基因工程增加此代谢途径中关键酶基因的拷贝数后其合成量明显提高。

第四节 萜类活性物质的生产与利用

一、冷杉树脂的生产

（一）冷杉树脂产量的预测

云冷杉树脂系生理性树脂，其形成与分泌受到很多因素制约，开展云冷杉产脂量预测研究与实践对选育具有高产脂量特性的优良种类和进行云冷杉树脂合理利用具有重要的理论和实际意义。

1. 一元线性回归方程预测

根据产脂量和这些指标实测值的关系形态，选用数学模型 $y=a+bx$，分别以产脂量和树龄、胸径、树高、胸径处树皮厚度、树冠体积、树干下部产脂量实测值为因变量与自变量，建立回归方程进行单因素产脂量预测研究，结果表明，树龄、胸径、树高、胸径处树皮厚度、树冠体积及树干下部产脂量与全树产脂量的回归方程，不仅相关系数较大（都在 0.75 以上），而且精度也较高。从 6 个方程比较可知，用树龄、胸径和胸径处皮厚度来估测树脂产量，效果更好（表 2-4），是由于这三个方程的相关数和精度最大，回归剩余标准差最小，实际应用中这三项指标也容易测查。

表 2-4 冷杉产脂量的预测模型

自变量（X）	样本数 n	方程	相关系数 R	回归剩余标准差 S	精度/%*	自变量幅度 X	依变量幅度 Y
树龄/a	39	Y=0.667072X−10.79677	0.90042	4.23604	95.5	15～80	9～47.8
胸径/cm	39	Y=0.96009X−9.53717	0.9014	4221616	98.73	9.0～53.3	0.9～47.8
树高/m	39	Y=1.74879X−12.08083	0.82821	5.45701	90.95	6.0～24.5	0.9～47.8
胸径处树皮厚度/cm	39	Y=42.15579X−11.31993	0.86031	4.96387	98.26	0.292～1.2	0.9～47.8
树冠体积/m^3	39	Y=5.74011+0.04841X	0.75044	6.43661	85.53	10.0～721.9	0.9～47.8
树干下部产脂量/g	25	Y=2.72818X−0.47181	0.80175	5.24551	84.44	0.5～9.1	1.0～37.6

*表示精度的可靠性为 95%。

2. 多元线性回归方程预测

以产脂量为因变量选树龄、树高、胸径、胸径处树皮厚度、树冠体积、树干上树脂囊密度、树干下部产脂量等各数量指标为自变量，用逐步回归法，得到回归方程如下：

y=0.38934X_1−1.27625X_2+1.06694X_3−0.30123X_4−0.00302X_5−7.61328（样本数为30；自变量数为 5；复相关系数 R=0.79846；确定系数 R^2=0.6375。）

式中，y 为产脂量（g）；X_1 为树龄（年）；X_2 为树高（m）；X_3 为胸径（cm）；X_4 为胸径处树皮厚度（cm）；X_5 为树冠体积（m^3）。

这个回归方程显示，树高（X_2）与胸径（X_3）两变量的系数较大，即它们所占的权重大，对产脂量的影响较大，而树龄（X_1）、胸径处树皮厚度（X_4）和树冠体积（X_5）则占比重较小，对产脂量的影响较小。回归方程的显著性检验方差分析说明五个自变量作为整体与因变量的线性关系极显著。多元线性回归关系精度检验结果表明，回归方程在 1%的水平上显著，即产脂量和树龄、树高、胸径、胸径处树皮厚度、树冠体积呈良好的线性关系。

（二）冷杉树脂的采集

冷杉与其他针叶树种不同，木材内没有正常的树脂道，只有在针叶和初生皮层内有树脂道。树脂贮存在初生皮层的皮瘤中或针叶内。树皮长期富有生机，不会木质化。树干上皮瘤分布不均匀，瘤中脂的含量也不相同。树脂含量较多的皮瘤多集中在树干中上部，树干基部皮瘤由于冷杉油挥发，树脂逐渐干涸；顶部皮瘤虽很多，但树脂含量低微。树脂含量还与皮瘤的多少、大小均成正相关。皮瘤的形状有椭圆形、球形、纺锤形。皮瘤的大小不一，小者甚微，大者长达 3cm，宽 1.5cm。

采集冷杉树脂的方法有立木采集和伐倒木采集等几种。

1. 立木采集

立木采脂工具一般包括玻璃试管、玻璃瓶、竹筒、塑料桶等。采脂时，先用尖头玻璃试管刺破皮瘤下部，用拇指轻轻挤压，将树脂流入试管或直接流入采脂筒中。林内单株一般可采集 50～200g 树脂，孤立木含脂量大，有时可达 500g。

2. 伐倒木采集

活立木采脂费时、费力、费工、成本高。因此，常结合采伐进行伐倒木采脂，或将树皮集中起来进行采脂，以提高采脂效率。

采脂过程中如有树皮、苔藓及其他杂质混入树脂中，需用过滤除去，以防颜色变深。冷杉树脂应避免接触铁、铜等金属物。采集季节一般在 5～8 月份，这期间树脂流动快，含油量高，容易采集。雨天不应采脂，以免水滴落入脂内而混浊，影响树脂质量。

冷杉树脂应存放在有色玻璃瓶、陶瓷罐或白色塑料筒内，瓶口用木塞盖紧加蜡封闭，置于阴凉干燥处。贮运中要注意防潮、防晒、防火。

无论是立木刺囊采脂，还是伐倒木刺囊采脂或割沟采脂，都不能把树脂囊内的树脂全部取出，更不能把分泌细胞内的树脂取出来，故只能取得树皮树脂总量的一小部分。

3. 浸提

冷杉树脂能溶于多种有机溶剂和碱液，利用溶剂萃取或用碱液皂化，则能比较彻底地从树皮中抽提出树脂物质，而且有利于大规模工业化生产和开展树皮资源综合利用，但树脂成分较复杂，质量低，需进一步精制，而且要消耗溶剂和热能，并且设备必须现代化。

萃取用的溶剂有汽油、汽油-丁醇、石油醚、乙酸乙酯、乙醚、二甲苯、二氯乙烷、三氯甲烷等。

树皮的粉碎度通常为 2～5mm，这样的粒度利于浸提和工艺的连续化、机械化。

溶剂可回收反复使用，树脂得率高者可达树皮绝干重的 15%～20%，抽出的成分较为复杂，包含有脂肪酸和其他可溶物，故需进一步精制处理，其工艺与明子的溶剂浸提类似。

利用碱液抽提树脂，同样可得到挥发油、中性物和树脂酸盐，其工艺类似于明子的碱抽提处理。在溶剂抽提的同时，还可对树皮进行综合利用，如提取单宁、压制树皮板、刨花板、生产树皮粉以及作为土壤调节剂。

4. 水煮、蒸气蒸煮、低温干馏、加压蒸馏

对于云冷杉针叶、幼枝、树皮均可用水煮、蒸气蒸煮、低温干馏、加压蒸馏等方法来提取冷杉树脂。因为此法工艺简单，在林区可分散生产，然后将粗制品集中精制。

（三）冷杉树脂的加工利用

生产工艺

1）工艺流程

冷杉树脂→溶解→洗涤→干燥→浓缩→净滤→蒸馏→冷杉油+冷杉胶

2）操作要点

（1）溶解。冷杉树脂黏稠难于过滤，需要稀释，常用的溶剂有乙酸乙酯、乙醚和松节油等，其中乙酸乙酯对冷杉树脂的溶解性好，故常选用作溶剂。

（2）洗涤。用食盐水洗涤，目的在于洗去水溶物和尘土等杂质。

（3）干燥。含水树脂难于精滤，精滤前必须严格脱水，对黏稠的冷杉树脂采用化学脱水较为适宜。目前采用的脱水剂为无水硫酸钠，将其投入脂液中，

充分摇动，脱水剂应微过量，以防因脱水不充分，而造成溶于水的硫酸钠进入胶液，蒸馏时又会失去水分成粉末状析出，影响产品质量。此后静置至溶液清澈，用中速滤纸过滤，将吸水后含胶的硫酸钠用乙酸乙酯洗涤后回收，含脂乙酸乙酯送溶解工段循环使用。

（4）浓缩。溶解过程中为了提高洗涤效果，采用的溶液比较多。为了在蒸馏时提高产量，应将过滤后的稀液部分进行浓缩，其浓缩条件为恒温水浴温度90℃左右，浓缩系统压力为 5.332894×10^4kPa。

（5）净滤。为了保证产品的清洁度，先经 5 号或 6 号玻砂漏斗过滤除尘，滤液经检查合格后再进行蒸馏。

（6）蒸馏。净滤合格的冷杉树脂溶液可用真空蒸馏的方法分离出冷杉油和冷杉胶，二者均可进行深度加工。具体方法为将没有经过任何处理的冷杉原脂（或与松脂的混合物或纯松脂）放在蒸馏瓶中进行真空蒸馏，在 180℃前应全部蒸出冷杉油（真空下），然后在真空度大于 7.9993421×10^4kPa 的情况下，将温度逐渐升高，并将冷凝管改成加热管，收集此时的馏出物（即为产品光学胶），在 200～250℃温度下，时间应控制在 1h 左右，最终温度在 250℃左右，若得率太低，可再延长时间。

3）质量检验

鉴定冷杉树脂方法如下：①冷杉树脂外观为清晰、透明蜂糖状淡黄绿色黏稠液体，将淀粉粒加入后，仍可清晰看出，其他树脂中是看不清的。②以 20%含水氧化铁与冷杉树脂混合即变硬。③用无水乙醇、无水甲醇溶解时，立即产生白色絮状凝物——部分中性物的沉淀。④各树种的冷杉脂和固体本性胶都有较固定的酸价，如岷江冷杉树脂酸价在 50～60，其固体本性胶的酸价为 80～85，若固体本性胶蒸不干而又酸价较低时，说明掺有矿物油、液状石蜡等物质，掺有植物油的样品，也不可能蒸干，若固体本性胶硬度较高，而酸价又超出正常值很多时，说明掺有松脂、毛松香或其他树脂物质。

二、冷杉精油的生产

（一）原料的采集与贮存

1. 原料采集

云冷杉树枝可以从伐倒木上采集，也可从活立木上采集。在伐倒木上采集时，每采伐 1m³ 木材，可得 100kg 枝梢、50kg 针叶、130kg 树皮。如果从活立木上采集，一般在平均疏密度为 0.3 的冷杉林内，根据不同的地位级，每公顷林地平均可采集 4～5t 枝梢。立木采集时，应与森林抚育相结合，严禁在幼林内采集，一般胸径在 16cm 以上的树木才允许采集，并限定自下向上采集树冠的 1/3，不得损伤树皮和木质部。在预定伐区内的应采伐木，可允许砍下 1/2 的树冠。

2. 原料贮存

采得的云冷杉枝梢，制成长 30～40cm、直径不超过 15mm 的枝梢，打成捆运到工厂。应尽量加工新鲜原料，堆放时间过长挥发油含量会显著降低，而且会引起针叶脱落。夏季堆放时间一般为 5～15d，堆成高 1m、宽 1.2m、长 2～3m 的垛，留好通风道。避免日晒雨淋，防止发霉、发热与火灾。秋季气候干燥存，堆放方式和时间都不限，但冬季寒冷，针叶易脱落。

（二）冷杉精油生产

1. 水蒸气蒸馏法

冷杉精油是混合物，沸点在 140～300℃。一般用水蒸气蒸馏，使针叶中的各种油分随水蒸气一起蒸出，然后再利用油水不溶解的特点，冷凝、冷却分离出冷杉精油。在蒸馏过程中，首先蒸出的是低沸点的萜烯类物质，高沸点的乙酸龙脑酯含量逐渐增大，但蒸汽分压急剧下降，蒸馏后期馏出物中油的含量越来越小，蒸汽耗量越来越多。常用的蒸馏方法有间歇式和连续式水蒸气蒸馏法两种。

1）间歇式水蒸气蒸馏法

间歇式水蒸气蒸馏法包括水煮蒸馏、水上蒸馏和水蒸气蒸馏 3 种形式。其中，水煮蒸馏是把蒸馏筒直接安装在汽锅上，原料泡在水中，直接用火加热使水沸腾，将原料中的挥发油带出。水和挥发油蒸气经冷凝器冷凝，进入分油器将水与挥发油分离。水上蒸馏的蒸馏装置由炉灶、铁锅、假底、蒸馏筒、冷凝器、分油器、集油器、烟窗、注水管等组成。蒸馏筒直接安装在汽锅上，原料装在蒸馏桶的假底上，不与水接触，其他与水煮蒸馏相同。水蒸气蒸馏是由锅炉供汽通入蒸馏釜内，将原料中的挥发油带出。这种方法温度可以调节，容易操作，蒸馏时间短，出油率高，所得针叶油无色透明，清香纯洁。但蒸馏时原料中水分不足，油细胞壁的膨胀和油分子的扩散不完全，操作时应补充蒸汽的湿度。

采用间歇式水蒸气蒸馏法，蒸馏一般进行 8h，装卸料 4h，一个生产周期为 12h。操作过程包括以下部分。

（1）备料。为了提高出油率和装锅量，将合乎要求的针叶枝梢切成 10～15cm 长的碎料。

（2）装锅。装锅前，锅内先加满水，然后将原料加入蒸馏桶内，要求装得均匀紧密。也可采用边装料、边通蒸气的方法，即先在桶内整个截面上均匀铺上一层料，然后烧开汽锅，蒸气上穿时，往冒气的地方放料并踩实，这样一层层的到装满为止。装完后，清除落入蒸气导管的针叶，然后盖上盖，将漏气的间隙，用黏土堵塞好。

（3）蒸馏。装完锅后，应加大火力，使锅内的水保持全面沸腾状态，防止火力忽高忽低。要经常检查注水管，如果冒汽，应及时添水，防止因干锅而使油质变黄，降低等级。从冷凝器流出第一滴液体以后，过20～30min就开始大量流油，蒸馏出液体中油水比为2∶8。原料中所含油量的60%在前3～4h内将被蒸馏出来，这段时间是蒸馏的关键时刻。冷凝器流出液体温度应控制在30℃以下，因此，冷却水出水温度不应超过30℃。到冷凝液的水面极少油花时为止，分油后废水可返回锅中再用。

精油易挥发，在空气中又很容易树脂化。因此，蒸馏出来的油称重后，应及时收集于贮罐内，并置暗处沉淀，以除去少量水分。再取上层净油装入涂锌铁桶，装桶时用纱布滤去杂质，避免油与铁接触。

（4）卸料。卸料口一般设在蒸馏锅的下部。蒸馏完毕停火，打开卸料口，掏出废渣，这种出渣方法劳动强度大。如果用卸料帘子的方法，则卸料时使用简易的吊杆式起重架，将卸料帘子连同枝梢一起提出来，能大大减轻劳动强度。卸料后应检查蒸馏桶，每蒸三、四次要清洗一次。为了提高冷凝效率和保证油的质量，冷凝器内、外壁应随时清洗。

间歇式水蒸气蒸馏法的蒸馏过程是整个生产中最关键的过程，油的质量和数量取决于蒸馏操作的好坏，为了保证蒸馏的正常进行要做到：①蒸馏时，开始要加大火力，快速提高罐内温度，使锅内水迅速沸腾，此时冷却管开始流出冷却液，从这时算起，大约4h内，蒸出的油量较多，质量较好，随蒸馏时间的延长，出油量逐渐减少，正常生产6～8h蒸馏完毕，出油率为0.8%～0.9%。②蒸馏后期，为防止干锅，要及时补水，补充给水时要缓缓加入，免得加水过急过多降低蒸馏温度而影响出油率。为提高热能的有效利用，最好用冷却水作补充给水。③为减少热能损失和出渣时大量蒸气的排出，出渣前要向锅内注够下一班次的生产用水，之后再打开罐盖，用吊车将盛料篮提出将渣排掉。④油水分离，冷却液到油水分离器中，由于相对密度不同而自然分离，水管和油管的高差5～8mm为宜。为防止杂质混入，可在受油器的漏斗上面加简易滤网，受油器中的油要及时装入油罐中密封好，以防挥发氧化。

为提高精油品质与产量，应用间歇式水蒸气蒸馏法生产时应注意如下事项：①原料的质量是保证产品质量的第一因素，因此原料到厂后，一定要检查质量，做到品种纯的要求，最好边进厂边生产，不要过多的贮存。在切断和装料程中，也要尽量减少各种杂质混入，把好原料加工第一关。②在蒸馏时加火要猛，使蒸馏速度加快，才能提高得油率，此法称为“快温短时”操作法。多年生产实践证明：升温慢蒸馏时间长，产品得油率略有提高，但质量差，消耗原料多，不经济。③冷却水的最低温度控制在35℃以下时，油水分离效果好。④产品入罐密封后，应放到阴凉处保管，有条件的单位可放在地窖内，以利于防火。⑤正常生产锅内结垢很快，每次蒸馏后锅内残留一些松针、杂存物，影响蒸馏速度和产品质量，因此要定期清理和刷洗锅垢。

2）连续式水蒸气蒸馏法

冷杉精油生产的设备主要有蒸气发生器、蒸馏桶、冷凝器和分油器等。

（1）蒸气发生器。如用水上蒸馏法，可用普通大铁锅和相应的炉灶。为了便于操作，炉灶的 2/3 应砌在地下。如果采用水蒸气蒸馏，则需小型蒸气锅炉。生产 1kg 针叶油平均消耗 45～65kg 蒸汽。

（2）蒸馏桶。最好用 3.4～4.5cm 厚的椴木板（也可用铝板）制造，其高径比为 1∶1 以上，桶体有截面圆锥体形和方桶体，需用铁箍箍紧。如采用水上蒸馏法，桶内应设假底，桶身底部直接坐在装有蒸锅的炉灶上，用水泥固定密封。桶盖也应是木制的，桶盖的形式对蒸馏速度和出油率关系很大，不应采用平面的桶盖，因为平面桶盖容易形成死角，影响蒸汽均匀上升，所以一般采用 30°～40°斜面伞形移动桶盖比较好。桶盖以法兰盘或活卡子与蒸馏桶上部紧密结合，桶盖顶端留导汽孔，与导气管相连接。

导气管一般用镀锌白铁皮或铝板卷制成喇叭形，大的一端接在盖的顶端导气孔上，直径为 10～15cm，小的一端与冷凝器相连。各部件连接处必须密封，同时导气管与盖连接弯曲部分必须保温，以免蒸气遇冷回流。假底用木制，分层出料帘子用镀锌铁丝制成“井”字形的帘架，帘孔以不使原料漏下为宜。

冷杉枝梢容积重为 200kg/m^3，如果装料加热压实，则每立方米容积可装 250～300kg 枝梢。采用水上蒸馏法时，受气锅能力的限制，蒸馏桶容积以 3～4m^3 为宜，不宜过大。如果用水蒸气蒸馏法，则容积可大些，如 5.5～7.5m^3。

（3）冷凝器。常用的有蛇形、回形和列管式等几种，其中以回形较为适用。回形冷凝器便于清洗，制造容易，设备不高，便于供水。可用镀锌铁皮制成，但易受腐蚀，不耐用；也可用 1.5～2mm 厚的铝板卷制，其上口直径为 10cm，下口直径为 2cm，其上端连接导气管，下端通向分油器。冷凝器安装在木制水槽内，其周转距水槽内壁距离应大于 100mm 以上。

冷凝面积随蒸馏桶大小而异，容量为 0.5～1t 的蒸馏桶，冷凝面积约用 2m^2；容量为 1.2～1.5t 的蒸馏桶，冷凝面积用 2.5～3m^2；容量为 2～2.5t 的蒸馏桶，冷凝面积用 3.5～4m^2。

（4）分油器。冷凝液是冷杉针叶油与水的混合物，通过分油器将油水分离，分油器结构与松香松节油生产松节油油水分离器相同。分油器的大小应根据生产能力确定，一般分油器的容积是蒸馏桶的 3%左右。

连续水蒸气蒸馏法的蒸馏装置由皮带运输机、加料斗、蒸馏器、冷凝器、分油器、集油器、螺旋喂料器、螺旋卸料器、蒸气管及连续脱油蒸馏器等组成。蒸馏流程一般为将切碎的原料送入加料斗，经螺旋喂料器连续进入蒸馏器，同时通入水蒸气。从蒸馏器出来的蒸气经冷凝器冷凝后，通过分油器将油水分离，残渣由螺旋卸料器连续排出。

2. 高温短时间歇加压水蒸气蒸馏工艺

对巴山冷杉精油提取工艺研究结果表明：采用高温短时间歇加压水蒸气蒸馏工艺技术提取巴山冷杉精油效果良好，精油质量高，达到了国内外同类产品的质量要求。

1）工艺流程

作者在反复实验的基础上，摸索出一套用高温短时间歇加压无离子水水蒸气蒸馏工艺技术提取巴山冷杉精油的方法，其特点是工艺简单、周期短、成本低和效果好，可使出油率比普通水蒸气蒸馏法提高46.3%，其生产过程如图2-7所示。

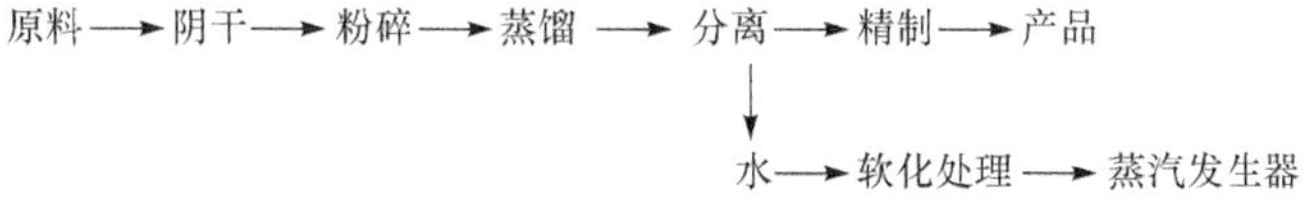

原料→阴干→粉碎→蒸馏→分离→精制→产品
↓
水→软化处理→蒸汽发生器

图2-7　高温短时间歇加压无离子水水蒸气蒸馏工艺流程

2）操作要点

高温短时水蒸气蒸馏技术中，原料的不同处理方法对精油得率有一定的影响。将巴山冷杉树脂、枝、皮、叶等原料适当处理后放入蒸馏瓶（罐）中，通入水蒸气采用间歇加压的方式进行高温短时蒸馏，利用双级冷却装置冷却后，依据精油与水相对密度的不同，用三级油水分离装置将二者分开即得精油精品，将得到的精油精品，用干燥剂处理后即可得到无色透明、清香味凉的精油产品。

3）最佳工艺参数

针叶粉碎度以2～3mm为宜，如表2-5所示（樊金拴，1998b）。普通蒸馏时间一般为6～10h，采用直接加热与间接加热方式，压力保持在0.02～0.04MPa。采用高温短时间歇加压蒸馏方式，蒸馏时间为4h，压力0.03MPa。

表2-5　原料处理方法对精油得率的影响

原料种类	原料重量/g	精油产量/g	出油率/%	蒸馏时间/h	原料处理
巴山冷杉树脂	53.5	12.7	23.7	7	加水
秦岭冷杉树脂	48.1	15	31.2	6	加水
巴山冷杉针叶	618.5	0	0	7	未破碎
巴山冷杉针叶	642.2	0.004	0.006	8	粉碎度1.5～2.1mm
巴山冷杉针叶	2465.5	4.5	0.183	10	粉碎度2～3mm
秦岭冷杉针叶	573	0	0	6	不破碎
秦岭冷杉针叶	233.5	0.001	0.004	6	粉碎度1.8～3.4mm
秦岭冷杉针叶	875.2	1.2	0.137	10	粉碎度4～10mm

（三）冷杉油质量标准

目前，世界冷杉油的主要生产国是黑山、俄罗斯、保加利亚和美国。据报道，西伯利亚冷杉针叶的出油率可达 3%，欧洲冷杉针叶的出油率为 0.2%～0.56%，西伯利亚冷杉枝梢的出油率可达 1.2%，波兰、欧洲冷杉枝梢出油率为 2.1%。美国、俄罗斯、黑山、保加利亚冷杉油的质量指标如表 2-6 所示。

表 2-6　美国、俄罗斯、黑山、保加利亚冷杉油质量指标

国家	保加利亚	黑山	俄罗斯	美国		
指标	ВДС7 814-70	JUS HP050X Ⅱ-1968	Oct 11699	EOA No.50		
树种	欧洲冷杉	冷杉	西伯利亚冷杉	香脂冷杉	西伯利亚冷杉	欧洲冷杉
密度/（g/cm³）	0.8775～0.8650	0.884～0.860	0.895～0.915	0.878～0.872	0.898～0.912	0.867～0.878
折光率 20℃	1.4767～1.4781	1.476～1.4766	1.469～1.472	1.4730～1.4760	1.4685～1.4730	1.470～1.4750
旋光度 2℃	−50°～−40°	−67°～−37°	−46°～−37°	−24°～−19°	−45°～−33°	−67°～−34°
酸值（mg KOH 不高于）	1.5	1	1	—	—	—
酯值（mg KOH）	12.88～28.6	12.88～28.6	—	—	—	—
含脂量（按乙酸龙脑酯计）/%	4.51～11.0	—	≥32	8～16	32～44	4～10
一体积在 90%乙醇中溶解度	—	3～10 倍体积	—	4 倍体积	1 倍体积	7 倍体积

注：①俄罗斯指标是对西伯利亚冷杉针叶与枝梢油订的。②密度测定：俄罗斯、保加利亚为 20°/20℃，黑山为 15°/15℃，美国为 25°/25℃。

经测试，巴山冷杉精油主要质量指标达到了欧美国家冷杉油标准要求，如表 2-7 所示。

表 2-7　巴山冷杉精油质量指标

项目	巴山冷杉精油	欧美国家冷杉油
相对密度（d）	0.871	0.872～0.912
折光率（n）	1.4796	1.4730～1.4781
旋光度（a）	−35.94°	−19°～−67°
酸值（mgKOH/g）	≤1.2	<1.5
酯值（mgKOH/g）	40	—
1 体积油在 90%乙醇中的溶解度	10 倍体积	3～10 倍体积

三、萜类活性物质的利用

理论和实践都证明，冷杉树脂是重要的化工原料，可用于清漆、绘画颜料、光学玻璃胶合剂、医药的生产（樊金拴等，1991）。冷杉植物枝、皮、叶、果富含以α-蒎烯、β-蒎烯、柠檬烯、莰烯、石竹烯、龙脑、乙酸龙脑酯、β-水芹烯、萜品油烯等数十种萜类化合物为主要化学成分的冷杉精油具有抗菌消炎、杀虫驱虫、防病治病、影响植物生长等多种生理生态功能，在医疗、食品、香料、日化、农药、环保等领域有广阔的应用前景（李国胜等，2005；樊金拴，1998a；1998b）。有文献报道，日本和俄罗斯将冷杉松针经提取分离及化学处理，制得一系列香料和天然化学原料，用于医药卫生、洗涤等（刘学文等，2004）。美国 FDA 组织确认，冷杉松针叶油是天然香料，可以加入软饮料、冰制食品、糖果、烧烤食品及胶冻布丁、口香糖等。

以天然巴山冷杉精油为主料，五氯硝基苯为辅料进行的西瓜、茄子、辣椒种子萌发及其幼苗立枯病防治实验结果显示：①150 倍和 250 倍液的冷杉精油处理均可大幅度降低对西瓜、茄子、辣椒三种种子的出苗率，表明高浓度的冷杉精油对种子萌发有一定抑制作用。②150 倍、250 倍、500 倍、1000 倍、1500 倍液的冷杉精油处理西瓜种子，可使立枯病的感病率比对照分别降低 100%、70.8%、33.4%、33.4%和 16.7%，表明不同稀释倍液的冷杉精油对西瓜幼苗立枯病均具有一定的防治效果。③1500 倍液的五氯硝基苯和 1000 倍液的冷杉精油混合使用对西瓜立枯病有良好的防治效果，较单独使用 1500 倍液的五氯硝基苯防效提高了 33.3%（樊金拴等，2005）。

小　　结

植物萜类化合物，即植物精油，如单萜、倍半萜以及二萜等高级萜类与农业、环境和人类健康相关，具有诱人的开发前景和巨大的经济、生态和社会效益。松科云冷杉属植物针叶、枝条、树皮、树脂、球果等部位富含萜类化合物。这些挥发性物质的成分主要以α-蒎烯、β-蒎烯和柠檬烯等单萜烯为主，此外还有倍半萜类化合物及少量的二萜类化合物。

云冷杉萜类化合物不仅无毒、高营养，且是天然保健食品和饲料资源，还具有抗菌消炎、杀虫驱虫、防病治病、影响植物生长等多种生理生态功能和明显的镇静、抗惊厥、解热、抗炎、祛痰、镇咳、平喘、明目、祛风、止痛、强筋、除痈疽等医疗功效，而且是一种优质的天然香料，具有清香、辛香、药草香及果香香气，略带动物及木香香韵，香气透发，清淡高雅，留香持久等特点，在医疗、食品、香料、日化、农药、环保等领域具有较高的利用价值，可用于制药、食品、饮料及喷雾香精、香皂、牙膏等日化产品香精的调配，是一种很珍贵的林产资源，同时又具有一定的化感作用与工业原料价值，开发利用前景诱人而广阔。

根据已有研究，萜类化合物是植物在包括萜类合酶、戊烯基转移酶、HMGR 酶、DXPS 酶和 DXR 酶等萜类合成酶系作用下，通过异戊二烯代谢途径将光合作用产物经过一系列复杂的生物化学过程而形成的。其中，萜类合成酶（TPS）是萜类化合物生物合成过程中的关键酶之一。因此，植物萜类化合物的生物合成受多种因素的影响，如植物发育进程、气候条件与植物营养水平等，都是影响萜类化合物形成的重要因素，萜类物质的种类、数量、含量和释放量都会随季节的变化而变化。一般来说，影响植物萜类化合物形成的因素主要为遗传控制和生态环境条件，如温度、光照、水分、营养、CO_2 浓度、空气湿度、机械损伤等。

我国云冷杉资源丰富，潜在的应用价值巨大。合理开发利用云冷杉精油不仅可以变废为宝，增加社会财富，而且对发展区域经济，加快群众致富奔小康的步伐，解决“三农问题”意义重大，特别是我国西南地区为世界冷杉的起源中心和现代分布中心，资源丰富，蓄积量大，开发利用的前景十分广阔。但由于云冷杉树的生长周期长，萜类次生代谢物种类多，生物合成机理复杂，因此，需要借助如分子生物学、细胞生物学、基因芯片、蛋白质组学等研究手段与其他学科的研究方法，组织多学科专家联合攻关。相信随着科技进步和人们认识的提高，开发利用云冷杉萜类化合物资源必将产生巨大的经济效益、生态效益与社会效益。

参考文献

陈鹏，赵涛，李丽莎，2001. 挪威云杉幼树韧皮部挥发性物质的测定[J]. 云南林业科技，（2）: 58-60.
樊金拴，1991. 秦岭冷杉和巴山冷杉树脂道分布与结构特征的研究[J]. 西北林学院学报，6（2）: 9-16.
樊金拴，1998a. 巴山冷杉和秦岭冷杉精油比较分析[J]. 西北林学院学报，13（3）: 42-44.
樊金拴，1998b. 巴山冷杉精油提取工艺研究[J]. 西北林学院学报，13（3）: 47-51.
樊金拴，李晓明，曹玉美，等，1998. 巴山冷杉精油抑菌作用研究[J]. 西北林学院学报，13（3）: 50-55.
樊金拴，王性炎，1991. 冷杉树脂及其利用[J]. 陕西林业科技，（4）: 63.
樊金拴，王性炎，1992a. 秦岭冷杉树脂精油化学成分的研究[J]. 林产化学与工业，12（1）: 71-74.
樊金拴，王性炎，1992b. 巴山冷杉针叶精油化学成分的研究[J]. 武汉植物学研究，10（2）: 163-168.
樊金拴，王性炎，1992c. 巴山冷杉树脂中挥发油化学成分的研究[J]. 西北植物学报，12（4）: 322-326.
樊金拴，郑瑞杰，李茜，2005. 冷杉精油对几种瓜蔬幼苗立枯病的防治效果. 西北林学院学报，20（2）: 141-143.
龚治，李典谟，张真，2010. 针叶树萜类合成酶研究进展[J]. 林业科学，46（1）: 123-130.
郭阿君，2016. 红皮云杉自然挥发物成分及抑菌作用[J]. 北华大学学报（自然科学版），17（6）: 736-740.
韩书昌，赵慧正，吴宪瑞，等，1991. 冷杉松针油的抑菌试验[J]. 中国林副特产，(2): 1-4.

黄远征，温鸣章，肖顺昌，等，1988. 岷江冷杉精油的化学成分[J]. 云南植物研究，10（1）: 109-112.
姜子涛，李荣，1988. 臭冷杉枝皮精油化学成分研究[J]. 林产化学与工业，8（4）: 535-536.
金春花，周重楚，付平平，等，1989. 臭冷杉精油的药理研究:对中枢神经系统的抑制作用[J]. 中草药，20（6）: 25-27.
李凡，石艳春，李中秋，等，1998. 臭冷杉精油对小鼠 T、B 淋巴细胞增殖反应的影响[J]. 吉林中医药，(2): 54.
李国胜，樊金拴，2005. 巴山冷杉化学成分的初步研究[J]. 西北林学院学报，20（3）: 142-144.
李淑秀，陈有地，杨伦，等，1982. 辽东冷杉松针油化学成分的研究[J]. 林产化学与工业，2（4）: 37-42.
林文彬，张文莲，陆碧瑶，等，1998. 川滇冷杉叶精油化学成分研究[J]. 热带亚热带植物学报，6（1）: 65-67.
刘威，1990. 臭冷杉精油的镇咳祛痰平喘作用[J]. 中草药，21（6）: 28-29.
刘学文，徐汉虹，鞠荣，等，2004. 植物精油在农药领域中的研究进展[J]. 香料香精化妆品，（2）: 36-39.
蒲自连，黄远征，1988. 鳞皮冷杉挥发油化学成分的研究[J]. 林产化学与工业，8（1）: 39.
师海波，苗艳波，孙英莲，等，2000. 臭冷杉精油对佐剂性关节炎的影响[J]. 中国药理学会通讯，17（4）: 20-20.
史睿杰，谢寿安，赵薇，等，2011. 青海云杉针叶和枝条的挥发性化合物的固相微萃 GC/MS 分析[J]. 西北林学院学报，26（6）: 95-99.
孙关中，解正峰，曹玲华，2000. 西伯利亚云杉松脂挥发油化学成分分析[J]. 分析化学，28(11): 1452-1452.
王威，闫喜英，师海波，等，2004. 气相色谱法测定臭冷杉挥发油中醋酸龙脑酯含量[J]. 药物分析杂志，（3）: 244-246.
王性炎，樊金栓，1991. 巴山冷杉和秦岭冷杉树脂精油化学成分的研究[J]. 经济林研究，9（1）: 11-16.
伍艳梅，樊金拴，2006a. 不同条件巴山冷杉枝叶精油含量比较[J]. 西北农业学报，15（4）: 170-172.
伍艳梅，樊金拴，2006b. 岷山地区巴山冷杉精油含量研究[J]. 陕西农业科学，（3）: 25-26，86.
徐永红，申仁花，李东浩，等，1994. 延边地区臭冷杉精油化学成分的研究[J]. 延边大学学报（自然科学版），20（4）: 39-42.
杨智蕴，姜子涛，顾景贤，等，1990. 臭冷杉针叶挥发油化学成分研究[J]. Journal of Integrative Plant Biology,（2）: 133-136.
KEELING C I，BOHLMANN J，2006. Genes，enzymes and chemicals of terpenoid diversity in the constitutive and induced defence of conifers against insects and pathogen[J]. s. New Phytol，170 (4): 657-675.

第三章　云冷杉多酚类活性物质

云杉和冷杉植物的树皮、针叶和球果中富含多酚类化合物，具有抗肿瘤、抗氧化、降血糖、抗心脑血管疾病等多种功能，可广泛应用于食品、药品、化妆品、保健品等行业的几种云冷杉多酚的组成与结构、性质与分类及生产应用情况介绍如下。

第一节　多酚类活性物质的组成与结构

多酚类化合物是分子中具有多羟基化合物的总称，包括低分子量的简单酚类到具有高聚合结构的大分子聚合物。多酚类化合物广泛存在于植物体的皮、根、叶、木、壳和果肉中的多酚类化合物，如覆盆子多酚、苹果多酚、葡萄多酚、茶多酚、石榴皮多酚等，在一些针叶树的树皮中其含量甚至可高达40%，仅次于木质素、纤维素及半纤维素。

一、化学组成

研究结果表明，从欧洲海岸松（*Pinus pinaste*）树皮中提取的多酚类化合物碧萝芷主要由原花青素、酚酸、花旗松素、苯丙烯酸及其糖苷组成，其中的原花青素含量约占 85%。原花青素主要由（+）-儿茶素和（–）-表儿茶素单体聚合而成的多聚体。近年来的研究证实，青杆针叶乙醇提取物中含有酚羟基及黄酮类物质。雪松、红松、樟子松、油松、乔松、萌芽松、红皮云杉、日本冷杉、蓝粉云杉和青海云杉 10 种松针多酚的特征组成化合物主要为没食子酸、儿茶素、咖啡酸、表儿茶素、花旗松素和对香豆酸，其中，蓝粉云杉中没食子酸、儿茶素、咖啡酸、表儿茶素、花旗松素和对香豆酸的含量分别为 8.22μg/mL、84.93μg/mL、3.65μg/mL、5.68μg/mL、1.42μg/mL、3.65μg/mL；青海云杉中没食子酸、儿茶素、表儿茶素、花旗松素和对香豆酸的含量分别为 5.38μg/mL、15.61μg/mL、6.23μg/mL、2.59μg/mL、6.84μg/mL；红皮云杉中儿茶素、咖啡酸、表儿茶素和对香豆酸的含量分别为 14.13μg/mL、4.28μg/mL、12.03μg/mL、7.02μg/mL；日本冷杉中儿茶素、咖啡酸、表儿茶素、花旗松素和对香豆酸的含量分别为 14.26μg/mL、5.73μg/mL、13.86μg/mL、1.76μg/mL、7.32 μg/mL（王群，2016）。

二、结构特性

多酚类化合物基本的碳架结构组成为2-苯基苯并吡喃和多羟基，分子内含有多个与 1 个或几个苯环相连羟基的一类化合物。具体来讲，包括碳架结构为 C6（简单酚类、苯醌类）、C6-C1（羟基苯甲酸类）、C6-C2（苯乙酸、苯乙酮类）、C6-C3（羟基肉桂酸类、香豆素类、苯丙烯类）、C6-C4（萘醌类）、C6-C1-C6（氧杂蒽酮类）、C6-C2-C6（芪类、蒽醌类）、C6-C3-C6（黄酮、异黄酮、黄烷酮、黄烷醇、黄酮醇、花色苷）、（C6-C3）$_2$（木脂素类）、（C6-C3-C6）$_2$（双黄酮类）、（C6-C3）$_n$（木质素类）及（C6-C3-C6）$_n$（缩合单宁）等一大群化合物。一般情况下，这些结构复杂的多酚类化合物都是和单糖或多糖相结合的，同时还以衍生物的形式存在。

多酚化合物具有以下多种结构特性：多酚类物质的多个邻位酚羟基可以和金属离子发生络合反应，并且酚羟基中的邻位酚羟基极易被氧化，是良好的抗氧化剂。多酚本身能通过疏水键和多位点氢键与蛋白质发生结合，并可与其他生物大分子，如生物碱、多糖等发生分子复合反应。多酚疏水键和多位点的氢键能够与蛋白质上的羰基发生特异性结合，与其他生物大分子也可以发生分子复合反应等。国内外的大量研究证明了水解单宁与缩合单宁两类物质在酸、碱、酶作用下水解性能有着很大区别，如水解单宁在酸、碱、酶的作用下表现的不稳定，易于水解；而缩合类单宁在酸、碱、酶的作用下不易水解。其区别主要缘于两者结构上的差异，但是两者共有的多酚结构又决定了它们具有某些相同的性质，这些共性在实际应用中可以体现在以下方面，如与重金属离子发生络合反应，与蛋白质、生物碱产生结合效应，并且能够捕捉自由基及与多种衍生物产生活化反应等。植物多酚在自然界中分布十分广泛、储量极其丰富且来源绿色环保，目前已成为国内外研究天然产物的热点领域。

多酚物质种类很多，根据多酚分子量大小及结构的不同，可分为两大类。一类是多酚的单体，即非聚合物，包括各种黄酮类化合物（如黄酮、异黄酮、黄酮醇、黄烷酮、黄烷醇、黄烷酮醇、花色素苷、查耳酮等）和酚酸类化合物（如绿原酸类、没食子酸和鞣花酸），也包括一些连接有糖苷基的复合类多酚化合物（如芸香苷等）。另一类则是由单体聚合而成的低聚或多聚体，统称单宁类物质，包括缩合型单宁中的原花色素和水解型单宁中的没食子单宁和鞣花单宁等。

根据化学结构上的差异，一般把植物多酚分为水解单宁（酸酯类多酚）和缩合单宁（黄烷醇类多酚或原花色素）两类。水解单宁通常指水解后能产生没食子酸（G）或各种没食子酸聚合物（CG、DHHDP、开环-DHHDP、S-HHDP、内酯化 valoneoylS，S-gallagyl）和糖的单宁，还有一些单宁在糖上结合一些其他结构，如肉桂酸、黄酮、二苯乙烯等。缩合单宁主要指以儿茶素为前体物质，各单元之间的C—O键或C—C键缩合而成的单宁（孙希等，2015）。

第二节 多酚类物质的生物学活性

普遍认为，多酚、原花青素及黄酮类化合物均是天然植物中常见的抗氧化物质。多酚具有抗氧化、抗肿瘤、抗癌、预防心血管疾病、增强机体免疫力、降血糖、抑制高血压血脂、抗辐射、调节内分泌系统、抗菌、抗病毒及止痛镇痛作用等性质。

一、巴山冷杉多酚

以巴山冷杉针叶为材料，大肠杆菌、肠炎沙门氏菌肠炎亚种、枯草杆菌、李斯特菌、肺炎双球菌、粪链球菌为供试菌种，DPPH标准液、维生素C（Vc、抗坏血酸）标准溶液、ABTS自由基标准液、Trolox标准溶液为试剂，采用普鲁士蓝法及Origin 9.0软件和SPSS 20.0统计软件等研究巴山冷杉针叶多酚清除自由基能力、还原力和抑菌能力等，结果如下。

首先将巴山冷杉针叶洗净后阴干、粉碎，再在锥形瓶中加20g的针叶粉末，在超声功率300W、超声时间50min、料液比1∶30g/mL、超声温度65℃、乙醇浓度50%的条件下进行超声辅助提取，趁热抽滤，真空浓缩到没有水分，加50%的乙醇溶解，定容到50mL容量瓶中，配置成样液，放置在4℃的冰箱中密封保存备用。然后从样液中取1mL用50%的乙醇溶液稀释到50倍，通过福林酚法和亚硝酸钠-硝酸铝法检测出巴山冷杉针叶中多酚和黄酮的提取率和样液中多酚的浓度，通过样液中多酚的浓度将多酚的浓度配置成2.00μg/mL、1.00μg/mL、0.50μg/mL、0.25μg/mL、0.125μg/mL、0.625μg/mL、0.3125μg/mL待测液。

（一）清除DPPH自由基与ABTS自由基能力

1. 巴山冷杉针叶多酚清除DPPH自由基

参照刘畅等（2011）的方法，并稍加改进，将2mL的不同稀释浓度的巴山冷杉针叶多酚提取液加到离心管中，再加入2mL的0.1mmol/L DPPH溶液，摇匀，在室温下避光反应30min，用紫外分光光度计测其在517nm处的吸光度。并以同样的方法，将2mL的不同稀释浓度的Vc溶液加到离心管中，再加入2mL的0.1mmol/L DPPH溶液，摇匀，在室温下避光反应30min，用紫外分光光度计测其在波长517nm处的吸光度，按下式分别计算巴山冷杉针叶多酚和Vc溶液对DPPH自由基（DPPH·）清除率：

$$DPPH\cdot清除率=[1-(A_1-A_2)/A_0]\times100\%$$

式中，A_0为50%的乙醇和DPPH溶液；A_1为不同浓度样品液（或不同浓度Vc溶液）和DPPH溶液；A_2为样品对照。

以1.179～30.3μg/mL范围内的DPPH自由基浓度为横坐标，以该浓度时的DPPH溶液在波长517nm处吸光度值为纵坐标，得DPPH溶液吸光度值与DPPH自由基浓度呈良好的线性关系，回归方程 $Y=0.0766X-0.0627$（$R^2=0.999$），即DPPH浓度与吸光值之间的标准曲线。

不同浓度巴山冷杉针叶多酚样液和不同浓度Vc溶液的测试结果显示，Vc对DPPH自由基的清除率活性大于巴山冷杉针叶多酚对DPPH自由基的清除率活性（图3-1）。经由软件Origin 9.0分析得到Vc和巴山冷杉针叶多酚的IC_{50}分别为0.0683μg/mL和0.0782μg/mL。

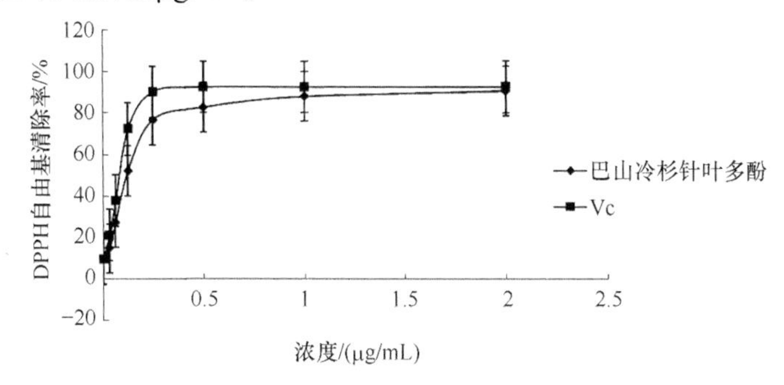

图3-1 DPPH自由基清除率活性

2. 巴山冷杉针叶多酚清除ABTS自由基

首先将0.3μmol/mL Trolox溶液用50%乙醇溶液分别配成浓度为0.20μmol/mL，0.15μmol/mL，0.10μmol/mL，0.05μmol/mL，0.01μmol/mL的标准液，取100μL的标准液再加入3.9mL的ABTS自由基（$ABTS^+\cdot$溶液），震荡30s，6min后，在波长734nm处测其吸光度，以水溶性维生素E（Trolox）浓度为横坐标，吸光值变化量为纵坐标，得回归方程$Y=8.4152X-0.0474$，$R^2=0.9984$。水溶性维生素E（Trolox）标准曲线显示，在ABTS自由基浓度为0.01～0.20μg/mL时，与734nm处吸光值和浓度呈良好的线性关系。然后取100μL的0.02mg/mL巴山冷杉针叶多酚样品，加入3.9mL的$ABTS^+\cdot$溶液，震荡30s，6min后，在波长734nm处测其吸光度。并以同样的方法，取100μL的0.02mg/mL Vc的样品，加入3.9mL的$ABTS^+\cdot$溶液中，震荡30s，6min后，在波长734nm处测其吸光度。抗氧化值结果用μmol水溶性维生素E（Trolox）/g来表示，计算公式如下

$$抗氧化值=[A/(0.02mg/mL)]\times100\%$$

式中，A为通过水溶性维生素E（Trolox）标准曲线的到得水溶性维生素E

（Trolox）浓度。

测试结果显示，Vc 对 ABTS 自由基的清除能力（2186μmol±6.24μmol 水溶性维生素 E（Trolox）/g）大于巴山冷杉针叶多酚对 ABTS 自由基的清除能力（2096.47μmol±7.24μmol 水溶性维生素 E（Trolox）/g），但是在清除 ABTS 自由基方面，p=0.1021>0.05，差异不显著。

（二）巴山冷杉针叶多酚还原力

还原力的强弱通过吸光值的大小来反映。参照张卫星等（2014）的方法：取不同浓度的巴山冷杉针叶多酚待测样品溶液 1mL 加入到 10mL 的离心管中，再加入 0.2mol/L，pH6.6 的磷酸缓冲液和 1%的 $K_3Fe(CN)_6$ 各 2.5mL，混匀后，50℃水浴 20min，然后加入 10%的 Cl_3CCOOH 溶液，3000rpm 离心 10min，取上清液 2.5mL，加入 0.5mL 的 0.1%$FeCl_3$ 溶液，室温反应 10min，在波长 700nm 处测吸光值。以同样方法，测定不同浓度 Vc 的吸光值。

以巴山冷杉针叶多酚待测样品溶液浓度和 Vc 溶液浓度为横坐标，以测试样品在 700nm 处测吸光度值为纵坐标，得巴山冷杉针叶多酚样品溶液浓度和 Vc 溶液还原力回归方程分别为 $Y=4.2655X+0.0112$，$R^2=0.9928$；$Y=4.0286X+0.0087$，$R^2=0.9976$。

测试结果显示，Vc 的还原力大于巴山冷杉针叶多酚的还原力，但是在还原力方面 p=0.8183>0.05，差异不显著。Vc 的还原力大于巴山冷杉针叶多酚的还原力的趋势与 Vc 对 DPPH 自由基和 ABTS 自由基的清除能力大于巴山冷杉针叶多酚对 DPPH 自由基和 ABTS 自由基的清除能力一致，究其原因可能是巴山冷杉针叶多酚反应溶液为粗提液，故应采用纯化后样品溶液。

（三）巴山冷杉针叶多酚抑菌能力

1. 菌液的制备

将活化好的大肠杆菌、肠炎沙门氏菌肠炎亚种、枯草杆菌、李斯特菌、肺炎双球菌、粪链球菌、细菌用无菌蒸馏水稀释 1×10^7 倍，配成浓度为 1×10^2CFU/mL 的菌液。

2. 培养基的制备

将样品中多酚浓度调整为 0、8.355mg/mL、13.925mg/mL、19.495mg/mL、25.065mg/mL、33.42mg/mL，将 1mL 样品和 9mL 的 50℃的 LB 培养基混匀后加到培养皿中，冷却后备用。

3. 接菌和培养

将 0.3mL 的 1×10^2CFU/mL 菌液加到培养皿中，摇匀，将培养皿放置在

37℃，湿度为40%的培养箱中培养24h，计数菌落数。按下式计算抑菌率：

$$抑菌率=（1-B_1/B_0）\times100\%$$

式中，B_1为提取液；B_0为对照。

4. 测试结果

实验结果显示，巴山冷杉针叶中含有的多酚对枯草杆菌的抑菌能力最强，最小抑菌浓度为13.925mg/mL。巴山冷杉针叶中含有的多酚对大肠杆菌的抑菌能力最差，只有当多酚的浓度达到33.42mg/mL的时候细菌才在培养皿中完全不见。巴山冷杉针叶中含有的多酚对其他四种细菌（肠炎沙门氏菌肠炎亚种、李斯特、肺炎双球菌、粪链球菌）的最小抑菌浓度都为25.065mg/mL。Vc对大肠杆菌的抑菌能力最强，最小抑菌浓度为（19.495±0.68）mg/mL。Vc对其他四种细菌（枯草杆菌、李斯特、肺炎双球菌、粪链球菌）的最小抑菌浓度都为25.065mg/mL。

二、青杆多酚

以青杆针叶为试材，在提取功率为250W、提取时间为46min、料液比为1：51g/mL、乙醇体积分数为42%的条件下用超声辅助工艺提取青杆多酚，并以40%乙醇稀释制成浓度为1mg/mL的青杆多酚待测溶液。参照郑洪亮等（2014）的方法，配制DPPH溶液试剂、$ABTS^+$·反应液和PBS缓冲液。

（一）杆针叶多酚清除DPPH自由基能力

1. 青杆针叶多酚对DPPH·的清除率曲线

将1mg/mL青杆针叶溶液用40%乙醇配成0.025mg/mL、0.05mg/mL、0.10mg/mL、0.15mg/mL、0.20mg/mL、0.25mg/mL、0.30mg/mL、0.35mg/mL、0.40mg/mL系列梯度浓度。称取50mg抗坏血酸粉末，用40%乙醇溶液定容至50mL容量瓶中，就得到浓度为1mg/mL的Vc溶液，置于冰箱中冷藏备用。实验前，将其用40%乙醇稀释为0.02mg/mL、0.04mg/mL、0.06mg/mL、0.08mg/mL、0.1mg/mL、0.12mg/mL、0.14mg/mL。

分别以0.025～0.4mg/mL青杆针叶多酚浓度和0.02～0.14mg/mL抗氧化剂Vc浓度为横坐标，以该浓度青杆针叶多酚溶液和抗氧化剂Vc溶液在517nm波长下的吸光度值为纵坐标，得溶液浓度与吸光值之间的线性方程。

青杆针叶多酚对DPPH·清除曲线：$y=0.315\ln x+1.2874$，其中$R^2=0.9857$。

抗坏血酸对DPPH·清除曲线：$y=0.3785\ln x+1.7868$，其中$R^2=0.9503$。

2. 青杆针叶多酚清除活性的测定

分别取2mL不同浓度的针叶溶液于具塞试管中，再各滴加0.1mmol/L的

DPPH 溶液 2mL 加入同一具塞试管中摇匀，在室温下避光静置保存 20min，用无水乙醇与 DPPH 溶液的混合液作空白对比，在分光光度计上调零，以扣除样品本身的颜色。不同配比溶液的吸光度在 517nm 的波长下进行测定（张强等，2011），每个浓度平行做三次。

测定结果依据下列公式计算，即可得出每种不同浓度梯度的提取液，对 DPPH 自由基的清除率。

$$清除率\ K=（A_{空白}-A_{样品}）/A_{空白}\times100\%$$

3. 抗坏血酸溶液清除活性的测定

吸取配制完成的抗坏血酸溶液，加入 0.1mmol/L 的 DPPH 溶液 2mL 于同一具塞试管中摇匀，设置空白对照，室温下避光静置保存 20min，在 517 nm 的波长下测定不同配比溶液的吸光度。对 DPPH 自由基的清除率计算方法同上。

4. 青杆针叶多酚与 Vc 清除 DPPH · 能力的比较

不同浓度的青杆针叶多酚及 Vc 对 DPPH 自由基清除效果有明显差异。青杆针叶多酚具有较好的清除 DPPH 自由基功能，且随着青杆针叶多酚浓度增加，清除率也逐渐上升，而当多酚的含量达到 0.2mg/mL 时，其清除率可达到 86.15%，而在同样浓度下，Vc 对 DPPH 自由基的清除率可达到 95.42%。在实验多酚浓度范围内，青杆针叶多酚对 DPPH 自由基的清除率始终小于 Vc 的清除率。在 0～0.2mg/mL 的范围内，青杆针叶多酚对 DPPH · 的清除效果与多酚浓度有明显的线性关系，其线性方程为 $y=4.151x+0.0685$，相关系数 $R^2=0.9904$；而在 0～0.1mg/mL 范围内 Vc 的含量与清除率的线性方程为 $y=6.9611x+0.2417$，相关系数 $R^2=0.9934$。另外，青杆针叶多酚清除 DPPH 自由基的半数清除浓度 $IC_{50}=0.1040$mg/mL，Vc 清除 DPPH 自由基的半数清除浓度 $IC_{50}=0.0371$mg/mL。根据两者的 IC_{50} 值可以看出，虽然青杆针叶多酚清除 DPPH 自由基的能力小于 Vc 清除 DPPH 自由基的能力，但在供试青杆针叶多酚浓度范围内，青杆针叶多酚对 DPPH 自由基的最大清除率为 92.96%，表明青杆针叶多酚的清除能力也是较强的（图 3-2）。

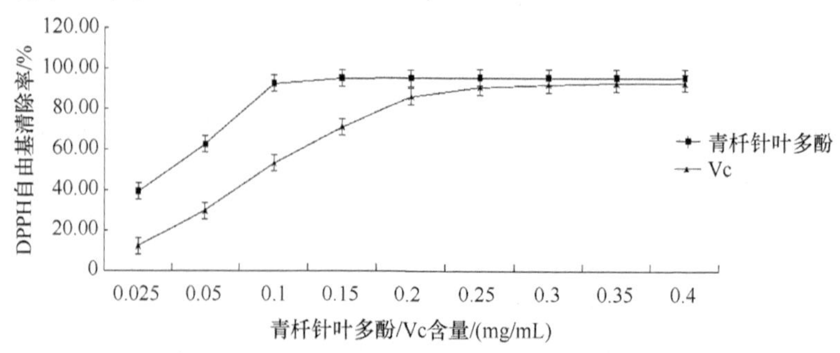

图 3-2　青杆针叶多酚及 Vc 对 DPPH 自由基清除能力

（二）青杆针叶多酚清除 ABTS 自由基的能力

1. 青杆针叶多酚与抗坏血酸溶液的配制

将 1mg/mL 的青杆针叶溶液用 40%乙醇配成 0.0025mg/mL、0.005mg/mL、0.0075mg/mL、0.01mg/mL、0.0125mg/mL、0.015mg/mL、0.0175mg/mL 系列梯度浓度。称取 50mg 抗坏氧酸粉末，用 40%乙醇溶液定容至 50mL 容量瓶中，得浓度为 1mg/mL 的 Vc 溶液，置于冰箱中冷藏备用。实验前用 40%乙醇稀释，将 0.05g 抗坏血酸用水溶解后，用 40%乙醇定容至 50mL，得 1mg/mL 的 Vc 溶液。并将其稀释至 0.0025mg/mL、0.005mg/mL、0.0075mg/mL、0.01mg/mL、0.0125mg/mL、0.015mg/mL、0.0175mg/mL。

以 0.0025～0.0175mg/mL 的青杆针叶多酚与抗坏血酸浓度为横坐标，以该浓度下青杆针叶多酚与抗坏血酸溶液于波长 517nm 处的吸光值为纵坐标，得青杆针叶多酚与抗坏血酸的清除 ABTS 自由基线性方程。青杆针叶多酚的清除 ABTS 自由基线性方程为 y=55.196x–0.039（R^2=0.9856）。抗坏血酸的清除 ABTS 自由基线性方程为 y=54.531x+0.0558（R^2=0.9937）。青杆针叶多酚与抗坏血酸清除 ABTS 自由基的能力如图 3-3 所示。

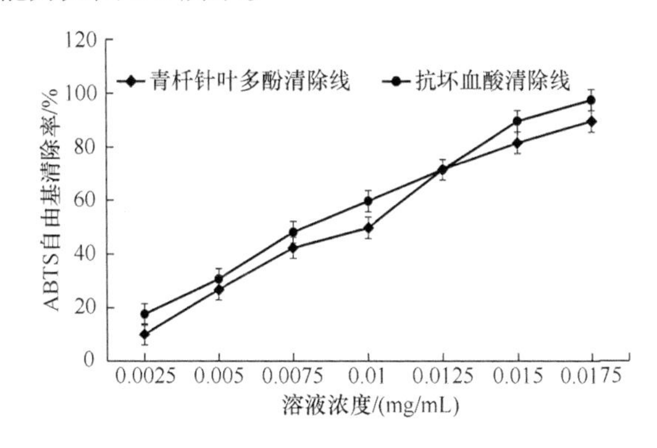

图 3-3　ABTS 自由基清除曲线

2. 青杆针叶多酚溶液与抗坏血酸溶液对 ABTS 自由基清除活性的测定

分别吸取 1mL 不同浓度的抗氧化试剂溶液于具塞试管中，再分别往试管中加入 3.5mL 预热至 37℃的 $ABTS^+$·反应液。37℃水浴条件下反应 10min。用 40%乙醇与 $ABTS^+$·的混合液作空白对比，在分光光度计上调零，以扣除样品本身的颜色。不同配比溶液的吸光度在 734nm 的波长下测定，每个浓度平行做三次。每种不同浓度梯度提取液，对 ABTS 自由基的清除率 K 依据下列公式计算。

$$清除率\ K=（A_{空白}-A_{样品}）/A_{空白}\times100\%$$

3. 青杆针叶多酚与抗坏血酸清除 ABTS 自由基能力比较

由青杆针叶多酚与 Vc 对 ABTS 自由基的清除方程可以得出两者的 IC_{50}，青杆针叶多酚的 IC_{50}=0.0098mg/mL，Vc 的 IC_{50}=0.0081mg/mL，由此可知 Vc 清除 ABTS 自由基的能力略强于青杆针叶多酚，青杆针叶多酚的清除能力同样也是较强的。

（三）青杆针叶多酚与 Vc 的还原能力

将 1mg/mL 的青杆针叶多酚溶液与抗坏血酸溶液分别用 40%乙醇配成 0.01mg/mL、0.02mg/mL、0.03mg/mL、0.04mg/mL、0.05mg/mL、0.06mg/mL、0.07mg/mL、0.08mg/mL 系列梯度浓度。

吸取不同浓度的待试样品溶液 1.0mL 置于 10mL 离心管内，继而加入 0.2mol/L，pH 为 6.6 的 PBS 缓冲液和 1% $K_3Fe(CN)_6$ 各 2.5mL，将两者混匀后放置在 50℃的水浴锅内水浴反应 20min，然后加入 2.5mL 10%的 Cl_3CCOOH，在 3000rpm 的设置下离心 10min，离心结束后吸取上清液 2.5mL 并加入 0.5mL 0.1%的三氯化铁溶液，室温反应 10min。在波长 700nm 处测定吸光值，还原力强弱通过吸光值的大小来反映。

用普鲁士蓝法测青杆多酚溶液的还原能力并与 Vc 溶液的还原能力作比较，由青杆针叶多酚与抗坏血酸的总还原力测定结果来看，在相同浓度下，Vc 溶液的还原能力比青杆多酚溶液的还原能力强。青杆针叶多酚与抗坏血酸溶液的还原能力如图 3-4 所示。

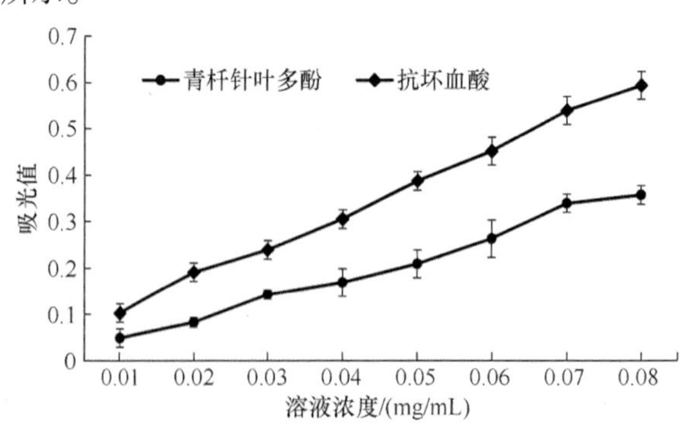

图 3-4　还原力对应值

三、红皮云杉多酚

以红皮云杉球果为试材，利用 Folin-酚试剂、没食子酸、碳酸钠、1，1-二苯基-2-苦味酰基苯肼（DPPH）、总抗氧化能力检测试剂盒（ABTS）、抗坏血酸（Vc）、丁基羟基茴香醚（BHA）、邻二氮菲、硫酸亚铁、PBS 缓冲液、双氧水、无水乙醇等试剂对采用溶剂法提取的红皮云杉球果中的多酚类化合物抗氧化活性研究进行研究。

（一）红皮云杉多酚的总抗氧化活性

以天然抗氧化剂Vc和人工合成的抗氧化剂BHA作为对照，采用ABTS法测定红皮云杉多酚的总抗氧化活性。方法是分别将提取物配制成一系列浓度的溶液，在96孔板中依次加入20uL过氧化物酶液，10uL待测液，170uL ABTS工作液，摇匀，温育6min，在405nm波长处测定其吸光度。以溶剂乙醇代替待测液作空白对照，测定吸光度，按下式计算：

$$总抗氧化活性=1-（A_1-A）/A_1\times100\%$$

式中，A_1为加入待测液的吸光度；A为空白对照的吸光度。

以Vc、BHA溶液作为对照。实验结果显示，Vc、BHA和红皮云杉球果多酚对$ABTS^+$·都有清除作用，其中红皮云杉球果多酚和Vc随着浓度的增加，对$ABTS^+$·清除率显著增加，表明红皮云杉球果多酚和Vc对$ABTS^+$·清除效果非常明显，而BHA溶液随着浓度的增加，对$ABTS^+$·清除率增加不显著，而且其对$ABTS^+$·清除率也比较低，表明BHA溶液对$ABTS^+$·清除效果不明显（图3-5）。综合对比表明，红皮云杉球果多酚对$ABTS^+$·有较好的清除作用。

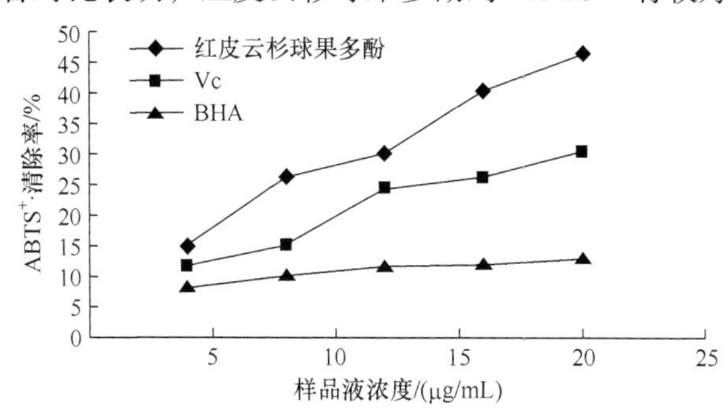

图3-5　红皮云杉球果多酚、Vc和BHA对$ABTS^+$·的清除作用

（二）红皮云杉多酚的酚清除羟自由基能力

分别将提取物配制成一系列浓度的溶液，在试管中依次加入6.0mmol/L的Fe_2SO_4溶液1.0mL、6.0mmol/L的H_2O_2溶液1.0mL和待测溶液1.0mL，摇匀，静置10min，再加入6.0mmol/L的水杨酸溶液1.0mL，摇匀，静置30min后于510nm波长处测其吸光度。以乙醇溶液代替待测液作空白对照，测定吸光度。同样以天然抗氧化剂Vc和人工合成的抗氧化剂BHA作为阳性对照。按下式计算羟自由基（·OH）清除率：

$$\cdot OH 清除率=[1-(A_1-A_0)/A]\times 100\%$$

式中，A 为空白对照的吸光度；A_0 为无水杨酸时加入待测液的吸光度；A_1 为加入待测液的吸光度。

实验结果显示，红皮云杉球果多酚和 Vc 对 · OH 都有较明显的清除作用，红皮云杉球果多酚和 Vc 随着浓度的增加，对 · OH 清除率显著增加，表明红皮云杉球果多酚和 Vc 对 · OH 清除效果非常明显。红皮云杉球果多酚对 · OH 清除率明显高于 Vc。BHA 对 · OH 的清除率很低，而且清除率几乎不随浓度的变化而改变（图 3-6）。综合对比表明，红皮云杉球果多酚对 · OH 有较好的清除作用。

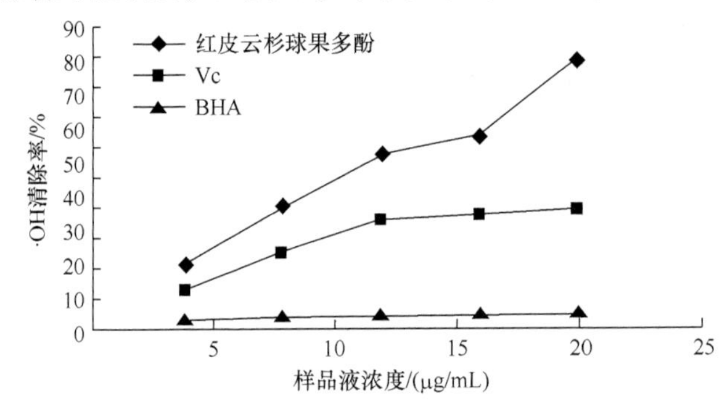

图 3-6　红皮云杉球果多酚、Vc 和 BHA 对 · OH 的清除作用

（三）红皮云杉多酚清除 DPPH · 能力

分别将提取物配制成一系列浓度的溶液，在试管中加入 2.0mL 的 1.0×10^{4}mol/L DPPH · 溶液（用无水乙醇配制），之后再加入 1.0mL 待测液，摇匀，避光反应 30min 后于波长 517nm 处测定吸光值，以 2.0mL 无水乙醇与 1.0mL 待测液作参比，测定吸光值，同时以 1.0mL 溶剂乙醇溶液和 2.0mL DPPH · 溶液作为空白对照测定吸光度值。以天然抗氧化剂 Vc 和人工合成的抗氧化剂 BHA 溶液代替样品作为阳性对照。清除率计算公式：

$$DPPH \cdot 清除率=[1-(A_1-A_0)/A]\times 100\%$$

式中，A_1 为加入待测液的吸光度；A_0 为无 DPPH · 加入时的吸光度；A 为对照的吸光度。

实验结果显示，Vc、BHA 和红皮云杉球果多酚对 DPPH · 都有清除作用，其中红皮云杉球果多酚和 Vc 随着浓度的增加，对 DPPH · 清除率有一定程度增加，表明红皮云杉球果多酚和 Vc 对 DPPH · 清除效果明显，而 BHA 随着浓度的增加，对 DPPH · 清除率几乎不增加，而且对 DPPH · 清除率也比较低，表明 BHA 对 DPPH · 清除效果不明显（图 3-7）。综合对比表明，红皮云杉球果多酚对 DPPH · 有较好的清除作用。

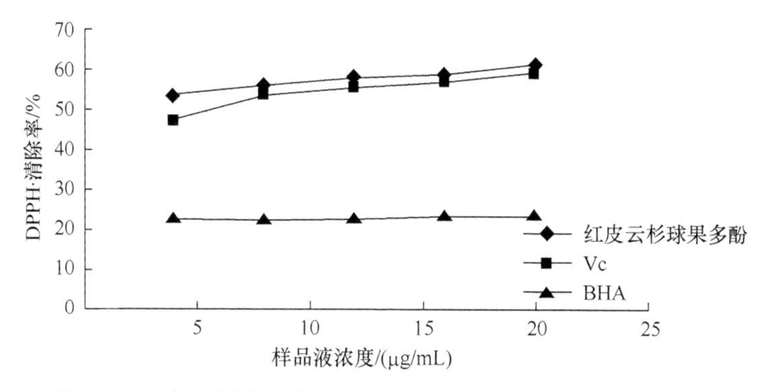

图 3-7　红皮云杉球果多酚、Vc 和 BHA 对 DPPH·的清除作用

（四）红皮云杉多酚清除超氧阴离子自由基作用

分别将提取物配制成一系列浓度的溶液，取 pH 8.2 的 Tris-HCI 缓冲液 4.5mL 于试管中，25℃水浴中保温 10min，加入不同浓度待测液 1.0mL，混匀后加入 1.0mL 在 37℃水浴中预热的邻苯三酚（用 10mmol/L 盐酸配制），在 37℃水浴中准确反应 10min，立即用 6.0mol/L 盐酸 3 滴终止反应，在波长 320nm 下测其吸光度。以乙醇溶液代替待测液作为空白对照，测定吸光度，并以 10mmol/L 代替邻苯三酚溶液作为参比，测定吸光度。以天然抗氧化剂 Vc 和人工合成的抗氧化剂 BHA 溶液代替样品作为阳性对照。超氧阴离子自由基（O_2^-·）的清除率公式：

$$O_2^- \cdot \text{清除率}=[1-（A_1-A_0）/A]\times 100\%$$

式中，A 为对照的吸光度；A_1 为加入待测液的吸光度；A_0 为无邻苯三酚加入时的吸光度。

实验结果显示，Vc、BHA 和红皮云杉球果多酚都能有效清除超氧阴离子自由基，其中红皮云杉球果提取物即松多酚的清除率最高，其次是 Vc，最后是 BHA，且红皮云杉球果提取物和 Vc 随浓度的上升提取量都有较为明显的增加，而 BHA 的清除率随浓度上升的变化幅度并不明显（图 3-8）。

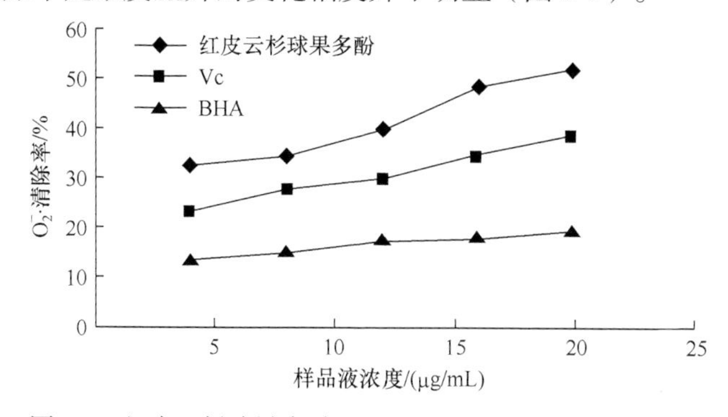

图 3-8　红皮云杉球果多酚、Vc 和 BHA 对 O_2^-·的清除作用

四、其他云冷杉多酚

研究结果表明，红皮云杉多酚和环磷酰胺（CTX）对肿瘤均具有明显的抑制效果。高剂量的红皮云杉多酚的抑瘤率为 61.31%，CTX 的抑瘤率为 73.20%，但是 CTX 在抑制肿瘤的同时也会对机体的免疫器官和抗氧化能力产生不良影响，有一定的副作用。红皮云杉多酚在抑制肿瘤的同时，对免疫器官具有保护作用，并可以明显提高机体的抗氧化能力，且高剂量组效果最好（周芳，2016）。此外，红皮云杉、蓝粉云杉（*P. pungens*）、粗枝云杉、川西云杉（变种）、白杆、青海云杉、青杆、沙地云杉 8 种云杉属植物叶中多酚、黄酮含量差异较大，8 种云杉属植物叶片提取液中多酚、黄酮含量大体呈现相同的走势，其中，沙地云杉和青杆的含量均最高，粗枝云杉、川西云杉（变种）的含量相对较低。沙地云杉多酚含量最高为 1.105mg/g，粗枝云杉多酚含量最低为 0.5979mg/g，多酚含量从大到小排列为沙地云杉>蓝云杉>青杆>红皮云杉>白杆>青海云杉>川西云杉>粗枝云杉。沙地云杉黄酮含量最高为 553.286mg/g，川西云杉黄酮含量最低为 217.776mg/g，8 种云杉黄酮含量从大到小排列的顺序为沙地云杉>青杆>红皮云杉>白杆>蓝云杉>青海云杉>粗枝云杉>川西云杉。8 种云杉属植物叶片提取液对 DDPH 自由基、ABTS 自由基、O^{-2}·、·OH 均有不同程度的清除作用，相比较青杆叶片的提取液对 DDPH 自由基、ABTS 自由基、O^{-2}·的清除能力较强，其次为沙地云杉。相关性分析表明，多酚和黄酮含量与 ABTS 自由基、O^{-2}·清除能力之间相关性较高，与 DDPH 自由基、·OH 清除能力之间有较弱正相关，说明多酚和黄酮含量与清除 ABTS 自由基、O^{-2}·密切相关（李小燕等，2014）。

研究发现，伊春地区红皮云杉的多酚、原花青素和黄酮含量分别为 155.358mg/g、143.742mg/g 和 1.94mg/g，总活性物质含量为 301.041mg/g；苇河地区红皮云杉的多酚、原花青素和黄酮含量分别为 125.395mg/g、144.762mg/g 和 2.111mg/g，总活性物质含量为 272.268mg/g；长白山地区红皮云杉的多酚、原花青素和黄酮含量分别为 166.743mg/g、170.476mg/g 和 2.355mg/g，总活性物质含量为 339.574mg/g。其中，长白山地区红皮云杉球果中多酚、原花青素和黄酮含量均为最高（邓心蕊等，2012）。

日本冷杉、青海云杉、蓝粉云杉、油松、雪松、红松和樟子松 7 种松科植物松针提取物酚类物质质量分数及其抗氧化能力的研究结果表明：①蓝粉云杉、日本冷杉、青海云杉针中多酚含量分别为 48.95mg/g、39.38mg/g 和 29.72mg/g；黄酮含量分别为 9.46mg/g、7.90mg/g 和 6.72mg/g；原花青素含量分别为 4.75mg/g、4.93mg/g 和 3.17mg/g。其中，蓝粉云杉的多酚与黄酮质量分数均为最高；日本冷杉的原花青素质量分数最高。②多酚含量与 DPPH 自由基清除能力、羟自由基清除能力和总还原能力均存在显著相关性，在抗氧化能力中起到了主要作用。③蓝粉云杉、日本冷杉、青海云杉针多酚对 DPPH 自由基清除能力的 IC_{50} 值、羟自由基清除能力的 IC_{50} 值与总还原能力的 EC_{50} 值分别为 58.83mg/L、275.54mg/L 和 395.33mg/L，65.84mg/L、1992.98mg/L 和 499.56mg/L，63.28mg/L、1046.89mg/L 和 589.88mg/L。其中，二苯基苦味肼基自由基（DPPH 自由基）清除能力的 IC_{50} 值、羟自由基清除能力的 IC_{50} 值与总还原能力 EC_{50} 值均以蓝粉云杉为最低。因为 IC_{50} 值表达的是自由基清除率达到 50%时所需要的抗氧化剂质量浓度，EC_{50} 值表达的是总还原能力中吸光值为 0.5 时所需要的抗氧化剂质量浓度，IC_{50} 值和 EC_{50} 值与抗氧化能力呈逆相关，所以供试 3 种云冷杉材料中，蓝粉云杉针多酚的抗氧化能力最强（马承慧等，2016）。

雪松、蓝粉云杉、油松、萌芽松、日本冷杉、樟子松、红松、青海云杉、红皮云杉、乔松 10 种松科植物中松针多酚的抗氧化活性研究结果表明：①10 种松针多酚对 DPPH 自由基的清除率存在量效关系，浓度的逐渐增加对 DPPH 自由基的清除作用显著增强，当浓度达到一定值后，随样品浓度升高，DPPH 自由基清除作用达到最高限度。供试材料的最大清除率按照从大到小依次为雪松、萌芽松、油松、乔松、蓝粉云杉、红松、日本冷杉、青海云杉、樟子松和红皮云杉。②随着样品浓度的增高，10 种松针多酚对羟自由基的清除率逐渐上升，当浓度达到一定值以后，清除率随着浓度的增高变化缓慢且趋为平缓，即清除能力达到了最高限度。供试材料的最大清除率按照从大到小依次为油松、红松、雪松、萌芽松、樟子松、蓝粉云杉、日本冷杉、红皮云杉、乔松和青海云杉。③10 种松科植物松针多酪的总还原能力与浓度之间均呈现出显著的线性相关。当各松针样品浓度在 800μg/mL 时，供试材料的总还原能力从大到小依次是雪松、蓝粉云杉、油松、萌芽松、日本冷杉、樟子松、红松、青海云杉、红皮云杉、乔松。④松针提取物可以抑制脂质过氧化的反应程度。随着浓度的增加对脂质过氧化的抑制作用显著增强，当浓度达到一定值后，随样品浓度升高，抑制作用增加不显著。各松针样品在该反应中呈现出不同的抑制能力，供试材料的最大抑制率从大到小依次为油松、雪松、蓝粉云杉、红松、萌芽松、樟子松、青海云杉、乔松、日本冷杉和红皮云杉。并根据抗氧化活性与其主要抗氧化物质含量相关性分析结果，多酚含量与 DPPH 自由基清除能力、羟自由基清除能力、总还原能力和脂质过氧化抑制能力都具有显著相关性，黄酮含量与总还原能力和抑制脂质过氧化能力有显著的相关性，原花青素含量与四种抗氧化指标均无相关性。研究提出，松科植物松针多酚类物质是其主要抗氧化物质，多酚量越高，其抗氧化能力越大（王群，2016）。

采用正丁醇（100%），乙酸乙酯（100%），蒸馏水，丙酮（20%、40%、60%、80%、100%），乙醇（20%、40%、60%、80%、100%）13 种不同极性的

溶剂，以 RP-HPLC 法进行的研究结果显示，红皮云杉球果中含有较高含量的多酚（88.90±1.37）mg/g、原花青素（74.26±0.74）mg/g 和相对较低含量的黄酮类化合物（47.80±0.86）mg/g。但提取溶剂的差异对红皮云杉球果提取物总多酚、黄酮、原花青素含量和抗氧化活性影响显著（郑洪亮等，2014）。

第三节　多酚类物质的生产

一、冷杉多酚的制备

（一）冷杉多酚的提取

1. 热回流提取

1）材料及处理

以巴山冷杉针叶为材料，清洗，阴干，粉碎，过筛（0.5 目）后，经乙醇热回流提取，制成待测样品。

2）工艺流程

山冷杉针叶 ⟶ 粉碎 ⟶ 乙醇热回流提取 ⟶ 趁热抽滤 ⟶ 滤液定容 ⟶ 测定多酚含量

3）巴山冷杉针叶中多酚含量的测定

采用福林酚法制备没食子酸标准品工作曲线。具体方法为精确称取 0.0500g 没食子酸标准品，用蒸馏水定容至 500mL，得没食子酸标准液 0.1mg/mL。精密吸取 0、0.1mL、0.2mL、0.3mL、0.4mL、0.5mL、0.6mL、0.7mL、0.8mL、0.9mL、1.0mL、1.1mL、1.2mL、1.3mL、1.4mL 标准没食子酸溶液，分别置于 10mL 棕色容量瓶中，然后加入 6mL 蒸馏水，摇匀后加入 0.5mL 福林酚，摇匀，3min 后加入 1.5mL 20%的 Na_2CO_3 溶液，用蒸馏水定容，水浴 1.5h 后在波长 765nm 处测其吸光度。

以没食子酸标准液浓度（mg/mL）为横坐标，以 765nm 处的吸光度为纵坐标，采用 Excel 2007 软件绘制标准曲线，得回归方程为

$$A=89.332C+0.0156$$

式中，A 为吸光度；C 为没食子酸质量浓度（mg/mL）。相关系数 R^2=0.9989，吸光度线性范围 0～1.238。

用同样方法测定样品中多酚的吸光度，通过回归方程计算巴山冷杉针叶中多酚的含量。多酚提取率按下式计算：

$$多酚提取率=\frac{巴山冷杉针叶多酚含量}{巴山冷杉针叶质量}\times 100\%$$

4）影响热回流提取效果的因素

不同提取温度（30℃、40℃、50℃、60℃、70℃、80℃）、乙醇浓度（30%、40%、50%、60%、70%、80%）、提取时间（1.0h、2.0h、3.0h、4.0h、5.0h、6.0h）、料液比（1∶20g/mL、1∶30g/mL、1∶40g/mL、1∶50g/mL、1∶60g/mL、1∶70g/mL）的巴山冷杉针叶多酚提取率的测试结果显示：①在乙醇浓度50%、提取时间3.0h、料液比1∶50g/mL条件下，冷杉多酚提取率在30～60℃范围内，随着提取温度的升高逐渐升高，在60～80℃范围内，随着提取温度的升高而下降，当温度升到60℃时，提取率达到最大值。②在提取温度60℃、乙醇浓度50%、提取时间3.0h条件下，冷杉多酚提取率在供试料液比范围内，随着料液比的升高逐渐升高，并在料液比为1∶50g/mL的时候达到最大值，此后提取率就不再随料液比的升高而增高，而是在下降。③在提取温度60℃、提取时间3.0h、料液比1∶50g/mL条件下，冷杉多酚提取率在乙醇浓度为50%时为最大。④在提取温度60℃、乙醇浓度50%、料液比1∶50g/mL条件下，冷杉多酚提取率在供试提取时间范围内，随着提取时间的增加而不断增加，但以提取时间为5.0h为最大。

5）热回流提取多酚工艺优化

在上述单因素实验基础上，选取提取温度（50℃、60℃、70℃）、乙醇浓度（40%、50%、60%）、提取时间（4.0h、5.0h、6.0h）、料液比（1∶40g/mL、1∶50g/mL、1∶60g/mL）四因素三水平，按照 $L_9(3^4)$ 表设置正交实验，考察各自变量交互作用及其对巴山冷杉多酚提取率的影响，探求最佳工艺组合。

正交实验结果表明：①影响多酚提取率的最大因子是料液比，其次是提取时间，再其次是乙醇浓度，影响多酚提取率最小的因子是提取温度。②热回流提取巴山冷杉针叶多酚最佳的工艺条件组合水平是 $A_1B_2C_2D_2$，即提取温度50℃、乙醇浓度50%、提取时间5.0h、料液比1∶50g/mL，在此组合下的多酚得率为10.356%（表3-1）。

表3-1　热回流提取巴山冷杉针叶多酚正交实验结果

实验号	提取温度（A）/℃	乙醇浓度（B）/%	料液比（C）/（g/mL）	提取时间（D）/h	多酚得率/%
1	50	40	1∶40	4.0	9.878
2	50	50	1∶50	5.0	10.356
3	50	60	1∶60	6.0	9.982
4	60	40	1∶50	6.0	10.279
5	60	50	1∶60	4.0	10.004

续表

实验号	提取温度（A）/℃	乙醇浓度（B）/%	料液比（C）/（g/mL）	提取时间（D）/h	多酚得率/%
6	60	60	1：40	5.0	10.107
7	70	40	1：60	5.0	10.086
8	70	50	1：40	6.0	10.132
9	70	60	1：50	4.0	10.222
均值 1	10.072	10.081	10.039	10.035	
均值 2	10.098	10.164	10.286	10.183	
均值 3	10.147	10.104	10.024	10.131	
极差	0.075	0.083	0.262	0.148	

2. 超声辅助提取

1）超声辅助提取工艺流程

巴山冷杉针叶采集、处理及针叶多酚含量测定方法同热回流提取部分。巴山冷杉针叶多酚超声辅助提取工艺流程如下：

巴山冷杉针叶 ⟶ 粉碎 ⟶ 超声提取 ⟶ 趁热抽滤 ⟶ 滤液定容 ⟶ 测定多酚含量

2）影响超声辅助提取效果的因素

分别在乙醇浓度 50%、料液比 1：30g/mL、超声时间 40min、超声功率 300W，料液比 1：50g/mL、超声温度 55℃、超声时间 40min、超声功率 300W，乙醇浓度 50%、料液比 1：50g/mL、超声温度 55℃、超声功率 300W，料液比 1：50g/mL、超声温度 55℃、超声时间 40min、乙醇浓度 50%和乙醇浓度 50%、超声温度 55℃、超声时间 40min、超声功率 300W 条件下，依次进行的超声温度（25℃、35℃、45℃、55℃、65℃、75℃）、乙醇浓度（30%、40%、50%、60%、70%）、超声时间（20min、30min、40min、50min、60min、70min）、超声功率（200W、300W、400W、500W）、料液比（1：10g/mL、1：20g/mL、1：30g/mL、1：40g/mL、1：50g/mL）5 个单因素实验结果显示：超声温度、乙醇浓度、提取时间、超声功率、料液比是影响巴山冷杉针叶多酚提取率的重要因素。①在供试超声提取温度范围内，随着温度的提高，多酚提取率也逐渐增加，当温度超过 65℃时，又逐渐下降。这可能是由于温度较高时可溶性蛋白质溶出变性，影响了细胞的破裂阻碍了总黄酮的溶出，从而降低了多酚类物质的含量，或是由于温度过高导致多酚类物质的结构发生改变，稳定性降低，使得提取率降低。②在供试超声提取功率范围内，当超声功率为 300W 时，多酚的提取率达到最大值。当超声功率进一步增强时，提取率反而逐渐下降。这可能是由于随着超声功率的增加，体系温度也随之增加，造成多酚类物质的破坏（郑涛等，2013）。③在供试超声提取时间范围内，随着超声时间的增加，多酚类物质的提取率也逐渐增加，当超声时间超过 50min 时，提取率又逐渐下降。其原因可能是随着时间的增加，样品中浸提液黏度增大，扩散速度变慢，导致黄酮类化合物不易溶出。④在供试乙醇浓度范围内，随着乙醇浓度的提高，多酚类物质的提取率也逐渐增加，当乙醇浓度超过50%时，提取率又逐渐下降。造成这种现象的原因可能是由于乙醇浓度过高时，水溶性多酚类物质的溶出减少，从而使多酚类物质的提取率下降。⑤在供试料液比范围内，随着料液比的提高，多酚类物质的提取率也逐渐增加，当料液比超过 1∶40g/mL 时，提取率趋于稳定，当总多酚充分溶出后，即使继续加大溶剂量，总多酚的含量基本趋于稳定。

3）超声辅助提取工艺优化

为探求各自变量交互作用及其对巴山冷杉多酚提取率的影响，在以上单因素实验基础上，基于 Box Benhnken 原理，选取超声温度（55℃、65℃、75℃）、超声功率（200W、300W、400W）、超声时间（40min、50min、60min）和乙醇浓度（40%、50%、60%）四因素三水平设置实验。在 29 个实验点中，前面 24 个是析因点，自变量取值在 *A*、*B*、*C*、*D* 所构成的三维顶点；后面 5 个为区域的中心点，用于估计实验的误差。每次所得针叶多酚得率如表 3-2 所示。

表 3-2　中心组合实验设计与结果

实验号	超声温度(*A*)/℃	超声功率(*B*)/W	超声时间(*C*)/min	乙醇浓度(*D*)/%	多酚提取率(*Y*)/%
1	65	300	60	40	8.702
2	55	300	60	50	8.826
3	65	200	50	60	8.893
4	55	200	50	50	8.758
5	65	200	40	50	8.725
6	65	300	50	50	8.993
7	65	400	50	60	8.837
8	65	300	50	50	9.005
9	65	400	50	40	8.792
10	65	200	50	40	8.624
11	75	400	50	50	8.937
12	65	400	60	50	8.881
13	65	300	50	50	9.016
14	65	300	50	50	8.982

续表

实验号	超声温度(A)/℃	超声功率(B)/W	超声时间(C)/min	乙醇浓度(D)/%	多酚提取率(Y)/%
15	75	300	60	50	8.87
16	65	300	50	50	9.005
17	75	200	50	50	8.859
18	55	300	40	50	8.781
19	65	300	60	60	8.837
20	55	300	50	60	8.87
21	65	400	40	50	8.859
22	65	200	60	50	8.826
23	55	400	50	50	8.915
24	65	300	40	60	8.792
25	75	300	40	50	8.803
26	65	300	40	40	8.579
27	55	300	50	40	8.702
28	75	300	50	40	8.725
29	75	300	50	60	8.881

（1）模型的建立。采用软件 Design Expert 8.0.5.0 对实验数据进行多元回归拟合，得到超声温度（A）、超声功率（B）、超声时间（C）、乙醇浓度（D）与巴山冷杉针叶多酚提取率（Y）之间的二次多项回归方程：

$$Y=9.00+0.019A+0.045B+0.034C+0.082D-0.020AB+5.500\times10^{-3}AC-3.000\times10^{-3}AD-0.020BC-0.056BD-0.019CD-0.062A^2-0.065B^2-0.12C^2-0.15D^2$$

（2）方差分析。为便于考察超声辅助提取巴山冷杉针叶多酚回归模型的可靠性，采用 Design Expert 8.0.5.0 软件对表 3-2 中多酚得率数据进行多元回归分析，结果（表 3-3）显示，模型的显著水平 p 为 0.0001，远小于 0.01，说明所选用的二次多项模型具有高度的显著性，该实验方法是可靠的。该模型的决定系数 R^2 为 98.64%，说明此模型自变量与相应值之间关系显著，模型与实际实验拟合较好，实验失拟项（p=0.2087>0.05）不显著，表明可用该回归方程代替实验真实点对实验结果进行分析。

超声辅助提取巴山冷杉针叶多酚回归方程方差分析结果为平均数 8.84，标准差 0.018，变异系数 0.21，残差平方和 0.024，决定系数 R^2 为 0.9864，实际 R^2 为 0.9729，预测 R^2 为 0.93，精密度 30.442。回归方程的方差分析结果还表明，方程中的一次项、二次项的影响都是显著的，其中一次项为极显著的（p<0.0001），说明各个实验因子与响应值都不是简单的直线关系。

表 3-3　超声辅助提取巴山冷杉针叶多酚回归方程方差分析结果（回归系数估计值）

方差来源	平方和	自由度	均方	F 值	p 值（Prob>F）
模型	0.34	14	0.025	72.72	< 0.0001
A	4.144×10^{-3}	1	4.144×10^{-3}	12.28	0.0035
B	0.024	1	0.024	70.93	< 0.0001
C	0.014	1	0.014	40.1	< 0.0001
D	0.081	1	0.081	240.02	< 0.0001
AB	1.56×10^{-3}	1	1.56×10^{-3}	4.62	0.0495
AC	1.21×10^{-4}	1	1.21×10^{-4}	0.36	0.5589
AD	3.6×10^{-5}	1	3.6×10^{-5}	0.11	0.7488
BC	1.56×10^{-3}	1	1.56×10^{-3}	4.62	0.0495
BD	0.013	1	0.013	37.16	< 0.0001
CD	1.521×10^{-3}	1	1.521×10^{-3}	4.51	0.0521
A^2	0.025	1	0.025	74.61	< 0.0001
B^2	0.027	1	0.027	81.03	< 0.0001
C^2	0.09	1	0.09	267.84	< 0.0001
D^2	0.14	1	0.14	426.25	< 0.0001
残差	4.726×10^{-3}	14	3.375×10^{-4}		
失拟项	4.047×10^{-3}	10	4.047×10^{-4}	2.38	0.2087
误差项	6.788×10^{-4}	4	1.697×10^{-4}		
总和	0.35	28			

注：$p<0.05$ 表明影响为显著；$p<0.01$ 表明影响极显著。残差表示实际值和预测值之间的差；失拟项表示方程的可靠性；误差项表示自变量外其他因素对因变量的影响。

（3）响应面分析。固定优化回归方程 2 个因素在 0 水平得到各因素之间的交互作用的响应面图表明：超声温度和超声功率的交互作用、超声功率和超声时间的交互作用、超声功率和乙醇浓度的交互作用均对多酚提取率的影响显著，尤以乙醇浓度对多酚提取率的影响最为显著。根据二元回归方程的各系数绝对值的大小判断 4 个因素对多酚提取率的影响顺序为乙醇浓度>超声功率>超声时间>超声温度。

（4）最优条件确定及验证实验。根据方差分析的结果，超声温度、超声功率、超声时间和乙醇浓度都是影响多酚提取率的极显著因素（$p<0.01$）。且在 4 个因素的交互作用中，超声功率和乙醇浓度之间的交互作用对多酚提取率的影响为极显著（$p<0.01$），超声温度和超声功率、超声功率和超声时间之间的交互作用对多酚提取率的影响显著（$p<0.05$），超声温度和超声时间、超声温度和乙醇浓度、超声时间和乙醇浓度影响不显著（$p>0.05$）。

在上述回归方程中，删除不显著项（$p>0.05$）后得到优化回归方程：

$$Y=9.00+0.019A+0.045B+0.034C+0.082D-0.020AB-0.020BC-0.056BD$$
$$-0.062A^2-0.065B^2-0.12C^2-0.15D^2$$

式中，Y 为多酚提取率；A 为超声温度；B 为超声功率；C 为超声温度；D 为乙醇浓度。

简化调整模型的 $p<0.0001$，失拟项 p 值为 0.1847>0.05，为不显著。模型的决定系数（$R^2=0.9816$）降幅很小，可信度高。

通过优化后的回归方程得到的最佳工艺条件为超声温度 66.16℃、超声功率 321.19W、超声时间 51.09min、乙醇浓度 52.27%。在上述条件下，考虑到实际操作的局限性，将实验条件改为超声温度 66℃、超声功率 350W、超声时间 51min、乙醇浓度 52%。在此修正条件下 5 次平行验证实验的平均实际提取率（9.005%）比理论预测的提取率（9.01222%）低了 0.00722%。结果表明，利用优化得到的提取条件参数准确可靠，具有使用价值（刘滨等，2015）。

综上所述，就同一工艺条件下，对热回流提取和超声辅助提取巴山冷杉针叶多酚最大提取率而言，热回流料液比、提取温度、提取时间和乙醇浓度中的最大提取率均极显著的大于超声提取料液比、提取温度、提取时间和乙醇浓度中的最大提取率。从在料液比 1：50g/mL、提取时间 5h、乙醇浓度 50%、提取温度 50℃下进行的热回流正交实验和在超声温度 66℃、超声功率 350W、超声时间 51min、乙醇浓度 52%下进行的超声辅助提取响应面实验所获得的巴山冷杉针叶多酚最大提取率来看，热回流正交实验的提取率（10.356%）极显著的大于超声提取响应面实验的提取率（9.005%），但是超声辅助提取需要的时间（51min）远远少于热回流提取所需要的时间（5.0h），具有降低生产成本、提高生产效率的优势，因此提取方法选择应该根据实际情况，因地制宜确定。

（二）冷杉多酚的分离与纯化

1. 大孔树脂的预处理

选用 D101、AB-8、HPD-400、DM-2、NKA-9 这 5 种大孔吸附树脂作为实验材料。用 95%的乙醇浸泡 5 种大孔吸附树脂 12h，用蒸馏水冲洗至没有浑浊，用 5%的 NaOH 浸泡 4h，再用蒸馏水冲洗至中性，然后用 4%的盐酸浸泡 4h，接着用蒸馏水冲洗至中性，最后用滤纸将大孔吸附树脂的水吸干，装入密封袋放置在 4℃下备用。

2. 粗提液的制备

在料液比 1：30g/mL，超声功率 500W，超声时间 30min，超声温度 50℃的条件下用石油醚对巴山冷杉针叶进行脱脂处理，脱脂后的巴山冷杉针叶粉末装入密封袋中放置在4℃下保存。在超声温度为50℃ ，超声功率500W，超声时间50min，料液比 1：40g/mL，乙醇浓度 50%的条件下对脱脂后的巴山冷杉针叶粉末进行超声辅助提取，得到粗提液，将粗提液放置在4℃下密封短暂保存。

3. 大孔吸附树脂的筛选

粗提液中多酚含量的测定。分别精确称取 8g 大孔吸附树脂 D101、AB-8、HPD-400、DM-2、NKA-9 置于 150mL 的具塞锥形瓶中，再分别加入 50mL 的粗提液，在室温下静置，每 2h 取分离液用福林酚法测定分离液中多酚的含量，按下式计算大孔吸附树脂的吸附率：

$$吸附率=（A-B）/A\times100\%$$

式中，A 为粗提液中多酚含量；B 为分离液中多酚含量。

吸附完成后将大孔吸附树脂滤出，再将滤除的大孔吸附树脂分别置于150mL 的具塞锥形瓶中，加入50mL 50%的乙醇，在室温下静置，每2h取上清液用福林酚法测定分离液中多酚的含量，按下式计算大孔吸附树脂的解析率：

$$解析率=C/D\times100\%$$

式中，C 为分离液中多酚含量；D 为大孔吸附树脂中多酚的含量。

4. 大孔吸附树脂纯化结果

实验结果表明，随着静置时间的增加，吸附液中多酚的含量和5种大孔吸附树脂的吸附率逐渐趋于恒定，但是大孔吸附树脂 D101 对乙醇粗提物中多酚含量的吸附效果最好，其次是大孔吸附树脂 NKA-9，而大孔吸附树脂 HPD-400、DM-2、AB-8 效果都不是很理想，5 种大孔吸附树脂 DM-2、AB-8、NKA-9、D101、HPD-400 的吸附率分别为 87.49%、88.12%、88.25%、89.75%、87.85%（图 3-9）。随着静置时间的增加解析液中多酚的含量和 5 种大孔吸附树脂的解析率逐渐趋于恒定，但是大孔吸附树脂 D101 对乙醇粗提物中多酚含量的解析率效果最好，其次是大孔吸附树脂 HPD-400，大孔吸附树脂 NKA-9、DM-2、AB-8 效果都不是很理想，5 种大孔吸附树脂 DM-2、AB-8、NKA-9、

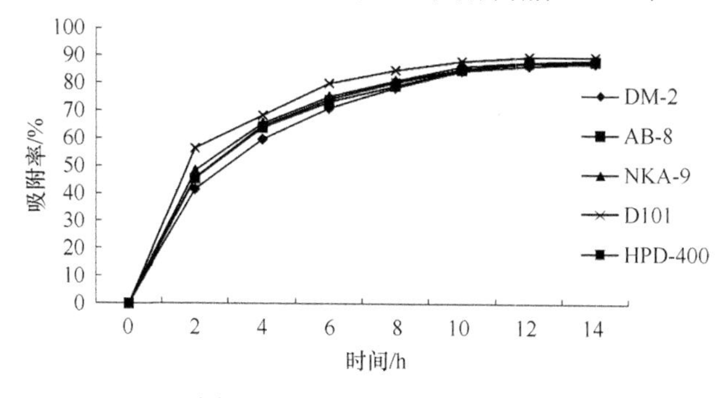

图 3-9　大孔吸附树脂吸附率

D101、HPD-400 的解析率分别为 80.00%、80.16%、76.17%、85.52%、79.29%（图 3-10）。

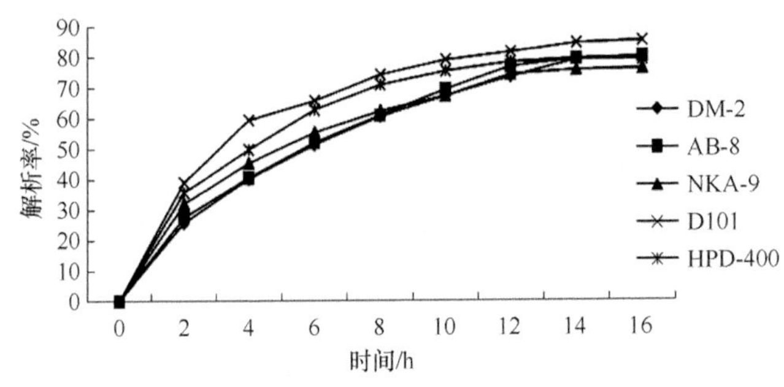

图 3-10　大孔吸附树脂解析率

二、云杉多酚的制备

近年来，国内学者对红皮云杉多酚类化合物提取、分离与纯化技术等研究较多，并取得了重要成果（周芳等，2016，2014a，2014b）。现结合作者的研究工作，就云杉多酚提取、分离与纯化工艺技术介绍如下。

（一）提取工艺过程

工艺流程：

红皮云杉球果⟶干燥⟶粉碎（40 目）⟶除脂⟶干燥⟶乙醇（超声或微波辅助）提取⟶离心⟶取上清液⟶定容并测量吸光度⟶计算多酚得率

操作要点：

1. 红皮云杉球多酚提取

采用溶剂法提取红皮云杉球果中多酚类化合物。准确称取 2.0g 红皮云杉球果粗粉置于三角瓶中，以一定浓度乙醇溶液作为溶剂，分别按照一定的料液比、温度、浸提时间于 4000r/min 离心 10min，取上清液抽滤，收集滤液即得红皮云杉多酚提取液。取红皮云杉多酚提取液并适当稀释，用 Folin Ciocalteu 比色法测定多酚提取量。

2. 红皮云杉球多酚提取量的测定

1）标准曲线的绘制

采用 Folin Ciocalteu 比色法测定红皮云杉球多酚提取量，准确吸取 100mol/L 的没食子酸标准溶液 0、0.1mL、0.2mL、0.3mL、0.4mL、0.5mL、0.6mL 置于 10mL 容量瓶内，分别加入 Folin-酚试剂 1.0mL，充分振荡后加入 1.0mol/L 的

Na_2CO_3溶液 5.0mL，摇匀后用 50℃水浴 5min，冷却后于波长 760nm 下测定吸光度。以没食子酸总酚含量为 X 轴，以吸光度为 Y 轴。以含量对吸光度进行直线回归，得标准曲线方程：$Y=0.1493X-0.0010$，$R^2=0.9988$。

2）红皮云杉多酚提取量的测定

吸取 1.0mL 稀释后的球果多酚提取液，加入 Folin-酚试剂 1.0mL 中，充分振荡后加入 1.0mol/L 的 Na_2CO_3溶液 5.0mL，摇匀后用 50℃水浴 5min，冷却后于波长 760nm 下测定吸光度。将吸光度带入标准曲线方程计算样品中多酚类化合物的提取量。

（二）影响提取的因素

影响红皮云杉球果多酚类化合物提取效果的因素很多，包括乙醇浓度、料液比、提取温度、提取时间等。针对影响提取效果的主要因素，选用液料比、乙醇浓度、提取温度和提取时间 4 个因素进行了单因素实验，以确定各因素的适合范围，实验取得的主要结果如下。

1. 料液比对多酚提取量的影响

选择 60%的乙醇溶液作为溶剂，分别按照 1：5g/mL、1：10g/mL、1：15g/mL、1：20g/mL、1：25g/mL、1：30g/mL、1：35g/mL 的料液比，50℃水浴浸提 60min，然后 4000r/min 离心 10min 后取上清液抽滤，定容并稀释，考察料液比对红皮云杉多酚提取量的影响，实验结果显示，红皮云杉多酚提取量随着料液比的增大而提高，其中料液比从 1：5g/mL 变化到 1：25g/mL 时，多酚提取量的提高最为明显，而料液比在 1：25～1：35g/mL 的变化中，多酚提取量的上升趋势明显减弱，因此综合经济因素考虑，确定最佳料液比为 1：25g/mL。

2. 乙醇浓度对多酚提取量的影响

分别用 0、20%、40%、50%、60%、70%、80%、100%的乙醇溶液，按照 1：25g/mL 料液比，50℃水浴浸提 60min，然后 4000r/min 离心 10min 后取上清液抽滤，定容并稀释，考察乙醇浓度对红皮云杉多酚提取量的影响，实验结果显示，乙醇浓度为 50%时，多酚的提取量最大，乙醇浓度大于或者小于 50%都会导致多酚提取量下降。可能因为部分多酚属于水溶性物质，所以溶剂浓度偏大或者偏小都会影响总酚提取量。根据这一实验结果，可确定最佳提取溶剂浓度为 50%。

3. 提取温度对多酚提取量的影响

选择 50%的乙醇溶液作为溶剂，按照 1：25g/mL 料液比，分别在 30℃、40℃、50℃、60℃、70℃、80℃、90℃下水浴浸提 60min，经 4000r/min 离心 10min 后取上清液抽滤，定容并稀释，取适量稀释后的提取液，考察提取温度对红皮云杉多酚提取量的影响。实验结果显示，提取温度在 30～50℃范围内，多酚提取量处于上升趋势，这是由于温度越高，分子运动越强烈，多酚类物质更容易溶出。但在提取温度高于 50℃的范围里，多酚提取量呈下降趋势，这可能是由于过高的温度会导致多酚类物质分解而造成，故确定最佳的提取温度为 50℃。

4. 提取时间对多酚提取量的影响

以 50%的乙醇溶液作为溶剂，按照料液比 1∶25g/mL，在 50℃温度下，分别反应 1h、2h、3h、4h、5h、6h，然后 4000r/min 离心 10min 后取上清液抽滤，定容并稀释，考察提取时间对红皮云杉多酚提取量的影响，实验结果显示，提取时间在 240min 内，随着时间的增加，多酚提取量也有所提高，这可能是由于在一定的时间范围内，时间越长，多酚类物质溶出得越多。但当提取时间超过 240min，多酚提取量基本持平，这可能是由于其他因素的限制，导致多酚无法再更多地溶出。

（三）提取工艺条件的优化

1. 正交实验法优化提取工艺条件

采用正交实验技术措施对热回流提取巴山冷杉多酚的工艺条件进行优化（李德海等，2012）。具体操作如下：在上述单因素实验基础上，选取乙醇浓度（40%、50%、60%）、料液比（1∶15g/mL、1∶20g/mL、1∶25g/mL）、提取温度（40℃、50℃、60℃）、提取时间（3h、4h、5h）四因素三水平，按照 $L_9(3^4)$ 表设置正交实验。

正交实验结果显示：$A_3B_2C_3D_1$ 为最佳工艺组合，在此条件下，最佳工艺参数为乙醇浓度为 60%，料液比为 1∶25g/mL，提取温度为 60℃，提取时间为 3h。根据对红皮云杉球果多酚提取量（$R_B>R_A>R_C>R_D$）的极差分析，乙醇浓度是影响红皮云杉球果多酚提取量的第一因素，料液比为为第二因素，而提取时间和提取温度对红皮云杉球果多酚提取量的影响较小。在此条件下，进行验证实验，结果红皮云杉球果多酚提取量为 136.3mg/g，均高于表 3-4 中的其他组合，说明此工艺可行。

表 3-4　正交实验结果及极差分析表

实验号	乙醇浓度(A)/%	料液比(B)/(g/mL)	提取温度(C)/℃	提取时间(D)/h	多酚提取量/(mg/g)
1	40	1∶15	40	3.0	122.3
2	40	1∶20	50	4.0	123.3
3	40	1∶25	60	5.0	104.6
4	50	1∶15	50	5.0	121.7

续表

实验号	乙醇浓度(*A*)/%	料液比(*B*)/(g/mL)	提取温度(*C*)/℃	提取时间(*D*)/h	多酚提取量/(mg/g)
5	50	1∶20	60	3.0	134.4
6	50	1∶25	40	4.0	99.6
7	60	1∶15	60	4.0	129.4
8	60	1∶20	40	5.0	134.4
9	60	1∶25	50	3.0	108.3
k_1	116.7	124.5	118.8	121.7	
k_2	118.6	130.7	117.8	117.4	
k_3	124.0	102.1	122.8	120.2	
R	7.3	26.5	5.0	4.3	

2. 响应面法优化提取工艺条件

1）响应面法优化超声波辅助提取红皮云杉多酚工艺

采用响应面法优化超声波辅助提取红皮云杉多酚工艺，并采用 Excel 软件对实验结果进行方差分析（周芳等，2014a），具体方法如下。

（1）响应面实验设计及结果。根据 Box Benhnken 实验设计原理，在单因素实验的基础上，选择料液比 X_1（1∶20g/mL、1∶30g/mL、1∶40g/mL）、超声波功率 X_2（250W、300W、350W）、提取时间 X_3（1.5h、2.0h、2.5h）3 个因素为自变量，以多酚得率为响应值，进行三因素三水平的响应面实验设计，共 17 个实验点，实验结果见表 3-5。

表 3-5　响应面实验设计及结果

实验号	料液比(X_1)/(g/mL)	超声波功率(X_2)/W	提取时间(X_3)/h	多酚得率(*Y*)/%
1	1∶20	300	1.5	15.95
2	1∶30	300	2.0	18.60
3	1∶30	250	2.5	18.52
4	1∶40	300	1.5	17.32
5	1∶30	350	1.5	17.20
6	1∶20	250	2.0	16.42
7	1∶40	300	2.5	18.45
8	1∶30	300	2.0	18.74
9	1∶20	350	2.0	16.33
10	1∶40	250	2.0	17.89
11	1∶30	250	1.5	17.62
12	1∶30	300	2.0	18.88

续表

实验号	料液比(X_1)/(g/mL)	超声波功率(X_2)/W	提取时间(X_3)/h	多酚得率(Y)/%
13	1：40	350	2.0	17.70
14	1：30	350	2.5	18.46
15	1：30	300	2.0	18.78
16	1：30	300	2.0	18.72
17	1：20	300	2.5	17.26

（2）数学模型的建立及显著性检验。对所得数据进行多元回归拟合，得到的回归模型为

$$Y=18.744+0.675X_1-0.095X_2+0.575X_3-0.025X_1X_2-0.045X_1X_3+0.09X_2X_3 -1.182X_1^2-0.477X_2^2-0.317X_3^2$$

由方差分析结果（表 3-6）知，回归模型的显著性水平 $p<0.0001$，达到极显著水平；失拟项 $p=0.556>0.05$，影响不显著，且相关系数 $R^2=0.9954$，表明实测值与预测值高度相关。综上所述，建立的回归模型拟合度高，能较好地描述各因素与响应值之间的真实关系。因此，可用该模型预测红皮云杉多酚的提取工艺条件。

表 3-6　回归模型方差分析

方差来源	自由度	平方和	均方	F 值	p 值
回归	9	14.2245	1.5805	168.34	<0.0001**
线性	3	6.3622	2.1207	225.88	<0.0001**
平方	3	7.8193	2.6064	277.62	<0.0001**
交互作用	3	0.0430	0.0143	1.53	0.290
残差误差	7	0.0657	0.0094		
失拟	3	0.0246	0.0082	0.80	0.556
纯误差	4	0.0411	0.0103		
合计	16	14.2902			

**表示差异极显著（$p<0.01$）。

回归模型显著性检验（t 检验）结果表明，料液比、提取时间的一次项和二次项、超声波功率的二次项对多酚得率的影响极显著，超声波功率的一次项对多酚得率的影响显著，而交互项对多酚得率的影响不显著。各因素对多酚得率影响程度大小顺序为料液比>提取时间>超声波功率。

（3）响应面优化与验证实验。利用 Statistica 6.0 软件绘制的各因素对红皮云杉多酚得率影响的响应曲面图表示，如果一个响应曲面的坡度较平缓，表明随着处理条件的变化，响应值变化较小；而如果一个响应曲面的坡度较陡峭，表明随着处理条件的变化，响应值变化较大。从等高线的疏密度可以判断出，料液比对响应值的影响大于超声波功率和提取时间；提取时间对响应值的影响大于超声波功率。

综上所述，料液比对多酚得率的影响最大，提取时间次之，超声波功率的影响较小。通过计算，得到的最佳工艺条件为料液比为 1∶32.69g/mL、超声波功率为 301.16W、提取时间为 2.44h。在此条件下，红皮云杉多酚的得率为 19.09%。考虑到实际操作条件，将条件修正为料液比 1∶33g/mL、超声波功率 301W、提取时间 2.4h。在此条件下，进行验证实验，实际测得的得率为 18.92%，实测值与预测值相对误差<1%，说明回归模型拟合度高，可用于优化红皮云杉多酚的提取工艺条件，具有实用价值。

2）响应面法优化微波辅助提取红皮云杉多酚工艺

采用响应面法优化微波辅助提取红皮云杉多酚工艺（周芳等，2014b），并采用 Excel 软件对实验结果进行方差分析，具体方法如下。

（1）响应面实验设计及结果。根据 Box Benhnken 的中心组合实验设计原理，在单因素实验的基础上，选择料液比 X_1（1∶20g/mL、1∶30g/mL、1∶40g/mL）、微波功率 X_2（200W、300W、400W）、提取时间 X_3（30s、40s、50s）3 个因素为自变量，以多酚得率为响应值，进行三因素三水平的响应面分析实验，共 17 个实验点，实验结果见表 3-7。

表 3-7　响应面实验设计及结果

实验号	料液比(X_1)/(g/mL)	微波功率(X_2)/W	提取时间(X_3)/s	多酚得率(Y)/%
1	1∶30	400	30	13.46
2	1∶20	200	40	12.75
3	1∶30	300	40	17.32
4	1∶20	400	40	12.76
5	1∶20	300	30	12.65
6	1∶30	300	40	17.17
7	1∶30	200	30	13.87
8	1∶30	300	40	17.06
9	1∶40	400	40	13.82
10	1∶20	300	50	14.52
11	1∶30	300	40	17.28
12	1∶30	400	50	15.23

续表

实验号	料液比(X_1)/(g/mL)	微波功率(X_2)/W	提取时间(X_3)/s	多酚得率(Y)/%
13	1∶40	300	50	15.65
14	1∶40	200	40	13.68
15	1∶40	300	30	13.56
16	1∶30	200	50	16.02
17	1∶30	300	40	17.12

（2）数学模型的建立及显著性检验。对所得数据进行多元回归拟合，得到的回归模型为

$$Y=17.1900+0.5038X_1-0.1312X_2+0.9850X_3+0.0325X_1X_2+0.0550X_1X_3 \\ -0.0950X_2X_3-2.2438X_1^2-1.6937X_2^2-0.8513X_3^2。$$

由方差分析结果知，回归模型的显著性水平 $p<0.0001$，达到极显著水平；失拟项 $p=0.052>0.05$，差异不显著，且相关系数 $R^2=0.9945$，表明实测值与预测值高度相关。综上所述，建立的回归模型拟合度高，可用该模型较好地描述各因素与响应值之间的真实关系。因此，可用该模型预测微波辅助提取红皮云杉多酚的工艺条件。

回归模型显著性检验（t 检验）结果表明，料液比、提取时间的一次项和二次项、微波功率的二次项对多酚得率的影响极显著，而微波功率的一次项和交互项对多酚得率的影响不显著。各因素对多酚得率影响程度由大到小的顺序为 X_3（提取时间）$>X_1$（料液比）$>X_2$（微波功率）。

（3）响应面优化与验证实验。利用 Statistica 6.0 软件绘制的各因素对红皮云杉多酚得率影响的响应曲面和等高线图可知，料液比与微波功率、料液比与提取时间、微波功率与提取时间两两因素的交互作用呈现出山丘形或马鞍形曲面，表明各交互作用对响应值有明显影响，并且 3 个等高线中最小椭圆的中心都在各因素值为–1～1，说明响应值的最大值在 3 个因素设计的范围内。从等高线的疏密度可以判断出，料液比对响应值的影响大于微波功率、提取时间对响应值的影响大于料液比、提取时间对响应值的影响大于微波功率。

研究结果显示，红皮云杉球果多酚的最佳提取工艺条件为料液比 1∶25g/mL、乙醇浓度 60%、提取温度 60℃、提取时间 3h，红皮云杉球果多酚提取量为 136.3mg/g（李德海等，2012）。

综上所述，提取时间对多酚得率的影响最大，料液比次之，微波功率的影响相对较小。通过计算，得到的最佳工艺条件为料液比为 1∶31.19g/mL、微波功率为 294.6W、提取时间为 45.85s。在此条件下，红皮云杉多酚的得率为

17.51%。考虑到实际操作条件，将工艺条件修正为料液比 1∶31g/mL、微波功率 295W、提取时间 46s。在此条件下，进行验证实验，实际测得的得率为 17.38%，实测值与预测值相对误差<1%，说明回归模型拟合度高，可用于优化微波辅助提取红皮云杉多酚的工艺条件，具有实用价值。

（四）云杉多酚的分离与纯化

通过单因素实验和正交优化实验，得到了 D-101 大孔吸附树脂法纯化红皮云杉多酚的最佳工艺条件为上样浓度为 1.5mg/mL、上样量为 25mL、径长比为 1∶25、洗脱剂浓度为 70%、洗脱流速为 2.0mL/min，并通过高效液相色谱对红皮云杉多龄的组分进行分析，确定其主要组分为对香豆酸、儿茶素和异槲皮苷（周芳，2016）。

三、青杆多酚的制备

（一）提取工艺

1. 工艺流程

青杆针叶 ⟶ 粉碎 ⟶ 过筛 ⟶ 石油醚脱脂脱色 ⟶ 滤渣干燥 ⟶ 乙醇提取（热回流提取/超声提取）⟶ 抽滤 ⟶ 定容 ⟶ 多酚含量测定

2. 操作要点

1）没食子酸标准曲线绘制

精确称取 0.0500g 没食子酸标准品，溶解后转移至 250mL 的容量瓶中，用蒸馏水定容混匀后，得到标准液的浓度为 0.20mg/mL。分别吸取没食子酸标准液 0、0.5mL、1.0mL、1.5mL、2.0mL、2.5mL、3.0mL、3.5mL、4.0mL 于 100mL 的容量瓶中，依次加入 Folin Ciocalteu 显色剂 0.5mL 及浓度为 1mol/L 的 Na_2CO_3 溶液 2.5mL，用蒸馏水定容后置于 30℃的水浴中反应 1h 后离心，并在波长 765nm 处测定其吸光值，其中，容量瓶内相应的没食子酸浓度依次为 0，1.0mg/L，2.0mg/L，3.0mg/L，4.0mg/L，5.0mg/L，6.0mg/L，7.0mg/L，8.0mg/L。

以配制的没食子酸标准溶液梯度浓度（mg/mL）为横坐标，以不同浓度的标准溶液在波长 765nm 处的吸光值为纵坐标，采用 Origin 7.5 软件绘制标准曲线，得回归方程 $y=114.81x+0.0152$，$R^2=0.9992$，依此求出多酚得率（mg/g）。

2）青杆针叶多酚脱脂

精确称取 5.0g 冷藏的青杆针叶粉末，置于具塞三角瓶中，加入 40mL 石油醚后，在 80℃温度下回流脱脂 1.5h，抽滤后收集青杆针叶粉末（李红娟，2013）。

3）乙醇提取

（1）热回流提取。称取 1.0g 脱脂脱色的青杆针叶粉末，按照 1：40g/mL 的料液比加入 50%的乙醇溶液，在 70℃的水浴中回流浸提 30min 后，趁热抽滤，滤液通过减压浓缩，然后将其转移至 100mL 容量瓶并用蒸馏水定容后，即为青杆针叶多酚提取液待测溶液。

（2）超声辅助提取。准确称取 0.50g 脱脂脱色素的青杆针叶粉末，置三角瓶中，按照 1：40g/mL 的料液比加入 40%乙醇溶液，用塑料薄膜与橡皮筋封好口，在超声时间 45min、超声温度 40℃、超声功率 250W 下进行超声提取，提取结束后趁热抽滤并定容至 50mL 容量瓶，即为青杆针叶多酚提取液待测溶液。

4）青杆针叶多酚含量测定

吸取 1ml 青杆针叶多酚提取液，加入 0.5ml Folin Ciocalteu 显色剂，混匀，静止 10min 后，加入 1mol/L 的 Na_2CO_3 溶液 2.5ml，摇匀，并用 50%乙醇溶液定容至 25mL 后在 30℃水浴中反应 1h，用未添加青杆针叶多酚提取液的空白样作为对照，在波长 765nm 处测定吸光度。取三个平行实验的平均值，由标准曲线求得酚类物质的浓度，再按下式计算出青杆针叶多酚的含量。

青杆针叶多酚提取率=青杆针叶多酚提取量/青杆针叶粉末质量×100%

（二）影响因素及提取工艺的优化

1. 热回流提取

1）影响青杆针叶多酚热回流提取的因素

影响青杆针叶多酚热回流提取的因素很多，对乙醇浓度、液料比、提取时间、提取次数 4 个因素进行单因素实验显示：①在料液比 1：50g/mL、提取时间 2.0h、提取次数 1 次的条件下，供试乙醇浓度在 20%、30%、40%范围内，青杆针叶多酚提取率随乙醇浓度的增加而升高，在 40%时达到最大值；供试乙醇浓度在 40%、50%、60%、70%、80%范围内，青杆针叶多酚提取率随乙醇浓度的增加而逐渐下降。多酚类化合物为极性化合物，增加乙醇浓度可适当增加其溶解量，但乙醇浓度过高，溶剂的极性反而呈减小的趋势，多酚化合物的溶解性也随之减小，同时一些具有醇溶性物质溶出量也随之增加，从而导致青杆针叶多酚的提取率降低。②在乙醇浓度 60%、提取时间 2.0h、提取次数 1 次的条件下，在供试料液比为 1：20g/mL、1：30g/mL、1：40g/mL、1：50g/mL、1：60g/mL、1：70g/mL 范围内，青杆针叶多酚提取率随料液比值的增加而逐渐增加。当料液比达到 1：70g/mL 时，多酚提取率达到最大值。③在乙醇浓度 60%、料液比 1：50g/mL、提取次数 1 次的条件下，在供试提取时间为 1.0h、2.0h、3.0h、4.0h、5.0h、6.0h 范围内，青杆针叶多酚的提取率随着提取时间的延长逐渐增加，并在 6h 时达到最大，在 6h 后略有下降，可能的原因是温度过高与时间过长引起多酚产物结构发生变化所致。④在乙醇浓度 60%、料液比 1∶50g/mL、提取时间 2.0h 条件下，在供试提取次数为 1 次，2 次，3 次，4 次范围内，随着提取次数的增加，青杆针叶多酚的提取率逐渐升高，并在第 4 次达到最大值。

2）青杆针叶多酚热回流提取工艺的优化

采用响应面法对热回流提取青杆多酚的工艺条件进行优化。在以上单因素实验基础上，选取料液比（1∶50g/mL、1∶60g/mL、1∶70g/mL）、乙醇浓度（30%、40%、50%）、提取温度（50℃、60℃、70℃）、提取时间（4h、5h、6h）四因素，利用 Box Benhnken 实验和响应面分析法，研究各自变量交互作用及其对青杆多酚提取率的影响，探求二次多项式回归方程的预测模型。

按照 Box Benhnken 中心组合设计（central composite design，CCD）原理，进行四因素三水平实验，并采用软件 Design Expert 8.0.5.0 对实验数据进行回归分析。前面 24 个是析因点，自变量取值在 *A*、*B*、*C*、*D* 所构成的三维顶点；后面 5 个为区域的中心点，用于估计实验的误差，每次所得针叶多酚得率见表 3-8。

表 3-8　热回流提取青杆针叶多酚工艺优化中心组合实验设计与结果

序号	乙醇浓度(*A*)/%	料液比(*B*)/(g/mL)	提取时间(*C*)/h	提取温度(*D*)/℃	多酚得率(*Y*)/%
1	40	1∶60	5	60	22.45
2	40	1∶60	4	70	19.34
3	40	1∶70	5	70	20.41
4	50	1∶60	5	50	19.85
5	50	1∶60	5	70	20.33
6	50	1∶50	5	60	19.45
7	40	1∶60	5	60	22.49
8	40	1∶50	6	60	18.71
9	40	1∶60	5	60	22.74
10	40	1∶60	6	70	19.64
11	50	1∶70	5	60	19.59
12	40	1∶50	5	50	18.04
13	50	1∶60	6	60	18.98
14	40	1∶60	5	60	21.57
15	30	1∶60	4	60	15.60
16	40	1∶70	4	60	17.26
17	30	1∶60	5	50	16.21

续表

序号	乙醇浓度(A)/%	料液比(B)/(g/mL)	提取时间(C)/h	提取温度(D)/℃	多酚得率(Y)/%
18	40	1∶50	5	70	20.12
19	40	1∶60	4	50	16.34
20	30	1∶70	5	60	18.77
21	30	1∶50	5	60	17.09
22	40	1∶50	4	60	17.26
23	30	1∶60	5	70	19.57
24	40	1∶60	5	60	22.58
25	40	1∶60	6	50	18.84
26	50	1∶60	4	60	18.42
27	40	1∶70	6	60	19.34
28	30	1∶60	6	60	17.77
29	40	1∶70	5	50	18.44

（1）青杆针叶多酚热回流提取模型。采用 Design Expert 8.0.5.0 软件，对实验数据进行多元回归拟合，得到乙醇浓度（A）、料液比（B）、提取时间（C）、提取温度（D）与青杆针叶多酚的提取率（Y）之间的二次多项回归方程：

$$Y=22.36600+0.96750A+0.26167B+0.75500C+0.97417D-2.03633A^2-0.38500AB-0.40250AC-0.72000AD-1.68008B^2+0.15750BC-0.27500BD-2.55258C^2-0.55000CD-1.34883D^2$$。

采用 Design Expert 8.0.5.0 软件对表 3-8 中的多酚得率数据进行多元回归分析，结果见表 3-9。

表 3-9　青杆针叶多酚热回流提取率（Y）回归模型方差分析

方差来源	平方和值	自由度	均方值	F 值	p 值（Prob>F）
模型	101.31	14	7.24	68.80	< 0.0001
A	11.23	1	11.23	106.78	< 0.0001
B	0.82	1	0.82	7.81	0.0143
C	6.84	1	6.84	65.03	< 0.0001
D	11.39	1	11.39	108.26	< 0.0001
AB	0.59	1	0.59	5.64	0.0324
AC	0.65	1	0.65	6.16	0.0264
AD	2.07	1	2.07	19.71	0.0006
BC	0.099	1	0.099	0.94	0.3479

续表

方差来源	平方和值	自由度	均方值	F值	p值（Prob>F）
BD	3.025×10^{-3}	1	3.025×10^{-3}	0.029	0.8678
CD	1.21	1	1.21	11.50	0.0044
A^2	26.90	1	26.90	255.70	< 0.0001
B^2	18.31	1	18.31	174.06	< 0.0001
C^2	42.26	1	42.26	401.79	< 0.0001
D^2	11.80	1	11.80	112.19	< 0.0001
残差	1.47	14	0.11		
失拟性	0.63	10	0.063	0.30	0.9443
纯误差	0.84	4	0.21		
总离差	102.79	28			

注：$p<0.05$ 表明影响为显著；$p<0.01$ 表明影响极显著。残差表示实际值和预测值之间的差；失拟性表示方程的可靠性；纯误差项表示自变量外其他因素对因变量的影响。

从方差分析及相关系数考察热回流提取青杆针叶多酚回归模型的可靠性，可看出模型的显著水平 p 值小于 0.0001，远小于 0.01，说明所选用的二次多项模型具有高度的显著性，该实验方法是可靠的。该模型的决定系数 R^2=98.47%，表明此模型自变量与响应值间的关系显著，模型与实际实验拟合较好。实验失拟项 p 值为 0.9443>0.05，表明模型的失拟项为不显著，模型的实验误差小，故可用该回归方程代替实验真实点对实验结果进行分析。回归方程的方差分析结果还表明，乙醇浓度、提取时间、提取温度三个因素的 $p>F$ 值小于 0.01，表明乙醇浓度、回流提取时间和提取温度都是影响青杆针叶多酚提取率的极显著因素。料液比的 $p>F$ 值小于 0.05，为显著因素。四因素的交互作用中，乙醇浓度与提取时间、乙醇浓度与料液比的交互作用影响为显著（$p<0.05$），乙醇浓度与提取温度、提取温度与回流时间的交互作用为极显著（$p<0.01$）。

（2）青杆针叶多酚热回流提取工艺优化。从各因素对响应值的影响来看，提取温度对多酚提取率的影响最为显著，表现为曲面较陡峭。根据二元回归方程的各系数绝对值的大小判断四个因素对提取率的影响顺序由大到小依次为提取温度、乙醇浓度、提取时间、料液比。

在供实验条件下，由 Design Expert 8.0.5.0 软件分析得到采用响应面法优化回流提取法提取青杆针叶多酚工艺条件为乙醇浓度为 41.7%、料液比为 1：60.6g/mL、提取时间为 5.1h、提取温度为 62.9℃。回归模型预测提取率理论值可达 22.6387mg/g。在上述条件下，考虑到实际操作的局限性，将实验条件改为乙醇浓度 42%、料液比 1：61g/mL、提取时间 5.1h、提取温度 63℃。在此修正条件下，3 次平行实验实际测得提取率分别为 22.57mg/g、22.610mg/g 和 22.61mg/g，平均为22.59mg/g；理论值为22.64mg/g。实际值比理论预测值低0.05mg/g。证明采用响应面法优化回流提取法而得到的青杆针叶多酚提取工艺条件的参数准确可靠，具有使用价值。

2. 超声辅助提取

1）影响青杆针叶多酚超声提取的因素

在乙醇浓度40%、料液比1：60mL/g、提取时间35min、提取功率250W为固定条件下，进行的超声温度（25℃、35℃、45℃、55℃、65℃、75℃）、超声时间（25min、35min、45min、55min、65min、75min）、超声功率（100W、150W、200W、250W、300W、350W）、料液比（1：20g/mL、1：30g/mL、1：40g/mL、1：50g/mL、1：60g/mL、1：70g/mL）、乙醇浓度（20%、30%、40%、50%、60%、70%、80%）5个单因素实验结果表明，青杆针叶多酚提取的最佳乙醇浓度为40%，最佳料液比为1：70g/mL，最佳超声温度为45℃，最佳超声时间为35min，最佳超声功率为250W。

2）正交实验优化青杆针叶多酚超声提取工艺条件

采用正交实验技术对青杆针叶多酚超声提取工艺条件进行优化。根据上述单因素实验结果，在40%乙醇浓度为固定因素下，选取超声温度（40℃、45℃、50℃）、超声时间（35min、45min、55min）、超声功率（250W、300W、350W）、料液比（1：50g/mL、1：60g/mL、1：70g/mL）四个因素三个水平按照$L_9(3^4)$表进行正交实验。正交实验结果表明，影响青杆针叶多酚提取的主次因素为料液比（A）>超声功率（C）>超声温度（B）>超声时间（D）。最佳提取工艺组合为$A_2B_2C_3D_1$，即料液比1：60g/mL，超声功率350W，超声温度45℃，超声时间35min（表3-10）。由于该组合不在实验组，故进行验证实验。在此条件下，进行的3次验证平行实验多酚提取率分别为34.68%、35.13%和34.52%，平均为34.78%。

表3-10　正交实验结果及分析

实验号	液料比（A）/（g/mL）	超声温度（B）/℃	超声功率（C）/W	超声时间（D）/min	多酚提取率/%
1	1：50	40	250	35	28.11
2	1：50	45	300	45	29.17
3	1：50	50	350	55	30.22
4	1：60	40	300	55	33.71
5	1：60	45	350	35	34.72
6	1：60	50	250	45	31.71
7	1：70	40	350	45	33.81
8	1：70	45	250	55	29.52
9	1：70	50	300	35	32.33

续表

实验号	液料比（A）/（g/mL）	超声温度（B）/℃	超声功率（C）/W	超声时间（D）/min	多酚提取率/%
K_1	87.50	95.63	89.34	95.16	
K_2	100.14	93.41	95.21	94.69	
K_3	95.66	94.26	98.75	93.45	
k_1	29.168	31.877	29.780	31.720	
k_2	33.380	31.137	31.737	31.563	
k_3	31.887	31.420	32.917	31.150	
R	3.7948	0.6665	2.8251	0.5134	

3）响应面分析法优化超声提取青杆针叶多酚工艺条件

采用响应面法对超声辅助提取青杆针叶多酚的工艺条件进行优化。在以上单因素实验基础上，选取料液比（1∶40g/mL、1∶50g/mL、1∶60g/mL）、乙醇浓度（30%、40%、50%）、提取功率（200W、250W、300W）、提取时间（35min、45min、55min）四因素三水平，利用Box Benhnken实验和响应面分析法，分析各自变量交互作用及其对青杆针叶多酚提取率的影响，探求得到二次多项式回归方程的预测模型。

根据 Box Benhnken 的中心组合实验设计原理，进行四因素三水平响应面分析实验，采用软件 Design Expert 8.0.5.0 对实验数据进行回归分析，共29个实验点，前面24个是析因点，自变量取值在A提取功率（W）、B提取时间（min）、C料液比（g/mL）、D乙醇浓度（%）所构成的三维顶点；后面5个为区域的中心点，用于估计实验的误差，每次所得青杆针叶多酚得率见表3-11。

表 3-11　超声提取青杆针叶多酚工艺优化中心组合设置与实验结果

序号	功率（A）/W	时间（B）/min	料液比（C）/（mL/g）	乙醇浓度（D）/%	提取率（Y）/（mg/mL）
1	250	45	1∶60	30	23.21
2	250	45	1∶40	30	19.72
3	300	45	1∶40	40	22.10
4	200	45	1∶40	40	18.74
5	300	45	1∶50	30	23.82
6	250	55	1∶50	30	22.13
7	250	45	1∶50	40	27.89
8	300	55	1∶50	40	23.51

续表

序号	功率（A）/W	时间（B）/min	料液比（C）/（mL/g）	乙醇浓度（D）/%	提取率（Y）/（mg/mL）
9	300	45	1∶50	50	24.46
10	250	35	1∶60	40	22.45
11	300	45	1∶60	40	22.78
12	250	55	1∶60	40	23.21
13	200	45	1∶50	50	23.48
14	200	45	1∶60	40	21.32
15	250	45	1∶50	40	27.51
16	250	45	1∶50	40	27.48
17	200	55	1∶50	40	22.52
18	250	45	1∶50	40	27.83
19	250	35	1∶50	50	24.14
20	250	35	1∶40	40	20.71
21	250	45	1∶40	50	23.21
22	250	35	1∶50	30	21.65
23	200	35	1∶50	40	20.51
24	250	55	1∶40	40	20.71
25	200	45	1∶50	30	19.45
26	250	45	1∶60	50	23.57
27	300	35	1∶50	40	23.34
28	250	45	1∶50	40	27.71
29	250	55	1∶50	50	24.50

（1）青杆针叶多酚超声提取模型。采用软件 Design Expert 8.0.5.0 对实验数据进行多元回归拟合，得到提取功率（A）、提取时间（B）、料液比（C）、乙醇浓度（D）与青杆针叶多酚的提取率（Y）之间的二次多项回归方程：

$$Y=27.68400+1.16583A+0.31500B+0.94583C+1.11500D-2.88992A^2-0.46000AB-0.47500AC-0.84650AD-2.47117B^2+0.19000BC-0.03000BD-3.42742C^2-0.78250CD-1.97617D^2$$

采用 Design Expert 8.0.5.0 软件对表 3-11 中多酚得率数据进行多元回归分析，分析结果见表 3-12。

表 3-12 青杆针叶多酚提取率（*Y*）回归模型方差分析

方差来源	平方和值	自由度	均方值	*F* 值	*p* 值（Prob > *F*）
模型	179.38	14	12.81	134.29	< 0.0001
A	16.31	1	16.31	170.94	< 0.0001
B	1.19	1	1.19	12.48	0.0033
C	10.74	1	10.74	112.51	< 0.0001
D	14.92	1	14.92	156.36	< 0.0001
AB	0.85	1	0.85	8.87	0.0100
AC	0.90	1	0.90	9.46	0.0082
AD	2.87	1	2.87	30.11	<0.0001
BC	0.14	1	0.14	1.51	0.2389
BD	3.600×10^{-3}	1	3.600×10^{-3}	0.038	0.8488
CD	2.45	1	2.45	25.67	0.0002
A^2	54.17	1	54.17	567.78	< 0.0001
B^2	39.61	1	39.61	415.16	< 0.0001
C^2	76.20	1	76.20	789.62	< 0.0001
D^2	25.33	1	25.33	265.49	< 0.0001
残差	1.34	14	0.095		
失拟性	1.20	10	0.12	3.52	0.1183
纯误差	0.14	4	0.034		
总离差	180.72	28			

注：$p<0.05$ 表明影响为显著；$p<0.01$ 表明影响极显著。残差表示实际值和预测值之间的差；失拟性表示方程的可靠性；纯误差表示自变量外其他因素对因变量的影响。

超声辅助提取巴山冷杉针叶多酚回归模型的可靠性从方差分析及相关系数来考察。青杆针叶多酚提取率回归模型方差分析结果显示：模型的显著水平 p 值<0.0001，远远小于 0.01，说明所选用的二次多项模型具有高度的显著性，该实验方法是可靠的。该模型的决定系数 R^2 为 99.26%，说明此模型自变量与相应值之间关系显著，模型与实际实验拟合较好，实验失拟项（p=0.1183>0.05）为不显著，说明实验模型误差小。因此可用该回归方程代替实验真实点对实验结果进行分析。回归方程的方差分析结果还表明，方程中的一次项、二次项的影响都是显著的，其中一次项为极显著的（p<0.01），因此各个具体实验因子与响应值都不是简单的直线关系。

（2）青杆针叶多酚超声提取工艺优化。从直观反映各因素对响应值的影响来看，提取时的超声功率对多酚提取率的影响最为显著。根据二元回归方程的各系数绝对值的大小判断 4 个因素对多酚提取率的影响顺序为超声功率>乙醇浓度>料液比>超声时间。

根据方差分析的结果，乙醇浓度、超声时间、料液比、超声功率 4 个因素的 $p>F$ 值均小于 0.01，表明 4 个因素都对青杆针叶多酚提取率的影响极显著。且在 4 个因素的交互作用中，乙醇浓度与提取时间的交互作用影响为不显著（$p>0.05$）、乙醇浓度与料液比、料液比与超声提取功率、乙醇浓度与超声功率的交互作用影响为极显著（$p<0.01$）（表 3-12）。

Design Expert 8.0.5.0 软件分析结果表明，在供实验条件范围内，由回归方程分析得到的超声提取青杆针叶多酚最佳工艺条件为提取功率为 258W、提取时间为 45.6min、料液比为 1：51g/mL、乙醇体积分数为 41.7%、提取温度为 62.9℃，回归模型预测提取率理论值可达 27.9586mg/g。在上述条件下，考虑到实际操作的局限性，将实验条件改为提取功率为 250W、提取时间为 46min、料液比为 1：51g/mL、乙醇体积分数为 42%。并在此修正条件下 3 次平行实验提取率实测值分别为 27.87mg/g、27.89mg/g 和 27.92mg/g，平均值为 27.89mg/g。提取率实测值（27.89mg/g）比理论预测值（27.96mg/g）低 0.07%，说明采用响应面法优化得到的提取条件参数准确可靠，具有使用价值（郑涛等，2013）。

第四节　多酚类物质的应用

大量研究成果表明：植物多酚在抗氧化、抗诱变、抗肿瘤、抗病毒、抗微生物、减缓骨质疏松、健齿、降血脂和血糖等很多方面具有良好的作用。在制药、生化、日化、食品以及精细化工等高科技领域有广泛的应用。随着科技发展和人们认识的提高，种类繁多的可再生植物多酚类化合物以其丰富的储量以及安全、无毒性等优势，越来越被人们所重视，必将成为现代应用中最广泛、最环保的绿色资源。现将植物多酚在食品、医药、日用化学品、动物生产、生态保护、农业方面的应用概述如下。

一、食品

1. 食品添加剂

植物多酚作为氢供体，能将单线态氧（$^1O_2$）还原成三线态氧（$^3O_2$），可有效消除或减少自由基产生；植物多酚可与金属离子螯合，削弱氧化反应中金属离子的催化作用；植物多酚可抑制对于有氧化酶存在的体系，还可与维生素 C、维生素 E 等抗氧化剂协同作用，起到增效剂的作用。植物多酚常用作中性或酸性的食品防腐、辅色剂、除臭剂、风味剂等。

2. 保健食品

植物多酚具有抗癌、抑制心脑血管疾病、抗骨质疏松活性等多种生理活性，可应用于保健糖果、保健饮料、抗衰老保健品、防辐射保健制品、抗过敏食品、减肥保健食品等。

3. 酒类及饮料澄清剂

植物多酚能够作为酒类和饮料的澄清剂，其主要原理是利用植物多酚的氢键与蛋白质的酰胺基产生连接，能使明胶、单宁形成复合物而聚集沉淀，同时去除其他悬浮固体，从而起到澄清剂的作用。

二、医药

植物多酚类化合物由于具有多种生物活性，因此对人体的健康也有较大影响。研究表明，植物多酚的药理活性主要包括抗氧化、抑菌、抗病毒、抗肿瘤、抗癌变和抑制心血管疾病等方面。

1. 抗氧化

现代医学研究证明，很多疾病如组织器官老化等都与过剩的自由基有关，因此人们将自由基称为“万病之源”。自由基引起人体的生理异常主要有以下三个方面：①自由基与DNA分子负电中心结合——→碱基取代或丢失——→突变或转录障碍。②自由基造成脂质过氧化：破坏膜的氧化还原性、选择渗透性、流动性——→物质转运、能量代谢、物质代谢失调；与蛋白质交联——→形成体内紫褐色——→老年斑；氧化中性脂肪和胆固醇——→沉积在血管内壁——→脑梗死、血栓、出血。③蛋白质多聚化——→蛋白质变性、酶失活——→代谢紊乱。多酚类物质主要的功能是抗氧化，能够清除体内的自由基，其机理为直接清除自由基、抑制氧化酶系、激活抗氧化酶系以及与诱导氧化的过渡金属螯合（王雪飞等，2012）。

另外，邻苯二酚或邻苯三酚等酚羟基结构赋予了植物多酚较强的自由基清除能力和抗氧化能力，这是由于邻位酚羟基不仅可被氧化成醌类结构，而且具有很强的捕捉活性氧等自由基的能力。大多数多酚化合物在低浓度下具有抗氧化活性，许多酚类化合物和多酚提取物的抗氧化性可以比得上合成氧化剂。植物多酚具有较强的清除体内过剩自由基的能力，抑制人体内过量的自由基引发的癌症、中风、肺气肿和白内障等多种疾病，其抗氧化能力比维生素E还强（刘畅等，2011）。

2. 抑菌和抗病毒

多酚对多种细菌、真菌、酵母菌都有明显的抑制作用，尤其对霍乱菌、金黄色葡萄球菌和大肠杆菌等常见致病细菌有很强的抑制能力，并且不影响生物体本身的生长发育。茶多酚可以用作胃炎和溃疡药物的成分，抑制幽门螺旋杆菌的生长和抑制链球菌在牙齿表面的吸附。近年来大量的研究表明，治疗流感、眼部感染、喉炎、艾滋病、疱疹都与多酚抗病毒作用有关（吴建华等，2015）。

3. 抗肿瘤和抗癌变

癌症是严重危害人类健康的致死性疾病。近年来，各种具有防癌抗癌作用的天然植物受到广泛关注，成为研究热点。越来越多的研究表明，过氧化自由基可能是导致癌变的重要原因之一。多酚类物质在哺乳动物中有广泛的生物学效应，动物实验证明，茶多酚在体外有较强的抗诱变效应，能够抑制啮齿动物的皮肤、肺、胃、食道、十二指肠、结肠等部位的肿瘤细胞的生成，茶多酚中主要功能成分 EGCG 可以通过以下几个机制发挥效应：提高抗氧化剂活性和辅酶Ⅱ等的活性；抑制脂质过氧化反应、细胞氧化信号转导酶活性；诱导肿瘤细胞凋亡和抑制肿瘤细胞增殖（王小红等，2009）。

4. 抑制心血管疾病

心血管疾病是心血管和脑血管疾病的总称，指由于高脂血症、动脉粥样硬化、高血压等引发的心脏、大脑或者全身组织性的疾病，近年来心血管疾病的发病率和死亡率在我国呈逐渐上升之势。大量研究表明，植物多酚物质能够抑制血小板的聚集粘连，诱导血管舒张，并抑制血脂新陈代谢中的酶作用，通过调整血液中多种指标的水平（如降血脂、抑制低密度脂蛋白的氧化等），有效预防心血管疾病（汪丽，2012）。例如，香蕉皮多酚具有一定的降血脂、预防动脉粥样硬化的作用（赵磊等，2012）；柿果多酚可通过调节机体脂代谢减轻高脂血症，预防动脉硬化（AS）（张倩倩等，2012）。

三、日用化学品

1. 在化妆品中应用

植物多酚化妆品具有美白、防晒、保湿、抗氧化、延缓衰老等多重功效。植物多酚可与蛋白质以疏水键和氢键等方式发生复合反应，令人产生收敛的感觉；也可与多糖、多元醇、脂质、蛋白质和多肽等形成分子复合物起到保湿作用；植物多酚还能够吸收紫外线，起到防晒作用。植物多酚的抗衰老作用是基于它能维护胶原的合成、协助肌体保护胶原蛋白和改善皮肤的弹性、抑制弹性蛋白酶、促进细胞新陈代谢、改善皮肤的健康循环等作用，从而减少或避免皱纹的产生，保持皮肤年轻细腻。

2. 染发剂、祛臭剂、牙膏和漱口水添加剂

植物多酚染发剂主要是利用植物多酚与金属离子的络合产物对头发角朊蛋白的附着性质制备而得。植物多酚祛臭剂主要利用小分子量的酚类化合物。牙膏

和漱口水添加剂是利用茶多酚可以帮助抑制龋齿、消炎、除口臭等功效。

四、动物生产

植物多酚应用于饲料中能改善动物的生产性能，增加消化酶分泌促进胃肠道功能；促进血红蛋白、血清蛋白的合成，从而提高营养物质利用率；还有抗炎与提高免疫力、保鲜与改善肉品质等作用，其作用机制可能与其抗氧化和清除自由基的能力有关。

1. 改善生产性能

研究表明，猪饲料中添加300g/t原花青素，能显著提高猪的平均日增重，降低饲料增重比，花青素还能极显著促进肉鸡生长。茶多酚有提高蛋鸡产蛋率的功率。尹靖东等（2002）给褐壳海赛克蛋鸡饲喂 5mg/kg、10mg/kg、20mg/kg、40mg/kg 水平的茶多酚实验表明，随蛋鸡日粮中茶多酚剂量增加，产蛋率有提高趋势，添加 40mg/kg 茶多酚组产蛋率提高了 5%；添加 100mg/kg 茶多酚显著提高了平均蛋重；添加 200mg/kg 和 400mg/kg 茶多酚能显著提高产蛋率、降低料蛋比。

2. 抗炎与提高免疫力

茶多酚能提高肉鸡白细胞吞噬能力和T细胞转化率。连续给肉鸡灌服甘蔗提取物 500mg/（kg·d）3d，可使肉鸡外周血单核细胞的吞噬能力提高，血清抗绵羊红细胞和抗布氏杆菌抗体水平显著升高，且外周血和肠道淋巴细胞、脾细胞中的IgM和IgG空斑形成细胞数目显著增多，表明机体产生抗体能力增强。用添加葡萄渣的饲粮饲喂肉鸡，可降低肉鸡对球虫病和坏死性肠炎的易感性，其保护作用可能与葡多酚激活肠黏膜γδT细胞有关（蒋步云等，2014）。

3. 保鲜与改善肉品质

在夏天的储运条件下，在油脂中添加1000mg/kg的茶多酚母液，再将油脂以2%的比例加入饲料，可以保质 2 个月以上。此时，饲料中实际含茶多酚6mg/kg，添加成本低于乙氧基喹啉。茶多酚制剂能降低鸡肉产品胆固醇、脂肪的沉积，提高肉品的系水力和贮藏品质，提高肉鸡非特异性免疫球蛋白含量，不饱和脂肪酸含量较高，改善肉鸡皮肤着色。利用蜂胶、茶多酚、迷迭香提取物等配制成的复合抗氧化液（水溶性和脂溶性），可有效控制冷却猪肉脂肪氧化，显著降低氧化酸败异味的产生，且天然脂溶性复合抗氧化剂对鲜肉有明显抑菌和防腐作用，从而起到了抗氧化和保鲜双重功效。茶的热水抽提物对蓝色鲜鱼组织脂肪的氧化具有明显的抑制作用，且与抽提物的用量呈正比。

五、生态保护

近年来我国经济高速发展的同时伴随着的是水体、土壤等自然生态环境的日益恶化。经研究发现植物多酚化学结构式内含有酚羟基基团，实验证明此种活性基团结构当遇到重金属离子时会与之发生络合反应并形成沉淀物，由此可以实现重金属离子与载体环境，如水体、土壤等的分离，从而降低了环境中重金属的含量，消减了重金属污染对于环境及生物体的危害，同时实验数据表明了植物多酚分子量与对金属的络合能力之间具有的线性关系，如分子量越大，单个活性基团数目越多，络合金属的能力就越强。因此关于植物多酚在生态保护方面的应用意义重大而任重道远。

六、农业生产

研究发现，植物多酚所具有的涩性性质能使农作物害虫的生存环境及条件劣化，抑制农作物害虫的生存及繁殖，保护农作物。最近的研究还证明植物多酚能够对脂肪水解酶和多功能氧化酶产生抑制，由此可以延长有机磷酸酯类农药的药效，有利于农作物病虫害的防治。

小　结

云冷杉植物体的皮、根、叶、果、木、壳中存在的多酚类化合物以其丰富的储量以及安全、无毒性、可再生性等优势，成为医药、食品、化妆品及保健品生产中最广泛、最环保的绿色资源之一，越来越被人们所重视。

多酚类化合物提取、分离方法多种多样，广泛使用的提取方法有有机溶剂萃取法、超临界 CO_2 萃取法、超声波辅助萃取法、微波辅助萃取法和生物酶解萃取法等，分离方法主要有沉淀分离法、凝胶柱层析、液滴逆流色谱法（DCCC）和离心分离色谱法（CPC）、大孔吸附树脂层析、高效液相色谱法。

热回流乙醇提取法和超声辅助乙醇提取法可用于云冷杉多酚类化合物的提取。就巴山冷杉针叶多酚提取而言，热回流提取率显著大于超声辅助提取率。影响热回流提取因素的大小顺序为料液比>提取时间>乙醇浓度>提取温度。可见，热回流提取增加了目标物的扩散，提高了提取率和溶剂的利用率，但是其耗时过长，可能在长时间加热过程中对某种多酚的结构造成破坏。超声辅助提取法相较于传统的提取工艺，具有明显的优越性，它操作简单，费时少，能够大大增强提取液的浸提效率，从而节省时间，降低成本，通过响应面法筛选出来的超声辅助提取巴山冷杉针叶多酚的最佳条件是温度 66℃、乙醇浓度 52%、料液比 1∶40g/mL、提取时间 51min、超声功率 350W，提取率为 9.005%。但是超声辅助提取具有局限性，很难用于大规模的工厂化生产。研究表明，超声波辅助提取红皮云杉球果中多酚的最佳工艺条件为料液比 1∶33g/mL、超声波功率

301W、提取时间 2.4h，乙醇浓度 40%，温度 60℃。热回流提取红皮云杉球果多酚的最佳工艺条件为料液比 1∶25g/mL，乙醇浓度 60%，提取温度 60℃，提取时间 180min。热回流提取红皮云杉球果原花青素的最佳工艺参数为乙醇浓度 60%、提取温度 51℃、提取时间 2h、料液比 1∶44g/mL。影响回流提取青杆针叶中多酚工艺的因素由大到小依次为提取温度>乙醇浓度>提取时间>料液比。回流提取青杆多酚的最佳工艺为乙醇浓度 42%、料液比 1∶61g/mL、提取时间 5.1h、提取温度 63℃。影响超声提取青杆针叶多酚的因素由大到小依次为乙醇浓度>超声功率>料液比>提取时间，超声提取青杆多酚的最佳工艺为提取功率为 250W、提取时间为 46min、料液比为 1∶51g/mL、乙醇浓度为 42%。

大孔吸附树脂可用于云冷杉多酚化合物纯化。D101 为纯化云、冷杉针叶多酚的最佳的大孔吸附树脂，其吸附率和解析率分别为 89.75%和 85.52%。

云冷杉多酚具有较强的抗氧化能力和抑菌能力，是一种极具潜力的天然抗氧化剂。青杆多酚的抗氧化活性与多酚含量都存在一定的相关性，在一定浓度范围内随着青杆多酚溶液浓度的增加（DPPH· 0.025～0.25mg/mL、$ABTS^{+}$· 0.0025～0.0175mg/mL），其抗氧化性增强。青杆针叶多酚对 DPPH·、$ABTS^{+}$·的 IC_{50} 分别为 0.0778mg/mL、0.0098mg/mL；抗坏血酸对 DPPH·、$ABTS^{+}$·的 IC_{50} 分别为 0.0334mg/mL、0.0081mg/mL，用普鲁士蓝法测青杆多酚溶液具有一定的还原能力，但低于抗坏血酸。巴山冷杉针叶多酚抗氧化活性小于维生素 C 的抗氧化活性。维生素 C 和巴山冷杉针叶多酚清除 DPPH 自由基的 EC_{50} 差异显著，清除 ABTS 自由基的 EC_{50} 值差异不显著。在供试大肠杆菌、肠炎沙门氏菌肠炎亚种、枯草杆菌、李斯特菌、肺炎双球菌、粪链球菌 6 种细菌中，巴山冷杉针叶多酚对枯草杆菌的抑菌能力最强，对大肠杆菌的抑菌能力最差，对肠炎沙门氏菌肠炎亚种、李斯特、肺炎双球菌、粪链球菌的最小抑菌浓度均为 25.065mg/mL。红皮云杉多酚对于 $ABTS^{+}$·、OH·、DPPH·和 O^{2-}，都具有较好的清除作用，且均强于天然抗氧化剂维生素 C 和人工合成抗氧化剂 BHA。红皮云杉球果原花青素具有较强的清除自由基能力和还原能力，其清除 $ABTS^{+}$·能力和还原能力高于阳性对照水溶性维生素 E（Trolox）。

参考文献

邓心蕊，王振宇，2012. 不同生态条件下红皮云杉和红松主要多酚类物质含量研究[J]. 中国林副特产，（6）: 7-10.

蒋步云，伍树松，侯德兴，等，2014. 植物多酚作为动物饲料添加剂的研究进展[J]. 中国畜牧杂志，50（7）: 89-93.

李德海，王振宇，周亚娣，2012. 红皮云杉多酚的提取及其抗氧化活性研究[J]. 食品工业科技，（20）: 206-209, 214.

李红娟，2013. 陕西主栽核桃品种多酚含量及抗氧化性能研究[D]. 杨凌：西北农林科技大学.

李小燕，刘贤德，张宏斌，等，2014. 几种云杉属植物叶片提取物的抗氧化性研究[J]. 甘肃农业大学学报. 49（6）: 102-106，113.

刘滨，樊金拴，冯慧英，等，2015. 响应面法优化巴山冷杉针叶多酚的超声提取及纯化研究[J]. 内蒙古农业大学学报（自然科学版），(2): 41-48.

刘畅，周家春，2011. 植物多酚抗氧化性研究[J]. 粮食与油脂，（2）:43-46.

马承慧，王群，刘牧，2016. 7 种松科植物松针提取物的体外抗氧化活性比较[J]. 东北林业大学学报，44（6）:45-48.

孙希，金哲雄，2015. 植物多酚提取分离方法的研究进展[J]. 黑龙江医药，28（1）: 80-83.

汪丽，梁文艳，于建，等，2012. 纯化方式和保存条件对改性落叶松单宁絮凝性的影响[J]. 环境化学，31(8): 1244-1250.

王群，2016. 几种松科植物活性成分及多酚抗氧化性能力的研究[D]. 哈尔滨：东北林业大学.

王小红，王一娴，曹艳妮，等，2009. 几种植物多酚对 Hela 细胞抑制作用的初步研究[J]. 现代食品科技，（1）: 10-14.

王雪飞，张华，2012. 多酚类物质生理功能的研究进展[J]. 食品研究与开发，33（2）: 211-214.

吴建华，吴志瑰，裴建国，等，2015. 多酚类化合物的研究进展[J]. 中国现代中药，17（6）:630-636.

尹靖东，齐广海，崔启逛，等，2002. 类黄酮对蛋鸡脂代谢的影响[J].畜牧兽医学报，33（3）:215-220.

张倩倩，樊金拴，吴敬超，等，2012. 柿果多酚对高脂血症小鼠脂代谢的影响[J]. 食品科学，33（5）: 252-255.

张强，苏印泉，张京芳，2011. 杜仲叶不同萃取物抗氧化活性比较分析[J]. 食品科学，32（13）: 23-27.

张卫星，何开泽，蒲蔷，2014. 核桃青皮提取物的抗菌和抗氧化活性[J]. 应用与环境生物学报，20（01）: 87-92.

赵磊，朱开梅，王晓，等，2012. 香蕉皮多酚对高脂血症大鼠降血脂作用的实验研究[J]. 中国实验方剂学杂志，（13）: 201-204.

郑洪亮，王萍，高新新，等，2014. 溶剂类型对红皮云杉球果多酚类物质的提取及抗氧化能力的影响[J]. 食品工业科技，35（12）:127-132.

郑涛，苏锐，赵韵美，等，2013. 青杆针叶多酚超声提取工艺的优化[J]. 北方园艺，（22）:138-140.

周芳，2016. 红皮云杉多酚分离鉴定及对 S180 荷瘤小鼠肿瘤抑制途径[D]. 哈尔滨:东北林业大学.

周芳，赵鑫，宫婕，等，2014a. 响应面法优化超声辅助提取红皮云杉多酚工艺[J]. 食品工业科技，35（1）: 210-213, 218.

周芳，赵鑫，宫婕，等，2014b. 响应面法优化微波辅助提取红皮云杉多酚工艺[J]. 食品工业科技，35（10）: 275-278, 283.

第四章　云冷杉黄酮类活性物质

近年来，黄酮化合物因其在人类的健康及饮食方面具有特殊功效与重要作用，受到了普遍重视，开展的有关槲皮苷、柚皮素、松属素、儿茶素、金雀异黄酮、非瑟酮和无色花青素等多种黄酮类化合物合成生物学相关研究（周明等，2016；邹丽秋等，2016）对推动黄酮合成生物学研究从实验室向工业化生产的转化，满足人们逐渐增大的对黄酮类药品和保健品的需求量具有重要的意义。但是，有关云冷杉植物黄酮的研究甚少。目前国内外仅有挪威冷杉（*A. procera*）、朝鲜冷杉（*A. koreana*）、印度冷杉（*A. pindrow*）、东方云杉（*P. orientalis*）、黑云杉（*P. mariana*）、塞尔维亚云杉（*P. omorika*）、英格曼云杉（*P. engelmannii*）、云杉（*P. asperata*）、科罗拉多州蓝色云杉（*P. Pungens Glauca*）、太平洋冷杉（*A. amabilis*）、白冷杉（科罗拉多白冷杉）（*A. concolol*）、巨冷杉（*A. grandis*）、洛基山冷杉（*A. lasiocarpa*）、白叶冷杉（富士山冷杉）（*A. veitchii*）、新疆冷杉、元宝山冷杉、怒江冷杉、苍山冷杉、大果青杆与巴山冷杉的黄酮类化合物组成、生物活性及药理作用等方面的研究报道（常博等，2014；李小燕等，2014；Yang et al.，2014；肖琳婧等，2013；何瑞杰等，2012）。其中，Yang 等（2014）从西藏冷杉发现双黄酮、从印度冷杉发现 4 种查耳酮。李永利（2009）从秦岭冷杉化中共分离得到了黄酮、黄酮醇、二氢黄酮、二氢黄酮醇、查耳酮、黄烷醇及双黄酮等 25 个黄酮化合物。肖琳婧等（2013）从云南黄果冷杉干燥枝叶 80%乙醇提取物中分离得到 14 种化合物，其中落叶黄素-3-*O*-*β*-*D*-吡喃葡萄糖苷、牡荆苷、槲皮素-7-*O*-*β*-*D*-吡喃葡萄糖苷、芹菜素-7-*O*-*β*-*D*-吡喃葡萄糖苷、异半皮桉苷和没食子儿茶素为首次从冷杉属植物中分离得到。

第一节　黄酮类活性物质的组成与结构

黄酮类活性物质广泛且大量存在于自然界，其主要特点是结构为 2-苯基色原酮的黄酮类化合物的分子中含有一个酮式羰基，性质上因其第一位上的氧原子具碱性而能够与强酸反应生成盐，有着很强的生物活性和生理活性（张培成，2009）。研究发现，几乎所有的植物体内都含有黄酮类化合物（通常与糖结合成苷类，极其少量的部分会以游离态的苷元的形式存在于植物体内），黄酮类化合物在植物的所有的生命过程中（包括生长、发育、开花、结果）扮演着不可替代的角色，同时还具有抗菌防病、抗癌、防癌、治疗慢性支气管炎、冠心病、肝炎及淋巴结核病等作用（唐浩国，2009）。此外，某些黄酮类化合物被认为对抗坏血酸和肾上腺素具有抗氧化活性，并且是某些酶的抑制剂和平滑肌的松弛剂，可作为功能性食品、抗氧化食品。

一、化学组成

（一）秦岭冷杉黄酮类化学组成

李永利（2009）从秦岭冷杉干燥枝叶提取物中分离得到了 25 个黄酮化合物（24-48），类型涉及黄酮、黄酮醇、二氢黄酮、二氢黄酮醇、查耳酮、黄烷醇及双黄酮。新化和物有 2 个，其余 23 个已知化合物分别被鉴定为：Larixinol（24），kaempferol（27），quercetin（28），naringenin（29），tsugafolin（30），eriodictyol（31），5，4′-dihydroxy-6-*C*-methyl-7-methox *Y* flavanone（32），aromadendrin（33），taxifolin（34），afzelechin（35），（−）-epiafzelechin（36），（+）-catechin（37），gymnogrammene（38），prunin（39），choerospondin（40），kaempferol-7-*O*-*β*-*D*-glucopyranoside（41），kaempferol-3-*O*-*β*-*D*-glucopyranoside（42），afzelin（43），quercetin-3-*O*-*β*-*D*-glucopyranoside（44），kaempferol-3-*O*-*β*-*D*-（3″-*E*-*p*-coumaroyl）-glucopyranoside（45），kaempferol-3-*O*-*β*-*D*-（6″-*E*-*p*-coumaroyl）-glucopyranoside（46），kaempferol-3-*O*-*α*-*L*-（2″，4″-di-*E*-*p*-coumaroyl）-rhamnoside（47），kaempferol-3-*O*-*β*-*D*-（3″，6″-di-*E*-*p*-coumaroyl）-glucopyranoside（48）。

（二）冷杉、紫果冷杉、怒江冷杉中的黄酮类化学组成

李永利（2013）分别从冷杉、紫果冷杉、怒江冷杉中分离鉴定了 13 个黄酮类化合物，其结构类型有二氢黄酮、二氢黄酮醇、黄酮、黄酮醇和黄烷醇型。在这些化合物中，AR-70-AR-77、AF-94-AF-100 分别是从紫果冷杉和冷杉中分离得到的，AN-39 是从怒江冷杉中得到的。这些化合物均为已知化合物，经过与文献报道的波谱数据比较，鉴定为 naringenin（AR-70，AF-94），aromadendrin-7-*O*-glucoside（AR-71），isohemiphloin（AR-72），kaempferol 7-*O*-*β*-*D*-glucopyranoside（AF-96，AR-73），quercetin 3-*O*-*β*-*D*-glucopyranoside（AR-75），quercetin 3-*O*-*α*-*L*-rhamnoside（AF-100，AR-74），kaempferol 3-*O*-（3"，6"-di-*O*-*E*-*p*-coum-aroyl）-*β*-*D*-glucopyranoside（AR-76），（−）-epicatechin（AR-77），naringenin7-*O*-*β*-*D*-glucopy-ranoside（AF-95），kaempferol3-*O*-*α*-*L*-rhamnoside（AF-97），kaempferol 3-*O*-*β*-*D*-glucopyranoside（AF-98），kaempferol 3-*O*-*β*-*D*-galactopyranoside（AF-99），5，4′-dihydroxy-3，7-dimethoxy-6-methylflavone（AN-39）。

（三）巴山冷杉和粗枝云杉的黄酮类化学组成

依据黄酮类化合物的理化性质，通过颜色反应对巴山冷杉和粗枝云杉提取液中黄酮类化合物种类定性鉴定的结果表明，巴山冷杉提取液中含有二氢黄酮类化合物、查耳酮和黄酮醇类化合物。粗枝云杉提取液中含有查耳酮和黄酮醇类化合物。在巴山冷杉的提取液中加入盐酸后提取液变红，并出现微红色泡沫，说明可能有少量的查耳酮或橙酮存在；加入盐酸-镁粉后，溶液迅速由黄色变为深红色，这可能是由于提取液中黄酮（醇）类及其二氢类化合物的存在。在提取液中加入几滴浓硫酸后，溶液的黄色加深，转为橙色，再次证明了黄酮（类）和其二氢类化合物的存在。四氢硼钠反应结果显示有红色溶液生成，可以肯定二氢黄酮类化合物的存在。在浸有提取液的滤纸条上喷施 2%草酸溶液，在紫外灯下观察有黄色荧光，说明有查耳酮存在；在铝离子的作用下，紫外灯下的滤纸条出现黄绿色荧光现象，可以确定含黄酮醇类化合物；喷施 2%氢氧化钠溶液，在紫外灯照射下有深黄色荧光说明可能含有有二氢黄酮类化合物和查耳酮。在粗枝云杉的提取液中依次加入盐酸-镁粉、草酸、硝酸铝溶液后，实验现象与巴山冷杉的一致，说明在粗枝云杉提取溶液中除了有查耳酮类和黄酮醇类物质外，可能还有黄酮类及其二氢类衍生物。在提取液中加入盐酸后溶液无变化，证明提取液中没有橙酮；加入四氢硼钠后溶液无现象发生，证明没有二氢黄酮类物质，而浓硫酸反应又显现紫色，可以肯定这是由于查耳酮的存在。

（四）云南黄果冷杉的黄酮类化学组成

肖琳婧等（2013）从云南黄果冷杉干燥枝叶醇提物中分离并鉴定了 14 个化合物，包括黄酮及其苷类 10 个：山柰酚（kaempferol，1）、槲皮素（quercetin，2）、槲皮素-3-*O*-*α*-*L*-吡喃鼠李糖苷（quercetin-3-*O*-*α*-*L*-rhamnoside，3）、丁香亭-3-*O*-*β*-*D*-吡喃葡萄糖苷（syringetin-3-*O*-*β*-*D*-glucopyranoside，4）、山柰酚-3-*O*-*β*-*D*-吡喃葡萄糖苷（kaempferol-3-*O*-*β*-*D*-glucopyranoside，5）、山柰酚-3-*O*-（3″，6″-二-反式-对-肉桂酰基）-*β*-*D*-吡喃葡萄糖苷[kaempferol-3-*O*-*β*-*D*-（3″，6″-di-*E*-*p*-coumaroyl）-glucopyranoside，6]、落叶黄素-3-*O*-*β*-*D*-吡喃葡萄糖苷（laricitrin-3-*O*-*β*-*D*-glucopyranoside，7）、牡荆苷（vitexin，8）、槲皮素-7-*O*-*β*-*D*-葡吡喃萄糖苷（quercetin-7-*O*-*β*-*D*-glucopyranoside，9）、芹菜素-7-*O*-*β*-*D*-吡喃葡萄糖苷（apigenin-7-*O*-*β*-*D*-glucopyranoside，10）；二氢黄酮及其苷类 2 个：异半皮桉苷（isohemiphloin，11）、柚皮素（naringenin，12）；黄烷醇类 2 个：(－)-表没食子儿茶素[(－)-epigallocatechin，13]、(＋)-儿茶素[(＋)-catechin，14]。所有化合物均为首次从该植物中分离得到，其中化合物 7～11 和 13 为首次从冷杉属植物中分离得到。

常博等（2014）从云南黄果冷杉干燥枝叶 80%的乙醇提取物中又分离并鉴定了 13 个化合物，根据理化数据对照及波谱学方法，分别鉴定为包括 3 个木脂素类：（7*S*，8*S*）-3-甲氧基-3′，7-环氧-8，4′-氧化新木脂素-4，9，9′-三醇（1）、isomassonianoside B（2）、8，8′-二羟基松脂素（3）；6 个苯环类：莽草酸正丁酯（4）、对羟基苯甲酸（5）、莽草酸（6）、咖啡酸（7）、阿魏酸二十四醇酯（8）、苯甲酸（9）；4 个黄酮类：芹菜素-8-*C*-*α*-*L*-鼠李糖-（1→2）-*β*-*D*-葡萄糖苷（10）、丁香亭-3-*O*-芸香糖苷（11）、5-羟基-3，4′，7-三甲氧基黄酮（12）、4′，5 二羟基-3，7-二甲氧基-6-甲基黄酮（13）。以上化合物均首次从云南黄果冷杉中分离得到，其中化合物 1～4、6、10～12 为首次从冷杉属植物中分离得到。

二、基本结构

黄酮类化合物最早是指包括黄酮同分异构体及其氢化还原产物在内的一系列以 2-苯基色原酮为母核结构的化合物，目前泛指由中央三碳联结两个具有酚羟基苯环的一系列化合物。该类化合物以 C6-C3-C6 结构为基础，且大多是与糖（包括单糖、双糖、叁糖和酰化糖）结合形成苷，糖基多连在 C8 或 C6 位置上，只有极其少数的一部分才处于游离的状态（唐浩国，2009）。根据三碳键（C3）的氧化程度和构象的差别分为以下几类：黄酮、黄酮醇、黄烷酮（二氢黄酮）、黄烷酮醇（二氢黄酮醇）、异黄酮、异黄烷酮（二氢异黄酮）、查耳酮、二氢查耳酮、黄烷、黄烷醇及其他黄酮类等。黄酮类化合物基本母核结构见图 4-1。

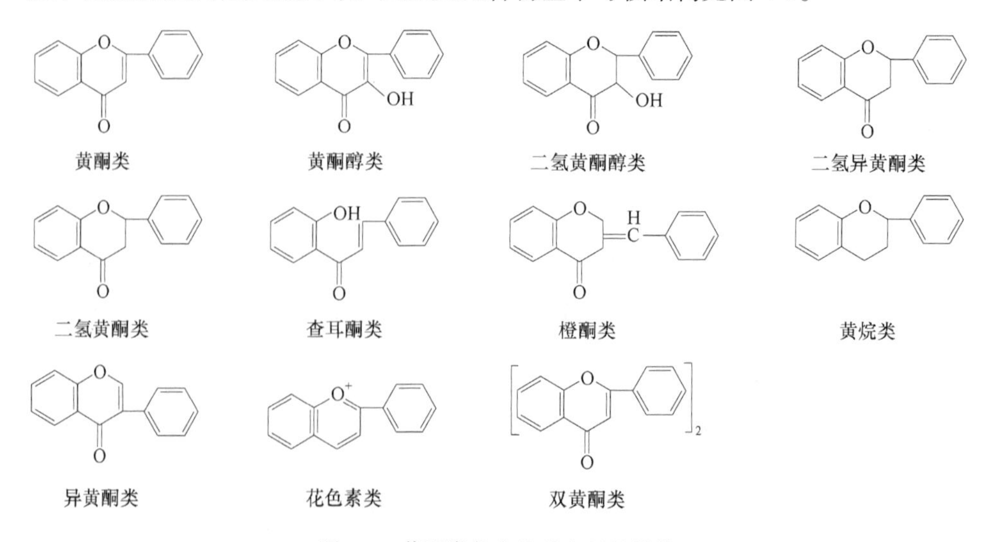

图 4-1　黄酮类化合物基本母核结构

第二节　黄酮类活性物质的性质

一、理化性质

（一）物理性质

室温下，黄酮类化合物多为固体结晶，少部分为粉末状固体。黄烷酮、黄烷酮醇、黄烷和黄烷醇等部分含有手性碳结构的化合物具有旋光性。多数黄酮类化合物因其内部构象存在交叉共轭体系，因而在自然光下具有颜色，如黄酮、黄酮醇及其苷类多为淡黄色或黄色，异黄酮为淡黄色，查耳酮为黄色或橙黄色等。

黄酮苷元一般与水的亲和性较差，易溶于甲醇、乙醇、乙醚和乙酸乙酯等有机溶剂或稀碱液。而黄酮苷一般与水、甲醇、乙醇和乙酸乙酯等溶剂的亲和性较好，在乙醚、三氯甲烷、苯等有机溶剂中较难溶解。因为化合物分子中存在弱酸性的酚羟基，所以可溶于稀碱液中。分子结构中含有3-羟基、5-羟基或邻二羟基的黄酮类化合物可与乙酸镁、乙酸铅、二氯氧化锆或三氯化铝等试剂发生络合反应。

黄酮类化合物的颜色显示与其自身结构（分子中存在的交叉共轭体系及助色团，如—OH、—CH_3等）有着直接和明显的关联。大体上来看，黄酮、黄酮醇及其苷类的颜色变化范围绝大多数在灰黄至黄色之内，而查耳酮颜色的变化范围则为黄色至橙黄色之间，二氢黄酮、二氢黄酮醇、异黄酮类等没有显现出明显的颜色，其主要的原因是不存在共轭体系或共轭很少。花色素及其苷元则比较另类，它们的会随着pH的变化而改变，一般呈红（$pH<7$）、紫（$7<pH<8.5$）、蓝（$pH>8.5$）等颜色。

黄酮苷元和大多数有机物一样，由于其结构原因，易溶于甲醇、乙酸乙酯、乙醚等实验室常见常用的有机溶剂和稀碱液（因分子中多有酚羟基）。根据相似相容原理，它们基本上极难溶于甚至不溶于水。但是如果黄酮类化合物在经过一些特殊的反应而实现羟基糖苷化后，它们溶于水的能力会大大地加强，与之相反，其溶于有机物的能力会相应地削弱。黄酮苷的性质无论是水溶性还是与有机溶液的溶解性与黄酮苷元都有着相当多大的差异，由于黄酮苷元绝大多数易溶于水，却难溶于乙醚、三氯甲烷、苯等有机溶剂，除此之外，其他性质都十分相似。极其少数的黄酮类化合物拥有激发放光的性质，使用紫外光（254nm或365nm）激发并经过氨蒸汽或碳酸钠溶液处理后能够显示出明显且不同颜色的荧光。同时与铝、镁、铅和锆等金属的盐反应生成有特殊颜色的络合物是绝大多数黄酮类化合物的共同性质。

（二）化学性质

1. 盐酸-镁粉还原反应

盐酸-镁粉还原反应使用的黄酮类化合物必须为粉末状，首先取少许加入洁净的试管中，然后加入适量体积的甲醇在合适的范围内加热升温浸取，待反应结束后，取少量合适的浸提后的溶液加镁粉少许轻微的振摇，最后再加几滴浓盐酸，在结束操作后的 1～2min 内即可显现出溶液的颜色。几乎全部的黄酮醇、二氢黄酮及二氢黄酮醇类的颜色显现而出的是红-紫红色，黄酮类则显出的是耀眼的橙色，异黄酮及查耳酮类看不出任何明显的变化，如芦丁的盐酸镁粉反应中溶液由黄色变红色。

与盐酸-镁粉还原反应类似的反应还有几种，如盐酸-锌粉反应和钠-汞齐反应，当然，虽然反应的原理性质极其相近，但是各种不同类别的黄酮类在不同反应中，最后显示的颜色也是大相径庭的。特性总是存在的，与其他的黄酮类不同，二氢黄酮醇类有其独有的反应，便是能够和四氢硼钠（钾）产生作用，然后将自身还原成红色。

2. 金属盐类试剂络合反应

绝大多数黄酮类化合物与铝、镁、铅和锆等某些金属的盐可以发生络合反应生成有特殊颜色的络合物，故可以通过该反应鉴别出某些特殊的黄酮类物质。研究发现，只有含有 5-羟基、3-羟基或邻二羟基的黄酮类才可以发生以上的络合反应，其他黄酮类不具备这种性质。

二、抗氧化性质

（一）青杆黄酮的抗氧化活性

将采集的青杆针叶经阴干、粉碎、过筛后，采用超声提取法获得青杆针叶黄酮样液，再经旋转蒸发仪旋蒸后，用 50%的乙醇溶液配制成待测样液。按照常规方法测定青杆针叶黄酮待测样液对 DPPH 自由基和 ABTS 自由基的清除能力，用普鲁士蓝法测定青杆针叶黄酮待测样液的总还原力，结果如下。

1. DPPH 自由基清除力

DPPH · 的乙醇溶液呈紫色，当加入黄酮类物质后，溶液的紫色变浅，使其在波长 517nm 处的吸光度变小，黄酮的清除力越大，说明其抗氧化能力越强。

精确吸取 2.0mL 黄酮样品溶液于试管中，加入 2.0mL DPPH 溶液，混合并静置 30min，测定其在波长 517nm 处的吸光度，记为 A_i；同样测定 2.0mL 黄酮样液与 2.0mL 乙醇（80%）的混合液的吸光度，记为 A_j；2.0mL DPPH 溶液与 2.0mL

乙醇（80%）混合液的吸光度，并记为 A_c。以水溶性维生素 E（Trolox）标准液作为阳性对照，按上述方法进行测定，每个样品做 3 次平行测定。

$$\text{DPPH 自由基清除率} = [1-(A_i-A_j)/A_j]\times100\%$$

实验结果显示，DPPH 自由基的清除率随着水溶性维生素 E（Trolox）和青杆黄酮浓度的增加而增加（图 4-2），青杆黄酮对 DPPH · 的清除率可达 90.21%，以水溶性维生素 E（Trolox）作为阳性对照，其 DPPH · 的清除率为 95.5%，可见青杆针叶总黄酮具有较强的 DPPH · 清除能力。

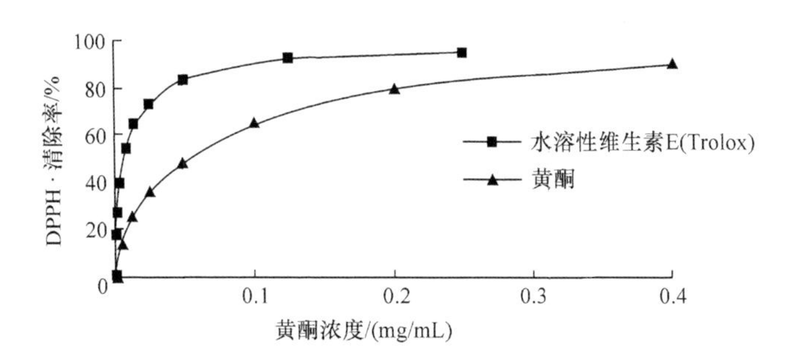

图 4-2 不同浓度青杆针叶黄酮溶液对 DPPH · 的清除率

2. ABTS 自由基清除力

$ABTS^+$ · 清除法的原理是 ABTS 被氧化后生成稳定的自由基 $ABTS^+$ ·，呈蓝绿色，向其中加入抗氧化物质，则使溶液的蓝绿色褪色，在波长 734nm 处检测其吸光度的变化，与水溶性维生素 E（Trolox）的标准品做比较，可以换算出被测物质的抗氧化能力。

分别吸取 0.1mL 不同浓度的黄酮样液，再加入 3.9mL 预热至 37℃的 $ABTS^+$ · 反应液，在波长 734nm 下测定吸光度。以水溶性维生素 E（Trolox）标准液做阳性对照，并将备好的水溶性维生素 E（Trolox）标准液配制成系列梯度浓度，同上方法测定吸光度，根据以下清除率公式制成的水溶性维生素 E（Trolox）浓度与 $ABTS^+$ · 清除率间的线性曲线方程，计算 1g 黄酮的水溶性维生素 E（Trolox）含量。每个样品做 3 次重复。

$$ABTS^+ \cdot \text{清除率} = (A_{control} - A_{test})/A_{control}\times100\%$$

由此式中得到水溶性维生素 E（Trolox）浓度与清除率间线性方程为

$$Y= 0.0009X+0.0533$$

式中，X 为水溶性维生素 E（Trolox）的浓度（μmol/L）；Y 为 $ABTS^+$ · 清除率；R^2=0.9991。

青杆黄酮样液的 $ABTS^+$ · 清除力与其浓度也呈正相关（图 4-3），黄酮样液

对 $ABTS^+$ · 清除率的水溶性维生素 E（Trolox）含量为 29633.3μmol/g，此结果表明青杆黄酮抗氧化性较强。

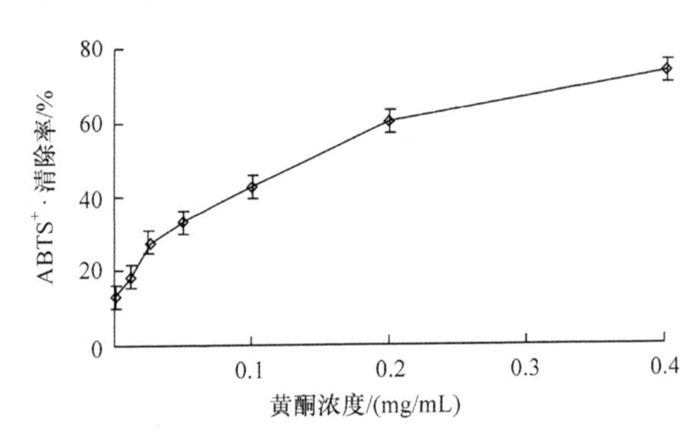

图 4-3　不同浓度青杆针叶黄酮溶液对 $ABTS^+$ · 的清除率

3. 青杆针叶黄酮还原能力测定

采用普鲁士蓝法，取 1mL 黄酮样液，加到 10mL 离心管中，加入 2.5mL 的磷酸缓冲液（0.2mol/L，pH 6.6）和 2.5mL 1%的 $K_3Fe(CN)_6$溶液，混匀，在 50℃恒温水浴锅中反应 20min；再加入 2.5mL 10%的 TCA 溶液，于 3000r/min 下离心 10min，取 2.5mL 的上清液，最后加入 0.5mL $FeCl_3$ 溶液（0.1%），室温反应 10min。在波长 700nm 处测定吸光值，吸光值大小代表样液的还原力大小。以 Vc、芦丁、槲皮素作为对照物，按照梯度浓度测定其在波长 700nm 处的吸光值，同法测定其还原力，每个样品做 3 次平行。

实验结果显示，Vc、芦丁和槲皮素的还原能力各不相同，3 种抗氧化剂在选取使用浓度范围内均具有良好的线性关系。其线性方程分别为

$$y=19.578x+0.0305\ (R^2=0.9967)$$

$$y=14.961x+0.0238\ (R^2=0.9956)$$

$$y=5.3322x-0.0098\ (R^2=0.9923)$$

以 Vc、芦丁、槲皮素作为对照物，按梯度浓度分别测定青杆针叶黄酮的总还原力，且在所取使用浓度范围内线性关系良好。青杆针叶黄酮的线性方程为

$$y=6.6613x+0.008\ (R^2=0.9968)$$

式中，x 分别为 Vc、芦丁和槲皮素的质量浓度（mg/mL）；y 为吸光度。

几种对照物与青杆针叶黄酮的还原力由大到小依次为 Vc、槲皮素、青杆针叶黄酮、芦丁。说明青杆针叶黄酮还原能力不如 Vc 和槲皮素，但比芦丁的还原力强（图 4-4）。

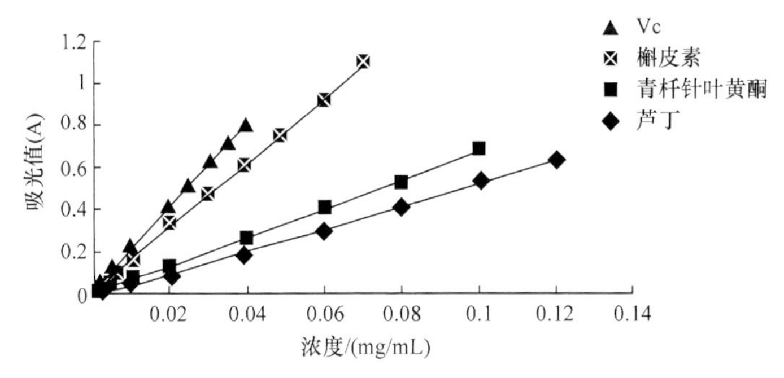

图 4-4　青杆针叶黄酮与 Vc、槲皮素、芦丁的还原力比较

研究发现，用最佳超声提取工艺提取的青杆针叶黄酮，具有较强的 DPPH · 清除能力，其 DPPH · 清除率可达 90.21%，但低于水溶性维生素 E（Trolox）的 DPPH · 清除率。青杆针叶黄酮清除 $ABTS^{+}$ · 的能力与黄酮浓度呈线性相关，其在 0.1mg/mL 时清除 $ABTS^{+}$ · 的能力，相当于水溶性维生素 E（Trolox）当量为 29633.3μmol 时的清除能力；普鲁士蓝法测定结果显示，青杆针叶黄酮具有较强的还原能力，其还原能力优于芦丁，但不及 Vc 和槲皮素。

综上分析，青杆针叶黄酮具有较强的抗氧化能力，可作为天然的抗氧化剂重要来源之一。

（二）巴山冷杉和粗枝云杉黄酮的抗氧化活性

1. 清除 DPPH 自由基能力

将利用超声波提取法获得的巴山冷杉提取液（浓度为 0.938mg/mL）和粗枝云杉提取液（浓度为 0.740mg/mL）分别用 80%乙醇稀释，并依次配制成浓度为 1.5625μg/mL、3.125μg/mL、6.25μg/mL、12.5μg/mL、25μg/mL、50μg/mL、100μg/mL、200μg/mL、400μg/mL 的反应液。

DPPH 溶液配制：称取 3.98mg 的 DPPH 粉末，用 80%的乙醇溶液充分溶解后转移至 100mL 容量瓶定容，即得浓度为 0.01μmol/mL 溶液。

以槲皮素和 Vc 作为标准对照物。在 2mL 不同浓度的 Vc 溶液、槲皮素溶液、巴山冷杉溶液、粗枝云杉溶液中加入 0.1mg/mL DPPH 溶液 2mL，摇匀，室温条件下避光反应 30min，测定波长 517nm 条件下的吸光度（A_i）。以 2mL 样品溶液加 2mL 乙醇溶液作为空白对照调零，2mL DPPH 溶液中加入 2mL 乙醇溶液测得吸光度记为 A_c。

DPPH · 清除率 K（%）的计算公式为

$$K = (A_c - A_i)/A_c \times 100\%$$

以待测液的浓度（μg/mL）为横坐标，DPPH · 清除率 K（%）为纵坐标绘制的不同浓度反应体系清除 DPPH$^+$ · 能力图（图 4-5）显示，当样品浓度为 50μg/mL 时，4 组反应体系均趋于稳定，清除能力为 Vc>槲皮素>巴山冷杉>粗枝云杉。在样品浓度为 0～10μg/mL 范围内，巴山冷杉和粗枝云杉的清除能力强于 Vc，低于槲皮素。且在一定范围内，通过提高反应体系中样品的浓度，可以达到提高清除率，增加抗氧化性的目的。

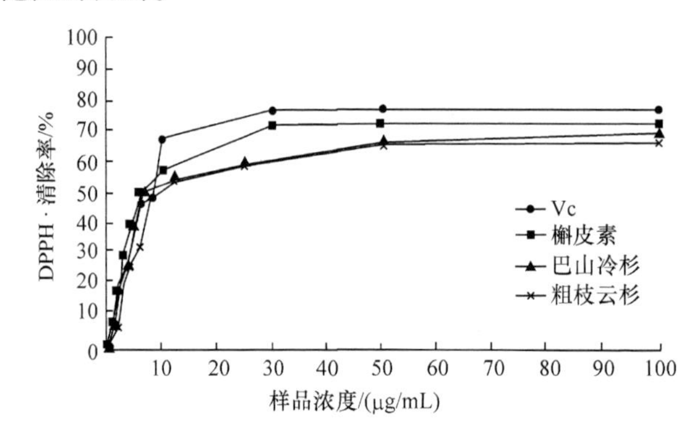

图 4-5　不同浓度反应体系清除 DPPH · 能力

按照巴山冷杉（组别 1）、粗枝云杉（组别 2）、Vc（组别 3）、槲皮素（组别 4）进行编码，通过 SPSS 软件 Probit 模型对不同浓度的 Vc、槲皮素、巴山冷杉和粗枝云杉提取液清除 DPPH 自由基结果进行分析如下：

（1）经 Probit 模型回归计算，各样品浓度清除 DPPH 自由基能力模型分别为 Vc：Probit（P）= –0.859+0.752（lg 浓度）；槲皮素：Probit（P）= –0.804+0.752（lg 浓度）；巴山冷杉：Probit（P）= –0.983+0.752（lg 浓度）；粗枝云杉：Probit（P）= –0.974+0.752（lg 浓度）。

（2）按照相对中位数潜力表示组别变量中不同样品半抑制浓度的差别，不同组别其 95%置信区间越接近 1.000，说明其清除 DPPH 自由基的能力越接近。通过数据比较可知，组别 1 与 2 的 95%置信区间比值为 1.029，范围在 0.626～1.692，说明巴山冷杉和粗枝云杉对 DPPH 自由基的清除能力近似相等；组别 3 与 4 的 95%置信区间比值为 1.181，范围在 0.716～1.956，说明 Vc 和槲皮素对 DPPH 自由基的清除能力近似相等。组别 1（巴山冷杉）、组别 2（粗枝云杉）与组别 3（Vc）、组别 4（槲皮素）的比值与 1.000 差距较大，说明巴山冷杉和粗枝云杉与 Vc 和槲皮素相比，清除 DPPH 自由基的能力较差。

（3）半抑制浓度 IC_{50} 为清除率达到 50%时所对应的抗氧化剂浓度，其值越小，说明抗氧化能力越强。通过模型求得，不同样品的 IC_{50} 从小到大依次为槲皮素（11.742μg/mL）<Vc（13.866μg/mL）<巴山冷杉（20.315μg/mL）<粗枝云杉（21.979μg/mL）。

2. 清除 ABTS 自由基能力

将利用超声波提取法得到的巴山冷杉提取液（浓度为 0.938mg/mL）和粗枝云杉提取液（浓度为 0.740mg/mL）分别用 80%乙醇稀释，并依次配制成浓度为 1.5625μg/mL、3.125μg/mL、6.25μg/mL、12.5μg/mL、25μg/mL、50μg/mL、100μg/mL、200μg/mL、400μg/mL 的反应液。

$ABTS^+$·反应液的配制：将称取 0.096g 的 ABTS 和 0.0165g 的过硫酸钾分别用蒸馏水定容至 25mL，即得到浓度为 7mmol/L 的 ABTS 溶液和浓度为 2.45mmol/L 过硫酸钾溶液。将 ABTS 溶液和过硫酸钾溶液以 1∶1 比例混合，在 4℃条件下避光保存 12～16h，制成 $ABTS^+$·反应液。测定前，用 10mmol/L 磷酸缓冲盐溶液（PBS 缓冲液）将反应液稀释至其吸光度在波长 734nm 处为 0.698～0.702。

以槲皮素和 Vc 作为标准对照物。反应前将 $ABTS^+$·反应液预热至 37℃。在 10mL 离心管中加入 100μL 待测液和 3.9mL 反应液，37℃水浴条件下反应 10min 后测定其在 734nm 处的吸光度（A_i）。以 2mL 样品溶液加 2mL 乙醇溶液作为空白对照调零，2mL DPPH 溶液中加入 2mL 乙醇溶液测得吸光度记为 A_c。

$ABTS^+$·清除率 K（%）的计算公式为

$$K=(A_c-A_i)/A_c\times 100\%$$

以待测液的浓度（μg/mL）为横坐标，$ABTS^+$·清除率 K（%）为纵坐标绘制不同浓度反应体系清除 $ABTS^+$·能力图（图 4-6）。结果显示当样品浓度达到 100μg/mL 时，4 组反应体系不再随着样品浓度的提高而提高清除率，清除率由大到小依次为 Vc>粗枝云杉>槲皮素>巴山冷杉。在样品浓度为 0～30μg/mL 时，粗枝云杉的清除能力最强，巴山冷杉的清除能力最弱；当样品浓度继续增大时，Vc 和槲皮素清除能力最高。且在一定范围内，通过增加各样品的浓度，可以达到 $ABTS^+$·清除率以对数关系提高的目的。

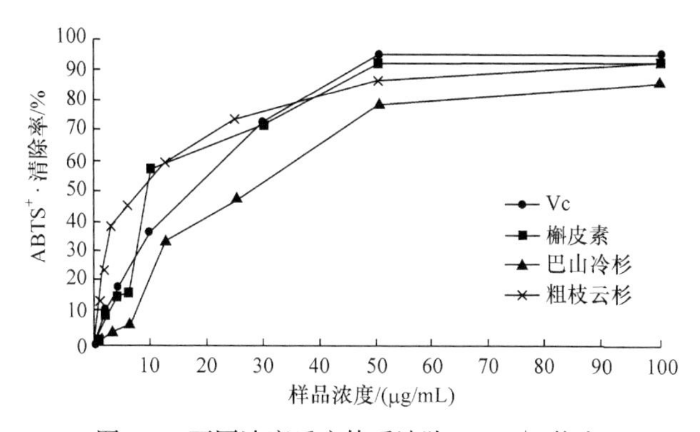

图 4-6 不同浓度反应体系清除 $ABTS^+$·能力

按照巴山冷杉（组别 1）、粗枝云杉（组别 2）、Vc（组别 3）、槲皮素（组别 4）进行编码，通过 SPSS 软件 Probit 模型对不同浓度的 Vc、槲皮素、巴山冷杉和粗枝云杉提取液清除 ABTS 自由基的能力进行分析，结果如下。

（1）经 Probit 模型回归计算，各样品清除 ABTS 自由基的模型分别为 Vc：Probit（P）= −2.086+1.430（lg 浓度）；槲皮素：Probit（P）= −1.361+1.430（lg 浓度）；巴山冷杉：Probit（P）= −1.535+1.430（lg 浓度）；粗枝云杉：Probit（P）= −1.566+1.430（lg 浓度）。

（2）通过比较表 95%置信限度可知，组别 3 与 4 的 95%置信区间比值为 0.951，范围在 0.507～1.771，说明 Vc 和槲皮素对 ABTS 自由基的清除能力近似相等。组别 1（巴山冷杉）与组别 2（粗枝云杉）、组别 3（Vc）、组别 4（槲皮素）的比值与 1.000 差距均较大，且均大于 1.000，说明巴山冷杉和其他三种物质相比，清除 ABTS 自由基的能力相差较远。

（3）通过模型求得，不同样品清除率达到 50%时所对应的抗氧化剂浓度，即 IC_{50} 值从小到大依次为 Vc（2.764μg/mL）、粗枝云杉（6.975μg/mL）、槲皮素（8.956μg/mL）、巴山冷杉（11.836μg/mL），说明粗枝云杉清除 ABTS 自由基的能力与 Vc 相比较差，但强于槲皮素。

以上以 Vc 和槲皮素为对照，采用 DPPH 法和 ABTS 法对巴山冷杉和粗枝云杉黄酮提取物的体外抗氧化性的研究结果表明，在抗氧化实验中，巴山冷杉和粗枝云杉乙醇提取物表现出不同程度的抗氧化活性。DPPH 检测法显示，在样品浓度低于 50μg/mL 时，随着样品浓度的增加，清除率均以对数关系增长，在样品浓度高于 50μg/mL 时，清除率基本趋于稳定值，且最终巴山冷杉对 DPPH 自由基的清除率为 69.9%，IC_{50} 值为 20.315μg/mL；粗枝云杉对 DPPH 自由基的清除率为 66.2%，IC_{50} 值为 21.979μg/mL。巴山冷杉对 DPPH 自由基的清除率稍高于粗枝云杉，均弱于 Vc 和槲皮素。在清除 ABTS 自由基能力检测实验中，当样品浓度低于 100μg/mL 时，随着样品浓度的增加，清除率呈现近似对数关系增长，最终巴山冷杉对 ABTS 自由基的清除率为 86.5%，IC_{50} 值为 11.836μg/mL，粗枝云杉对 ABTS 自由基的清除率为 93.8%，IC_{50} 值为 6.975μg/mL。粗枝云杉对 ABTS 自由基的清除率高于巴山冷杉，稍高于槲皮素，但低于 Vc。

三、生理功能

概括起来，种类繁多、分布广泛的植物源黄酮类化合物对人体功效除抗氧化作用外，还有抗菌、抗病毒活性，抗癌、抗肿瘤活性，抗氧化自由基活性，抗心脑血管疾病活性，抗骨质疏松活性和抗辐射活性等重要作用。

（一）抗菌、抗病毒活性

黄酮类化合物具有广谱的抗菌、抗病毒功效。研究发现，黄酮类化合物对皮肤癣菌、念珠菌、曲霉菌、肝炎病毒、疱疹病毒、HIV、柯萨奇病毒、流感病毒、呼吸道合胞病毒、腺病毒、冠状病毒、登革热病毒和脊髓灰质炎病毒等都有较好的抑制活性。其作用机制主要是通过抑制细菌 DNA 旋转酶，改变细胞质膜的选择透过性，影响细菌代谢，降低病毒聚合酶活性，阻碍病毒核酸转录，抑制病毒衣壳蛋白的结合等发挥抗菌、抗病毒功效（柯春林等，2015）。

（二）抗癌、抗肿瘤活性

黄酮类化合物抗癌、抗肿瘤的作用机制是通过激活肿瘤细胞坏死因子，诱导肿瘤细胞凋亡，抑制致癌因子的活性，影响癌细胞中信号传递，干扰癌细胞周期，促进抗癌基因的表达等（唐浩国，2009）。

（三）抗氧化自由基活性

临床研究发现，许多疾病的产生都与机体内存在大量有害氧化自由基有关。黄酮类化合物可与脂类物质反应，将氢转移给脂类物质自由基后自身形成稳定的酚基自由基，从而抑制氧化反应的继续进行。黄酮类化合物的抗氧化自由基的作用机制与酚类物质（BHT 和 BHA 等）相似，都是与自由基结合，起到抗氧化作用（李小燕等，2014）。

（四）抗心脑血管疾病活性

黄酮类化合物抗心脑血管疾病的机制主要是通过有效抑制心脑血管中血小板的聚集、降低血清胆固醇含量、改善心脑血管供血、保护中枢神经系统等实现的。药理实验表明，天山花楸（*Sorbus tianschanica*）叶总黄酮可明显改善离体心脏心肌缺血症状，对心肌细胞组织有良好的保护作用，可明显降低实验体血清中的 NO 含量（耿玮峥等，2015）。

（五）抗骨质疏松活性

研究发现，黄酮类化合物具有抗骨质疏松的活性，其作用机制是降低破骨细胞内 Ca^{2+}的浓度，提高成骨细胞 *Osterix* 基因的表达，促进其增殖、分化和矿化，影响细胞内信号转导，抑制破骨细胞分化，从而治疗骨质疏松。实验结果表明，骨碎补总黄酮能明显促进 MLO-Y4 细胞的增殖和分化，并对 MLO-Y4 细胞的凋亡有抑制作用（李洋等，2015）。

（六）抗辐射活性

近年来研究发现，黄酮类化合物具有明显的抗辐射作用，其主要作用机制是保护对放射高敏感的造血组织和免疫系统，抑制脂质过氧化，清除机体内大量的有害自由基，降低辐射对 DNA 分子的损伤等。此外，黄酮类化合物还有保肝、降血压血脂、镇咳化痰、抗衰老、提高机体免疫力和解痉等作用。

第三节　黄酮类活性物质的形成

一、生物合成

研究表明，广泛分布于植物的叶、花、果实及根系中的黄酮类化合物的生物合成是由植物体中的葡萄糖分别经过莽草酸途径和乙酸-丙二酸途径分别生成羟基桂皮酸和三个分子的乙酸，然后合成查耳酮类，再衍变为各类黄酮化合物并存储在植物体内的某些组织当中。莽草酸途径主要参与高等植物的苯丙烷类代谢，乙酸-丙二酸途径则为真菌或细菌的合成途径。无论何种途径最终都会合成查耳酮，最后一系列的反应将查耳酮衍变为各类黄酮类化合物。查耳酮类与二氢黄酮类可以互相转化，二者可衍变为二氢黄酮醇、异黄酮、噢哢酮等，其中二氢黄酮醇类可进一步衍生为黄酮醇类和花色素等，异黄酮可进一步衍生为紫檀素类和鱼藤酮类等。双黄酮为裸子植物的特征性成分。

在高等植物体中，通过莽草酸途径可将赤藓糖-4-磷酸（磷酸戊糖途径）与磷酸烯醇式丙酮酸（糖酵解途径）结合，经中产物莽草酸（故名为“莽草酸途径”）转化为芳香族氨基酸——苯丙氨酸和酪氨酸。这两种芳香族氨基酸为苯丙烷类化合物生物合成的起始分子。由苯丙氨酸解氨酶催化苯丙氨酸脱氨形成肉桂酸，进而转化为木质素单体的一系列过程被公认为是苯丙烷类化合物代谢的中心途径。

在植物的组织内多数黄酮与糖结合，以黄酮苷的形式存在，对黄酮类化合物进行糖基化修饰有利于增加产物的稳定性及溶解性。

植物体内的黄酮化合物首先是在细胞质中合成，然后转运到液泡中继续积累（邢文等，2015）。植物光合作用积累的碳水化合物首先经过 EMP 和 PPP 途径形成莽草酸，然后通过一系列反应，莽草酸转化为苯丙氨酸，苯丙氨酸在 PAL、C4H 和 4CL 等酶的作用下形成香豆酰-CoA。植物中丙二酰 CoA 和香豆酰-CoA 在 CHS 酶的催化下反应生成第一个具有 C15 基本骨架的黄酮化合物——查耳酮，合成查耳酮之后，它再进一步转化和生成各种黄酮化合物，最终在 DFR、UFGT 等酶的作用下形成花色素和花色苷。

黄酮类化合物的生物合成首先通过苯丙烷途径将苯丙氨酸转化为香豆酰-CoA，

香豆酰-CoA 再进入黄酮合成途径与 3 分子丙二酰 CoA 结合生成查耳酮，然后经过分子内的环化反应生成二氢黄酮类化合物。二氢黄酮是其他黄酮类化合物的主要前体物质，通过不同的分支合成途径，可以分别生成黄酮、异黄酮、黄酮醇、黄烷醇和花色素等（邹丽秋等，2016）。

（一）酚酰-CoA 的形成

酚酰-CoA（包括香豆酰-CoA 和肉桂酰-CoA）是黄酮类化合物生物合成的起始物质。L-苯丙氨酸在苯丙氨酸解氨酶（PAL）的作用下能生成反式肉桂酸，然后反式肉桂酸在肉桂酸 4-羟化酶（C4H）的作用下能转化为香豆酸，而 L-酪氨酸能在酪氨酸解氨酶（TAL）的作用下直接转化为香豆酸。香豆酸和肉桂酸在香豆酰-CoA 连接酶（4C）的作用下分别形成相应的酚酰-CoA。

（二）从酚酰-CoA 到二氢黄酮

二氢黄酮主要包括柚皮素和松属素。查耳酮合成酶（CHS）是黄酮类化合物合成途径中的第 1 个限速酶,它能将 3 分子的丙二酰 CoA 和 1 分子的香豆酰-CoA 或者肉桂酰-CoA 结合形成一个具有 C13 结构的柚皮素查耳酮或松属素查耳酮。查耳酮异构酶（CHI）是黄酮类化合物代谢途径中的第 2 个关键酶，第 1 个 *CHI* 基因能使 CHS 的催化产物发生分子内环化。柚皮素查耳酮和松属素查耳酮在 CHI 的催化下能形成柚皮素和松属素。

（三）从二氢黄酮到各类黄酮类化合物

二氢黄酮类化合物能在黄酮合酶（FNS）催化下在 2，3 位脱氢形成双键生成黄酮类化合物，也能在异黄酮合成酶（IFS）的催化下将芳香基团从 2 位向 3 位转移生成异黄酮类化合物。二氢黄酮类化合物能在黄烷酮-3-羟化酶（F3H）的作用下生成二氢槲皮素和二氢山柰素等二氢黄酮醇类化合物，之后又在黄酮醇合酶（FLS）的作用去饱和形成黄酮醇类化合物。F3H 能在 5，7，4-黄烷酮 C3 位进行羟化反应，生成合成黄烷酮和花色素的重要中间产物二氢山柰素，因此 F3H 是控制黄酮合成与花青素苷积累的分流节点，是整个类黄酮代谢途径的中枢（Xiong et al.,2016）。二氢黄酮醇类化合物能在二氢黄酮醇-4-还原酶（DFR）的作用下生成无色花色素类化合物，之后又在无色花色素还原酶（LAR）的作用下转化为儿茶酚等黄烷醇类化合物。二氢黄酮醇 4-还原酶（DFR）是花青素和鞣质合成途径中的关键酶，它是一个重要的分支点。原花色素是植物应对生物及非生物胁迫的一种重要化合物，而 LAR 是参与原花色素生物合成的一个关键酶。

（四）黄酮类化合物的结构修饰

黄酮类化合物合成中含有 PAL 酶、C4H 酶、4CL 酶、CHS 酶、CHI 酶与它们的相关基因。其中，PAL 酶催化苯丙氨酸生成肉桂酸和香豆酸等物质，是连接苯丙烷化合物和初级代谢的关键酶，对于调节黄酮化合物合成具有重要的作用。C4H 酶是植物细胞色素 P450 中 CYP73 系列的一种单氧化酶，在不同植物中的生化特性已经非常明确，C4H 酶作为植物苯丙氨酸代谢途径中的第二个酶，它催化底物肉桂酸合成香豆酸，催化活力较高，K_m 值在 2～30μmol/L。4CL 酶是植物体中苯丙氨酸代谢过程中的最后一个酶，它催化香豆酸生成对应的 CoA 酯，4CL 酶在植物体的根、茎、叶中都有表达，在植物根系中活性最强。CHS 酶是属于聚酮合酶家族的一员，它是黄酮类化合物合成途径中第一个与黄酮和异黄酮合成关系非常密切的酶，也是合成途径过程中重要的限速酶。CHI 酶也是黄酮类化合物合成途径中的一个关键酶，它催化立体异构化的查耳酮合成相关联的（2S）-黄烷酮。黄酮类化合物在甲基和糖基转移酶等修饰酶的催化下能形成多种黄酮类衍生物。

二、影响生物合成的因素

近年来，有关环境对黄酮类成分的影响及分子机制方面的研究有了较大进展，已经明确紫外辐射、高光强、低温、高 CO_2 浓度、适度干旱以及合理的施肥等因素均可以促进黄酮类成分的合成，其中，光照和温度是两大影响因素，可以直接影响到合成途径中关键酶的活性，对植株中黄酮的含量有明显的调节作用（潘俊倩等，2016）。CO_2 浓度只是一个间接影响因素，主要是通过影响黄酮类物质前体的数量来影响其合成，并且 CO_2 的同化速率还会受到光照和水分的影响；矿质营养虽然可以影响酶的活性，但在植物的不同部位会表现出不同的影响效果；土壤水分对黄酮类物质生物合成的影响效果和机制还需进一步研究。但是目前环境对黄酮类成分的研究工作多集中在单一环境因素方面，而对于多种环境因素的综合作用，以及合成途径下游黄酮的调控机制方面研究较为薄弱，具体表现在：①各种环境因素中，对光照影响机制的研究相对较多，水分及矿质营养等方面的研究较少，有关多种环境因素综合作用方面的研究涉及极少。②环境作用机制方面的研究多集中在 PAL、CHS 两种酶的活性和基因表达，其他下游黄酮合成酶及分子机制的研究较少。③合成途径中各个酶之间相互协同或抑制方面的研究较少。因此，加强相关的基础性研究应该是今后的主要研究方向。

三、生物合成的调控

在自然状况下，具有 C6-C3-C6 基本骨架的黄酮化合物大多与糖类物质结合为苷分布于植物中，使植物适应环境压力包括生物压力和非生物压力，同时具有抗氧化、抑菌、抗炎和抗肿瘤等生物功能。为有效进行植物生长过程中黄酮化合物的调控和黄酮化合物资源开发利用，现就植物体内黄酮化合物的合成、积累与调控研究情况概述如下。

（一）基因对黄酮化合物的调控

植物体中黄酮类化合物的合成不仅与 *PAL*、*CHS* 及 *CHI* 等结构基因的表达有关系，而且与调节结构基因表达的 *MYB*、*bHLH* 及 *D40* 等调控基因密切相关。最新的研究发现，MYB 转录因子对不同植物结构基因及黄酮合成的影响不同，在葡萄的生长过程中，R2R3MYB 转录因子表达量与葡萄黄酮合成密切相关，R2R3MYB 转录因子可以作为一种分子时钟和关键调控者来识别和鉴定葡萄黄酮化合物合成过程的相关酶，促进黄酮的积累，而在转入银杏 *Gb MYBF2* 基因的拟南芥植物中，*Gb MYBF2* 基因的过量表达却抑制了拟南芥类黄酮和花青素合成途径中 *CHS*、*FLS* 等结构基因的表达，从而降低了植物中槲皮黄酮、山柰酚及花青素的含量，Gb MYBF2 转录因子对于银杏黄酮的合成可能是一个抑制因子（周明等，2016）。

（二）生物因子对黄酮化合物的调控

生物因子是植物本身或其他生物的有机体，如肽类、糖类、真菌、脂肪酸及糖蛋白等，目前研究较多的是糖类和真菌。在植物中，蔗糖可以作为黄酮合成信号分子促进 *CHS* 基因的表达，进而利于黄酮化合物的积累。

（三）环境因素对黄酮类化合物的调控

1. 光照

光照是植物生长过程中的一个重要环境因子，光照条件以及适当光照强度和光质影响黄酮类成分在植物组织中的含量和分布，对植物活性成分的合成具有非常重要的作用。研究表明，光照能促进植物中类黄酮合成相关基因的表达，如 *VLMYBA1-2*、*MYB* 及 *PAL* 等基因，从而提高植物类黄酮的含量（Xu et al.,2014）。

光强对于不同植物黄酮类化合物的影响不同。对于大多数植物，随着光强的增加，其体内黄酮类化合物的含量也增加。光质除了作为一种能源控制植物的光合作用外，还作为一种触发信号影响植物的生长（称为光形态建成）。光信号被植物体内不同的光受体感知，即光敏素、蓝光/近紫外光受体（隐花色素）、紫外光受体。不同光质触发不同光受体，进而影响植物的光合特性、生长发育、抗逆和衰老以及植物的次生代谢活动等。一般地，随着光强的增大，多数植物黄酮类化合物含量增加。光质影响的一般情况是短波段的光（如蓝光）可以促进黄酮物质的积累，长波段的光（如红光）抑制黄酮物质的积累。

紫外线对植物中黄酮类化合物影响的研究是当前研究的热点。占据了 7%太阳光的紫外线辐射通常分为 3 个波段：UV-C（200～280nm），UV-B（280～320nm），UV-A（320～400nm）。每个波段有不同的能量和不同的生态显著性。其中，UV-A 和 UV-B 穿透能力较强，它们可以穿透臭氧层到平流层，因此可能会损害植物。植物抗 UV 辐射的能力，或适应 UV 辐射增强的能力，大多数与其所含的黄酮类化合物，如黄酮、黄酮醇、花青素等对紫外线的吸收有关。一般认为，紫外辐射的增强可诱导植物产生较多的黄酮等紫外吸收物质，增强抗氧化能力，减少紫外辐射对植物自身的伤害。当紫外线辐射强度发生变化时（从紫外线缺乏、弱紫外线、正常环境紫外线到强紫外线），随着紫外线辐射强度的增加，不同植物中黄酮类化合物的含量对紫外线的响应不同。研究表明，蓝光和紫外光可以调节关键酶基因的表达，如促进次生代谢关键酶苯丙氨酸解氨酶（PAL）和黄酮代谢上游关键酶查耳酮合成酶（CHS）等酶的合成。在紫外线辐射下植物体内黄酮类化合物的含量升高。

2. 温度

温度是通过控制植物体中的能量和相关物质代谢途径中的一些酶来影响植物生长和活性成分的积累，较低的平均温度有利于黄酮类物质的积累，主要原因是低温可以使黄酮类成分合成途径中相关酶的活性大幅度增加。高温或低温都会影响植物次生代谢产物合成酶活性。研究结果显示，温度从 18℃升到 28℃时，矮大豆的异黄酮含量可减少 90%。增加昼夜温差也可以促进黄酮的生物合成（陈书秀等，2012）。

3. 水分

水分是植物生长过程中必不可少的因素。土壤含水量对黄酮化合物的合成有一定的影响，适度干旱能够增加植物中黄酮类物质的含量，也就是说偏低的土壤含水量反而会激发 PAL、C4H 等酶的活性最终促进类黄酮化合物的合成（孙坤等，2015）。目前，关于土壤水分对黄酮类物质影响的报道不尽一致，干旱对 PAL 的影响尚不完全清楚，作者推测水分的胁迫程度及不同植物之间可能存在较大的差异。

4. 矿物质营养

土壤中的营养物质对于植物生长和次生代谢产物的合成有着重要的作用，土壤中钾元素缺乏就会降低植物中总黄酮的含量，但氮元素缺乏反而会增强 MYB 及 b HLH 转录因子的表达，最终促进黄酮合成，同时磷元素缺乏也会提高 *CHS* 及 *CHI* 基因表达量，促进植物黄酮合成和积累。因此，适量限制氮、磷肥的施用有利于黄酮类物质的积累。另外，Zn^{2+}、B^{3+}、Cu^{2+}、Ca^{2+}、Mn^{2+}等微量元素缺乏有可能会影响黄酮的生物合成。银杏愈伤组织中黄酮醇糖苷的含量随 Zn^{2+}、B^{2+} 浓度的增加而增加，但随 Mn^{2+}浓度的增加而减少。在红豆杉愈伤组织培养中，Cu^{2+}可以通过增强 PAL 的活性促进黄酮醇苷的合成，适量的 Ca^{2+}作为 UV-A、UV-B 和蓝光的传导信号，可以诱导 CHS 合成。适当浓度的 Ce^{4+}可促进悬浮培养的南方红豆杉细胞 PAL 的活性，增加总黄酮含量。有研究报道，稀土元素也能够促进黄酮化合物的合成，0.05mmol/L 的 Ce^{3+}能促进水母雪莲愈伤组织的生长和总黄酮的合成；盐胁迫可以促进植物 F3H 的表达，利于黄酮醇的合成。

5. 紫外辐射

紫外辐射（UV-B）处理能够显著增强植物中 PAL 酶的活性，促进黄酮的合成，短时间的 UV-B 处理有利于植物黄酮的积累，植物长时间暴露在紫外线中反而会使黄酮合成量减少。不同波长的紫外照射对植物黄酮的合成影响不同，UV-B 比 UV-C 照射更有利于植物黄酮的合成（沈云玫等，2015）。

6. NO、CO_2 及 C_2H_2 气体

植物初生代谢产物是次生代谢产物合成的能量和原料来源。大量生产实践证明，采用一定浓度的环境气体处理植物有利于黄酮的积累。例如，高浓度的 CO_2 气体有利于黄酮合成的前体物质碳水化合物的积累，从而促进植物黄酮的合成。适当增加 CO_2 浓度可以减少升温对黄酮合成的负面影响。由于没有 CO_2 浓度与黄酮合成直接相关的研究证据，推测可能是较高的 CO_2 浓度有利于初生代谢产物的积累，增加黄酮合成的前体物质，从而有利于黄酮的合成。在 20℃温度下，0.1%的植物内源激素乙烯（C_2H_2）气体可以显著促进猕猴桃中黄酮的合成（周明等，2016）。

7. 外源激素与农药

研究证实，水杨酸、茉莉酸及其衍生物等外源激素都能在一定程度上增强 PAL 酶活性，促进 *PAL*、*C4H* 及 *4CL* 等基因表达，最终促进黄酮合成与积累。喷洒 60%吡虫啉溶液的化橘红中柚皮苷含量比对照组要低，但高于药典标准（于晶等，2011）。

第四节 黄酮类活性物质的生产

一、青杆黄酮

青杆为云杉属中分布较为广泛的树种之一，集用材、药用、观赏和生态于一体。目前，关于青杆黄酮类化合物研究较多，内容涉及多酚类物质组成与含量（邓心蕊等，2012）、黄酮类化合物提取及其抗生物活性（王飞等，2016；李德海等，2012）、黄酮类物质药理作用（陈良胜等，2012）、原花青素与多酚类物质的提取

及抗氧化活性评价（郑洪亮等，2014）等方面，现就不同方法对青杆黄酮类化合物制取研究结果介绍如下。

（一）超声提取青杆针叶黄酮工艺

1. 超声提取工艺的选择

1）料液比对青杆针叶黄酮提取率的影响

在超声功率为 300W，超声时间为 30min，超声温度为 45℃的条件下，分别按 1∶10g/mL、1∶20g/mL、1∶30g/mL、1∶40g/mL 以及 1∶50g/mL 的青杆叶粉与 50%的乙醇溶液（体积分数）的料液比进行实验。结果表明，黄酮的提取率随料液比的加大，即乙醇使用量的增加而升高。当料液比达到 1∶20g/mL 时，黄酮提取率为 3.84%，继续增加乙醇溶液的用量，黄酮的提取率不再有升高。尽管当料液比为 1∶40g/mL 时的黄酮提取率比 1∶20g/mL 时的黄酮提取率高一些，但考虑成本，选取 1∶20g/mL 较为适宜。

2）乙醇浓度对青杆针叶黄酮提取率的影响

在超声时间为 30min，超声功率为 300W，超声温度为 45℃的条件下，以青杆叶粉分别与 30%、40%、50%、60%、70%、80%以及 90%的乙醇溶液按照 1∶20g/mL 的料液比进行实验。结果表明，乙醇浓度的影响作用较为明显，乙醇浓度在 20%～50%时，黄酮提取率会随着提高，当乙醇浓度为 50%时，提取率为 4.03%（达到最高）。乙醇浓度超过 50%时，提取率下降较明显，可能是由于乙醇浓度过高，影响了黄酮的浸提纯度和提取率。

3）超声功率对青杆针叶黄酮提取率的影响

在青杆叶粉与 50%的乙醇溶液为 1∶20g/mL 的料液比，超声时间为 30min，超声温度为 45℃的条件下，进行不同超声功率（200W、300W、400W、500W）的实验。结果表明，超声功率在 200～300W，黄酮提取率提高明显，超声功率为 300W 时，黄酮的提取率为 3.75%（达到最大）。超声功率超过 300W 时，黄酮提取率缓慢下降，可能是功率太大，破坏了黄酮结构，影响得率。

4）超声时间对青杆针叶黄酮提取率的影响

在青杆叶粉与 50%乙醇溶液为 1∶20g/mL 的料液比，300W 的超声功率，45℃超声温度的条件下，进行不同超声时间（20mim、30min、40min、50min、60min、70min）的实验。结果表明，在超声时间 20～50min，黄酮提取率会随着提取时间的延长，而逐渐升高。当超声时间为 50min 时，提取率达到 3.89%（达到最大），超过 50min 时，随着提取时间的延长，黄酮提取率迅速降低。这可能是由于提取时间越长，整个反应体系的温度会越高，使黄酮结构变得不稳定，最终影响了黄酮的得率。

5）超声温度对青杆针叶黄酮提取率的影响

在青杆叶粉与50%的乙醇溶液为1∶20g/mL的料液比，超声功率300W、超声时间30min的条件下，进行不同超声温度（35℃、45℃、55℃、65℃以及75℃）实验。结果表明，较低的温度不利于黄酮的提取。超声温度逐渐升高，黄酮提取率得到了大幅度提升，温度在45～65℃时，黄酮提取率增加缓慢，在65℃时提取率达到最大，继续升高温度，便不利于黄酮的提取。这和长时间超声提取导致的体系温度过高一样，影响黄酮的结构的稳定性，使得率下降。

2. 超声提取法工艺优化

根据box benhnken design（BBD）原理，选择乙醇浓度、超声时间、超声功率和超声温度4个影响因素，以1∶20g/mL为最佳料液比，采用Design Expert 8.0.6软件，设计四因素三水平实验（表4-1），进行青杆针叶黄酮的超声提取工艺优化。其中，*A*为乙醇浓度/%、*B*为超声功率/W、*C*为超声时间/min、*D*为超声温度/℃。

1）模型方程的建立

乙醇浓度（*A*）、超声功率（*B*）、超声功率（*C*）和超声温度（*D*）四个因素对青杆针叶黄酮提取率（*Y*）的影响分析结果见表4-1。

表4-1 超声提取青杆针叶黄酮工艺选择响应面实验设计和结果

实验号	乙醇浓度（*A*）/%	超声功率（*B*）/W	超声时间（*C*）/min	超声温度（*D*）/℃	黄酮提取率（*Y*）/%
1	50	300	50	65	4.066
2	50	300	40	75	3.778
3	60	300	40	65	3.738
4	50	400	60	65	3.862
5	50	200	60	65	3.652
6	60	200	50	65	3.561
7	40	200	50	65	3.712
8	60	300	60	65	3.641
9	40	400	50	65	3.669
10	50	200	50	55	3.589
11	50	300	40	55	3.699
12	50	400	50	55	3.823
13	50	400	40	65	3.798
14	50	300	60	55	3.734
15	50	400	50	75	3.681
16	50	300	60	75	3.637

续表

实验号	乙醇浓度（A）/%	超声功率（B）/W	超声时间（C）/min	超声温度（D）/℃	黄酮提取率（Y）/%
17	60	400	50	65	3.895
18	60	300	50	55	3.516
19	60	300	50	75	3.742
20	40	300	40	65	3.698
21	50	300	50	65	4.126
22	40	300	50	55	3.708
23	40	300	50	75	3.503
24	50	200	40	65	3.798
25	50	300	50	65	4.132
26	50	200	50	75	3.697
27	50	300	50	65	4.128
28	40	300	60	65	3.639
29	50	300	50	65	4.106

采用 Design Expert 软件经回归拟合后，得到模型方程：

$$Y = 4.11 + 0.014A + 0.060B - 0.029C - 0.002583D + 0.094AB - 0.0095AC + 0.11AD$$
$$+ 0.052BC - 0.063BD - 0.044CD - 0.25A^2 - 0.16B^2 - 0.17C^2 - 0.24D^2$$

式中，Y 为黄酮提取率（%）；A 为乙醇浓度（%）；B 为超声功率（W）；C 为超声时间（min）；D 为超声温度（℃）。

2）方差分析

模型的显著性差异检验及方差分析的结果表明，此模型为极显著，其分析结果是可信的，模型的失拟项 $p>0.05$，表明模型误差小。模型的 R^2 为 0.9922，说明影响因素与黄酮提取率之间关系显著。预测 R^2 为 0.9844，与校正 R^2（0.9686）很接近，说明模型的拟合度好，可以利用此回归方程来分析和预测青杆针叶黄酮的超声提取工艺（表 4-2）。

超声功率（B）和超声时间（C）是影响黄酮提取率的极显著因素（$p<0.01$）。各因素 F 值可反映出对提取率的重要性，F 值越大，则影响越大。可判断 4 个因素对黄酮提取率的影响顺序为超声功率>超声时间>乙醇体积分数>超声温度。4 个因素两两的交互作用中，乙醇浓度（A）和超声时间（C）之间的交互作用对黄酮提取率的影响不显著（$p>0.05$），其余因素之间的交互作用对黄酮提取率的影响均极显著（$p<0.01$）。模型方程中有不显著项（$p>0.05$），将这些项删除简化，调整得到的新模型 $p<0.0001$，模型 R^2（0.9918）的降幅很小，模型可信度高。简化后的方程为

$$Y = 4.11 + 0.060B - 0.029C + 0.094AB + 0.11AD + 0.052BC$$
$$- 0.063BD - 0.044CD - 0.25A^2 - 0.16B^2 - 0.17C^2 - 0.24D^2$$

式中，Y 为黄酮提取率（%）；A 为乙醇浓度（%）；B 为超声功率（W）；C 为超声时间（min）；D 为超声温度（℃）。

表 4-2　回归方程的方差分析结果

方差来源	平方和	自由度	均方	F 值	p 值	显著性差异
模型	0.93	14	0.066	127.38	<0.0001	**
A	2.241×10^{-3}	1	2.241×10^{-3}	4.30	0.0570	
B	0.043	1	0.043	82.67	<0.0001	**
C	9.861×10^{-3}	1	9.861×10^{-3}	18.92	0.0007	**
D	8.008×10^{-5}	1	8.008×10^{-5}	0.15	0.7009	
AB	0.036	1	0.036	68.18	<0.0001	**
AC	3.610×10^{-4}	1	3.610×10^{-4}	0.69	0.4192	
AD	0.046	1	0.046	89.12	<0.0001	**
BC	0.011	1	0.011	21.16	0.0004	**
BD	0.016	1	0.016	29.98	<0.0001	**
CD	7.744×10^{-3}	1	7.744×10^{-3}	14.86	0.0018	**
A^2	0.41	1	0.41	789.20	<0.0001	**
B^2	0.17	1	0.17	328.38	<0.0001	**
C^2	0.19	1	0.19	361.00	<0.0001	**
D^2	0.38	1	0.38	724.00	<0.0001	**
残差	7.296×10^{-3}	14	5.211×10^{-4}			
失拟性	4.292×10^{-3}	10	4.292×10^{-4}	0.57	0.7844	
纯误差	3.003×10^{-3}	4	7.508×10^{-4}			
总和	0.94	28				

注：残差表示实际值和预测值之间的差；失拟性表示方程的可靠性；纯误差表示除自变量外其他因素对因变量的影响。

**表示 p<0.01，表明影响极显著。

3）响应面图分析

一般来说，在 Design Expert 软件分析得到的各因素交互影响的响应面图中，各因素间交互作用的曲线走势越陡，表明影响越显著；而曲线越平滑，表明其影响越小。响应面图分析结果显示。

（1）当超声功率一定时，乙醇浓度增大，黄酮得率增加，在乙醇浓度为 50% 的时候，提取率增至峰值。继续增大乙醇浓度，黄酮提取率下将迅速；而当乙醇浓度一定时，随着超声功率的增大，提取率亦呈现先上升后降低的趋势。超声功率在 300～350W，乙醇浓度在 45%～50%范围内，响应值较大。两者等高线排列呈椭圆形，表明乙醇浓度（*A*）与超声功率（*B*）之间的交互作用，是黄酮提取率（*Y*）的显著影响因素。

（2）乙醇浓度（*A*）和超声温度（*D*）的响应面坡度较陡，在一定范围内黄酮提取率呈先上升后下降的趋势，超声功率在 300～350W，超声时间在 45～50min 范围内，响应值较大，两者的交互作用对实验具有显著影响力。两者等高线排列呈椭圆形，表明乙醇浓度（*A*）与超声温度（*D*）的交互作用，对黄酮提取率（*Y*）的影响显著。

（3）超声功率（*B*）和超声时间（*C*）之间的交互作用也很复杂。当超声功率一定时，超声提取时间延长，黄酮提取率会增大，但提取时间太久，导致提取率的降低。同样，当超声时间一定，提取率也随超声功率的增大呈现先上升后降低的趋势。总体来看，超声功率在 300～350W，超声时间在 45～50min 范围内，响应值较大。超声功率（*B*）和超声时间（*C*）交互作用的等高线呈椭圆形，表明两者的交互作用对黄酮提取率（*Y*）的影响显著。

（4）超声功率（*B*）和超声温度（*D*）的响应面坡面较陡，在一定范围内，黄酮提取率会随着其中一个因素的增大呈先上升后下降的趋势。超声功率在 300～350W，超声温度在 60～65℃范围内，响应值较大。两者等高线亦呈椭圆形，表明超声功率（*B*）和超声温度（*D*）的交互作用对黄酮提取率（*Y*）的影响显著。

（5）当超声时间一定时，升高超声提取温度，黄酮提取率呈现上升趋势，达到峰值之后继续升高超声温度，黄酮提取率下降，而当超声温度一定时，黄酮提取率也会随着超声时间的延长呈现先上升后降低的趋势。超声时间在 45～50min，超声温度在 60～65℃范围内，响应值最大。两者等高线排列紧密，且呈椭圆形，表明超声时间（*C*）与提取温度（*D*）两者间的交互作用，对黄酮提取率（*Y*）的影响显著。

4）验证实验

依据实验的条件，经 Design Expert 8.0.6 软件分析得到的最佳工艺条件为乙醇浓度 50.63%、超声功率 319.63W、超声时间 49.46min、超声温度 64.88℃，提取率可达 4.11869%。考虑到实际应用，将各工艺条件调整为乙醇浓度 51%、超声温度 65℃、超声时间 50min、超声功率 320W，此时的黄酮提取率为 4.09512%，与理论值（4.11869%）接近。表明该模型可用来优化青杆针叶黄酮的提取工艺，其条件参数可靠。

（二）微波辅助提取青杆针叶黄酮工艺

1. 微波辅助提取工艺选择

1）料液比对青杆针叶黄酮提取率的影响

准确称取 0.5g 青杆针叶粉末，置于 150mL 的具塞锥形瓶中，按不同的料液比（1∶10g/mL、1∶15g/mL、1∶20g/mL、1∶25g/mL、1∶30g/mL），加入体积分数为 50%的乙醇溶液中。将锥形瓶置于 65℃的恒温水浴锅中预热，静置浸提 30min；结束后再将锥形瓶放入 320W 的微波炉中提取 30s；然后趁热抽滤，将样液用 50%的乙醇溶液定容至 50mL 的容量瓶中；最后以 4000r/min 的转速离心 10min，取上清液测定。结果表明，增加乙醇用量，黄酮的提取率也逐渐升高，当料液比达到 1∶20g/mL 时，提取率基本趋于稳定，继续增加乙醇溶液的用量，黄酮的提取率不再有大的变化。当料液比为 1∶25g/mL 时的黄酮提取率达到峰值，但与 1∶20g/mL 时的提取率相差不多。因此，考虑到成本，选取 1∶20g/mL 即可。

2）乙醇浓度对青杆针叶黄酮提取率的影响

准确称取 0.5g 青杆针叶粉末，置于 150mL 的具塞锥形瓶中，按 1∶20g/mL 的料液比分别加入 30%、40%、50%、60%、70%、80%和 90%的乙醇溶液。将锥形瓶置于 65℃的恒温水浴锅中预热，静置浸提 30min；再将锥形瓶放入 320W 的微波炉中提取 30s；趁热抽滤，将样液用 50%的乙醇溶液定容至 50mL 的容量瓶中；最后以 4000r/min 的转速离心 10min，取上清液测定。结果表明，乙醇浓度在 20%～50%的范围内，黄酮提取率会随着乙醇浓度的升高而提高；当乙醇浓度在 50%～60%范围内，提取率基本没有大的变化，50%时提取率最高。乙醇浓度在 60%～70%范围内，提取率下降较明显。可能是由于过高的乙醇浓度，使细胞中一些醇溶性物质浸出，降低了黄酮的浸提纯度和提取率。

3）静置时间对青杆针叶黄酮提取率的影响

准确称取 0.5g 青杆针叶粉末，置于 150mL 的具塞锥形瓶中，按 1∶20g/mL 的料液比加入 50%的乙醇溶液。将锥形瓶置于 65℃的恒温水浴锅中预热，分别静置不同的时间（30min、60mim、90min、120min）；结束后再将锥形瓶放入 320W 的微波炉中提取 30s；然后趁热抽滤，将样液用 50%的乙醇溶液定容至 50mL 的容量瓶中；最后以 4000r/min 的转速离心 10min，取上清液测定。结果表明，提取时间的变化先升高后降低。在 30～60min 的范围内，黄酮提取率会随着静置时间的延长，迅速升高。在 60～90min 的范围内，提取率升高缓慢，静置时间为 90min 时，提取率达到峰值。故后续实验的静置时间选取 60min 为宜。继续延长静置提取时间，黄酮提取率迅速降低。这可能是由于浸提时间越长，整个反应体系的温度会越高，黄酮结构变得不稳定，同时其他的杂质溶出，最终影响了黄酮的得率。

4）静置温度对青杆针叶黄酮提取率的影响

准确称取 0.5g 青杆针叶粉末，置于 150mL 的具塞锥形瓶中，按 1∶20g/mL 的料液比加入 50%的乙醇溶液。将锥形瓶置于恒温水浴锅中，在不同温度（35℃、45℃、55℃、65℃、75℃）条件下预热，静置浸提 30min 后再将锥形瓶放入 320W

的微波炉中，微波提取 30s；然后趁热抽滤，将样液用 50%的乙醇溶液定容至 50mL 的容量瓶中；最后以 4000r/min 的转速离心 10min，取上清液测定。结果表明，较低的温度不利于黄酮的提取。静置温度在 35～65℃的范围内提升，黄酮提取率会随着温度升高而大幅升高，在 65℃时提取率达到最大；温度高于 65℃后，黄酮的提取率降低。这可能是由于温度过高，导致黄酮结构不稳定，得率下降。

5）微波功率对青杆针叶黄酮提取率的影响

准确称取 0.5g 青杆针叶粉末，置于 150mL 的具塞锥形瓶中，按 1∶20g/mL 的料液比加入 50%的乙醇溶液。将锥形瓶置于 65℃的恒温水浴锅中，静置浸提 30min；结束后再将锥形瓶放入微波炉中，不同功率（160W、320W、480W、640W、800W）的条件下提取 30s；然后趁热抽滤，将样液用 50%的乙醇溶液定容至 50mL 的容量瓶中；最后以 4000r/min 的转速离心 10min，取上清液待定。结果表明，在 160～480W 的微波功率范围内，黄酮提取率较高，微波功率为 320W 时，黄酮的提取率最大，微波功率超过 480W，微波随着功率的增大，黄酮提取率下降明显。可能是由于功率太大，使得青杆黄酮的结构被破坏，影响最终得率。

6）微波时间对黄酮提取率的影响

准确称取 0.5g 青杆针叶粉末，置于 150mL 的具塞锥形瓶中，按 1∶20g/mL 的料液比加入 50%的乙醇溶液。将锥形瓶置于在 65℃的恒温水浴锅中预热，静置浸提 30min；结束后再将锥形瓶放入 320W 的微波炉中，微波提取不同时间（30s、60s、90s、120s）；然后趁热抽滤，将样液用 50%的乙醇溶液定容至 50mL 的容量瓶中；最后以 4000r/min 的转速离心 10min，取上清液测定，每组 3 个重复。实验结果表明，微波提取的时间在 30～90s 范围内，黄酮提取率较高，微波时间为 60s 时，提取率最大，超过 60s，黄酮提取率迅速降低。这可能是由于微波提取时间越长，整个反应体系的温度会越高，高温下黄酮结构变得不稳定，最终影响了黄酮的得率。

2. 微波辅助提取工艺优化

根据响应面 box benhnken design（BBD）实验设计原理，在 1∶20g/mL 的料液比和 60min 静置提取时间下，选择乙醇浓度、静置温度、微波功率和微波时间 4 个影响因素，采用 Design Expert 8.0.6 软件，设置四因素三水平实验，进行青杆针叶黄酮的微波辅助提取工艺优化。

1）模型方程的建立

利用响应面法，考察乙醇浓度（A）、静置温度（B）、微波功率（C）、微波时间（D）4 个因素对青杆针叶总黄酮提取率（Y）的影响，设计与结果见表 4-3。

采用 Design-Expert 软件经回归拟合后，得到模型方程：

$$
\begin{aligned}
Y = &3.79 + 0.037A + 0.037B + 0.005917C - 0.009333D - 0.015AB \\
&- 0.047AC + 0.016AD + 0.029BC - 0.053BD + 0.012CD \\
&- 0.044A^2 - 0.067B^2 - 0.082C^2 - 0.078D^2
\end{aligned}
$$

式中，Y 为黄酮提取率（%）；A 为乙醇浓度（%）；B 为静置温度（℃）；C 为微波功率（W）；D 为微波时间（s）。

表 4-3　微波提取青杆针叶黄酮工艺选择响应面实验设计及结果

实验号	乙醇浓度（A）/%	静置温度（B）/W	微波功率（C）/min	微波时间（D）/℃	黄酮提取率（Y）/%
1	50	65	320	60	3.806
2	50	75	160	60	3.658
3	60	65	160	60	3.738
4	50	65	320	60	3.802
5	50	75	480	60	3.732
6	40	65	320	30	3.661
7	50	65	320	60	3.812
8	50	65	320	60	3.741
9	50	65	160	90	3.609
10	40	75	320	60	3.699
11	50	65	160	30	3.649
12	40	55	320	60	3.597
13	60	65	320	30	3.708
14	50	65	480	90	3.644
15	60	65	320	90	3.731
16	50	65	320	60	3.807
17	50	55	480	60	3.589
18	40	65	160	60	3.574
19	50	55	320	30	3.572
20	60	55	320	60	3.698
21	50	75	320	90	3.606
22	40	65	320	90	3.618
23	60	65	480	60	3.653
24	50	55	160	60	3.632
25	50	75	320	30	3.742
26	40	65	480	60	3.677
27	50	55	320	90	3.648
28	60	75	320	60	3.739
29	50	65	480	30	3.636

2）方差分析

模型显著性差异的检验及方差分析的结果见表 4-4。表中模型的 $p<0.0001$，表明此模型极显著，分析结果可信；模型的失拟项 $p>0.05$，表明模型误差小。模型的 R^2 为 0.9666，说明影响因素与黄酮提取率之间关系显著。预测 R^2 为 0.9332，与校正 R^2（0.9079）接近，说明模型的拟合度好，可以利用此回归方程分析和预测青杆针叶黄酮的微波提取工艺。

乙醇浓度（A）和静置温度（B）都是影响黄酮提取率的极显著因素（$p<0.01$）。由各因素的 F 值可判断，上述 4 个因素对黄酮提取率（Y）的影响大小顺序为乙醇浓度>静置温度>微波时间>微波功率。4 因素两两交互作用中，乙醇浓度（A）和微波功率（C）、静置温度（B）和微波功率（C）、静置温度（B）和微波时间（D）的交互作用对黄酮提取率的影响均呈极显著（$p<0.01$），而乙醇浓度（A）和静置温度（B）、乙醇浓度（A）和微波时间（D）、微波功率（C）和微波时间（D）的交互作用对黄酮提取率的影响呈不显著（$p>0.05$）。模型方程中有不显著项（$p>0.05$），将这些项删除简化，调整得到的新模型 $p<0.0001$，模型 R^2（0.9489）的降幅很小，模型可信度高。简化后的方程为

$$Y = 3.79 + 0.037A + 0.037B + 0.005917C - 0.009333D - 0.047AC \\ + 0.029BC - 0.053BD - 0.044A^2 - 0.067B^2 - 0.082C^2 - 0.078D^2$$

式中，Y 为黄酮提取率（%）；A 为乙醇浓度（%）；B 为静置温度（℃）；C 为微波功率（W）；D 为微波时间（s）。

表 4-4　回归方程方差分析结果

方差来源	平方和	自由度	均方	F 值	p 值	显著性差异
模型	0.14	14	0. 010	28.95	<0.0001	**
A	0.016	1	0.016	46.25	<0.0001	**
B	0. 016	1	0. 016	46.04	<0.0001	**
C	4.201×10^{-4}	1	4.201×10^{-4}	1.20	0.2920	
D	1.045×10^{-3}	1	1.045×10^{-3}	2.98	0.1061	
AB	9.302×10^{-4}	1	9.302×10^{-4}	2.65	0.1255	
AC	8.836×10^{-3}	1	8.836×10^{-3}	25.22	0.0002	**
AD	1.089×10^{-3}	1	1.089×10^{-3}	3.11	0.0997	
BC	3.422×10^{-3}	1	3.422×10^{-3}	9.77	0.0075	**
BD	0. 011	1	0. 011	32.06	<0.0001	**
CD	5.760×10^{-3}	1	5.760×10^{-3}	1.64	0.2206	
A^2	0.013	1	0.013	35.71	<0.0001	**
B^2	0.029	1	0.029	81.98	<0.0001	**

续表

方差来源	平方和	自由度	均方	F值	p值	显著性差异
C^2	0.043	1	0.043	123.48	<0.0001	**
D^2	0.039	1	0.039	111.32	<0.0001	**
残差	4.906×10^{-3}	14	3.504×10^{-4}			
失拟性	1.397×10^{-3}	10	1.397×10^{-4}	0.16	9914	
纯误差	3.509×10^{-3}	4	8.773×10^{-4}			
总和	0.15	28				

注：残差表示实际值和预测值之间的差；失拟性表示除方程的可靠性；纯误差表示除自变量外其他因素对因变量的影响。

**表示 p<0.01，表明影响极显著。

3）响应面图分析

乙醇浓度（A）和微波功率（C）的影响面坡面较陡。当乙醇浓度一定时，黄酮提取率随着乙醇浓度的增大，而呈现上升趋势，在乙醇体积分数为 50%的时候，提取率最大。继续增大乙醇浓度，黄酮提取率迅速下降，而微波功率一定时，乙醇浓度增大，提取率提高，到峰值后便又下降。乙醇浓度在 50%～55%，微波功率在 240～320W 范围内，响应值最大。两者等高线呈椭圆形，表明乙醇体积分数（A）与微波功率（C）间的交互作用，对黄酮提取率（Y）的影响显著。

静置温度（B）和微波功率（C）的响应面坡面较陡，在一定范围内，黄酮提取率会随着其中一个因素的增大，呈先上升后下降的趋势。静置温度在 65～70℃，微波功率在 240～320W 范围内，响应值较大。两者等高线呈椭圆形，表明静置温度（B）和微波功率（C）的交互作用对黄酮提取率（Y）的影响显著。

静置温度（B）和微波时间（D）的交互作用为显著影响条件。当微波时间一定时，随着静置温度的增大，黄酮提取率呈现上升趋势，达到峰值之后继续升高静置温度，黄酮提取率下降；而当静置温度一定时，黄酮提取率也会随着微波时间的延长呈现先上升后降低的趋势。静置温度在 65～70℃，微波时间在 50～60s 范围内响应值最大。两者等高线呈椭圆形，表明静置温度（B）和微波时间（D）的交互作用显著影响黄酮提取率（Y）。

4）验证实验

依据实验的条件，经 Design Expert 8.0.6 分析，得到青杆针叶黄酮微波辅助提取的最佳工艺条件为乙醇浓度 53.64%、静置温度 67.75℃、微波功率 315.39W、微波时间 56.47s，提取率可达 3.8578%。考虑到实际应用，将各工艺条件调整为乙醇浓度 55%、静置温度 68℃、微波功率 320W、微波时间 60s，在此条件下，实际测得的提取率为 3.8344%，与理论值（3.8578%）接近。表明该模型可用来优化青杆针叶黄酮的微波提取工艺，该条件准确可靠。

综上分析，超声提取法利用超声波的空化效应和热效应，使得植物中组织被粉碎，加快有效成分的溶出，在一定程度上缩短了提取时间，提高了提取效率。微波提取对提取目的物具有很强选择性、提取出的目的物纯度高、产生废物少、提取过程能耗低，极符合节能与环保特点，使得微波提取在天然产物的提取中有很大的应用前景，尤其适合热敏性物质的提取。作者利用优化后的工艺条件进行实验，结果证明，超声提取时间较微波提取时间，操作也更简单，且在同一乙醇体积分数和提取温度条件下，超声提取青杆针叶黄酮的得率（4.09512%）高于微波提取青杆针叶黄酮的得率（3.8344%），但在提取时间上稍有差异。超声提取时间为 50min 最好，微波提取时需提前静置提取 60min，再进行微波提取 60s，才能达到最好提取效果。

二、粗枝云杉黄酮

以粗枝云杉粉末为试材，乙醇为提取溶剂，在 45℃、40min、300W、50%，1∶40g/mL、40min、300W、50%，1∶40g/mL、45℃、40min、50%，1∶40g/mL、45℃、300W、50%，1∶40g/mL、45℃、40min、300W 条件下，分别进行了 1∶10g/mL、1∶20g/mL、1∶30g/mL、1∶40g/mL、1∶50g/mL 料液比，35℃、45℃、55℃、65℃、75℃超声温度，200W、300W、400W、500W 超声功率，20min、30min、40min、50min、60min、70min 超声时间，20%、30%、40%、50%、60%、70%、80%、90%乙醇浓度实验，研究了各因素对粗枝云杉黄酮提取率的影响，实验结果见图 4-7。

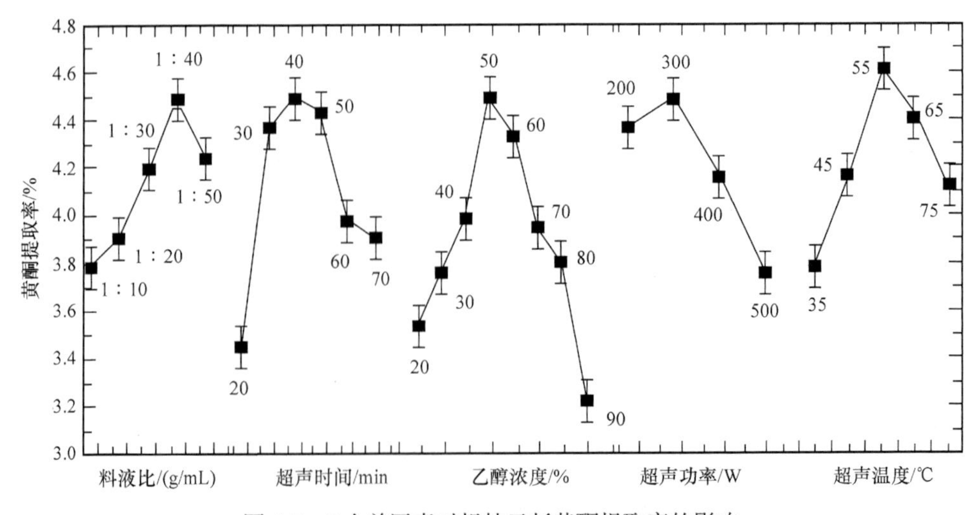

图 4-7　5 个单因素对粗枝云杉黄酮提取率的影响

在超声温度 45℃、超声功率 300W、超声时间 40min 和乙醇浓度 50%条件下，料液比分别为 1∶10g/mL、1∶20g/mL、1∶30g/mL、1∶40g/mL、1∶50g/mL 时，对粗枝云杉的黄酮提取率变化趋势的实验结果显示，当料液比从 1∶10g/mL 增加到 1∶40g/mL 时，测得的黄酮提取率以近直线趋势增加，继续增加乙醇的用量，提取率下降，因此，1∶40g/mL 的料液比有利于最大限度提取粗枝云杉中的黄酮成分。

在料液比 1∶20g/mL、超声温度 45℃、超声功率 300W 和乙醇浓度 50%的条件下，超声时间分别为 20min、30min、40min、50min、60min、70min 时，粗枝云杉的黄酮提取率变化趋势的实验结果显示，超声时间从 20min 延长至 30min 时，黄酮提取率提高了约 1%；超声处理时间延长至 40min 时可达到 4.5%的最高提取率，继续延长处理时间导致有效成分结构被破坏，造成提取率下降。

在料液比 1∶20g/mL、超声温度 45℃、超声功率 300W 和超声时间 40min 的条件下，乙醇浓度分别为 20%、30%、40%、50%、60%、70%、80%、90%时，粗枝云杉的黄酮提取率变化趋势的实验结果显示，不同浓度的乙醇溶液对粗枝云杉黄酮提取率的影响呈现近似抛物线关系变化。通过提高乙醇溶液的浓度在一定范围内可以达到增加提取率的效果。一般在用乙醇做提取溶剂时，90%左右的高浓度乙醇适用于提取苷元，用 60%左右的乙醇提取苷类（唐浩国，2009），同时高浓度乙醇会溶解较多的杂质，综合考虑 50%的乙醇浓度为最优选择。

在料液比 1∶20g/mL、超声温度 45℃、超声时间 40min 和乙醇浓度 50%的条件下，超声功率分别为 200W、300W、400W、500W 时，粗枝云杉的黄酮提取率变化趋势的实验结果显示，在 200～300W 功率范围内，提高超声功率，加速了细胞壁的破裂和溶剂的渗入，使黄酮提取率随之提高；当提取率在 300W 达到最高值后，继续提高超声功率时气泡爆破冲击力减弱，致使空化作用减弱，提取率出现下降趋势。

在料液比 1∶20g/mL、超声功率 300W、超声时间 40min 和乙醇浓度 50%条件下，超声温度分别为 35℃、45℃、55℃、65℃、75℃时，粗枝云杉的黄酮提取率变化趋势的实验结果显示，当超声温度在 35～55℃范围内，粗枝云杉黄酮提取率和温度呈正比关系，通过提高温度可以使黄酮类化合物分子运动速率加大，达到提升扩散速度、增加提取率的目的。当温度高于 55℃时，可能对一些黄酮分子结构造成破坏，使提取液中黄酮含量降低。因此，提取粗枝云杉黄酮时选择温度为 55℃最合适。

参照单因素实验结果，确定料液比为 1∶40g/mL。按照中心组合设计（box benhnken design，BBD）原理，应用 Design Expert 8.0.6 软件，以超声温度、超声功率、超声时间和乙醇浓度四因素为自变量，以黄酮提取率为响应值，采用四因素三水平的响应面分析法对粗枝云杉针叶中黄酮的超声提取工艺进行优化。黄酮进行提取工艺优化的实验设计方案及结果见表 4-5。

表 4-5　超声提取粗枝云杉黄酮工艺的响应面分析方案及结果

序号	超声温度（A）/℃	乙醇浓度（B）/%	超声功率（C）/W	超声时间（D）/min	黄酮提取率（Y）/%
1	65	50	200	40	4.105
2	45	50	300	30	4.057
3	55	45	200	40	4.381
4	55	50	300	40	4.784
5	55	40	300	50	4.563
6	55	50	300	40	4.744
7	55	50	400	30	4.240
8	55	60	300	50	4.435
9	45	40	300	40	4.343
10	55	40	400	40	4.424
11	55	50	200	50	4.312
12	65	50	300	30	4.385
13	55	50	300	40	4.808
14	55	60	400	40	4.322
15	45	50	400	40	4.087
16	55	50	300	40	4.788
17	55	50	200	30	4.134
18	55	50	400	50	4.293
19	65	50	300	50	4.251
20	55	40	300	30	4.301
21	45	60	300	40	4.406
22	65	40	300	40	4.516
23	55	50	300	40	4.710
24	65	50	400	40	4.469
25	55	60	300	30	4.375
26	55	60	200	40	4.292
27	65	60	300	40	4.304
28	45	50	300	50	4.453
29	45	50	200	40	4.259

注：序号 4、6、13、16、23 为用于衡量实验误差的中心实验点，其他组为析因实验点。

经过软件的分析计算得到粗枝云杉针叶黄酮提取率 Y（%）与自变量 A、B、C 和 D 的回归方程为

$$Y = 4.77 + 0.035A + 0.033B + 0.029C + 0.068D - 0.069AB + 0.13AC - 0.13AD - 0.050BD - 0.25A^2 - 0.12B^2 - 0.29C^2 - 0.23D^2$$

式中，Y 表示粗枝云杉黄酮提取率（%）；A 表示超声温度（℃）；B 表示乙醇浓度（%）；C 表示超声功率（W）；D 表示超声时间（min）。

粗枝云杉黄酮提取工艺的响应面回归分析（表 4-6）显示，该回归模型的 p 值小于 0.01，为极显著关系；失拟项 p=0.7790，大于 0.05，为不显著，说明该模型拟合度好，可以用于粗枝云冷杉黄酮提取率的分析和预测。决定系数 R^2=0.9877，说明自变量与响应值关系显著，与实际 R^2=0.9754 接近，说明预测值和实际值误差不大，结果可信。综上所述，此模型分析得到的回归方程可以表示自变量和响应值之间的关系，可用于粗枝云杉黄酮提取工艺的分析和优化。

表 4-6　超声提取粗枝云杉黄酮工艺的响应面回归分析

方差来源	平方和	自由度	均方	F 值	p 值	差异显著性
模型	1.22	14	0.087	80.31	<0.0001	**
A	0.015	1	0.015	13.93	0.0022	**
B	0.013	1	0.013	11.97	0.0038	**
C	0.010	1	0.010	9.55	0.0080	**
D	0.055	1	0.055	51.22	<0.0001	**
AB	0.019	1	0.019	17.49	0.0009	**
AC	0.072	1	0.072	66.46	<0.0001	**
AD	0.070	1	0.070	64.98	<0.0001	**
BC	4.225×10^{-5}	1	4.225×10^{-5}	0.039	0.8461	
BD	0.010	1	0.010	9.44	0.0083	**
CD	3.906×10^{-3}	1	3.906×10^{-3}	3.61	0.0781	
A^2	0.41	1	0.41	375.79	<0.0001	**
B^2	0.096	1	0.096	89.11	<0.0001	**
C^2	0.54	1	0.54	504.23	<0.0001	**
D^2	0.34	1	0.34	316.74	<0.0001	**
残差	0.015	14	1.081×10^{-3}			
失拟性	8.957×10^{-3}	10	8.957×10^{-4}	0.58	0.7790	不显著
纯误差	6.173×10^{-3}	4	1.543×10^{-3}			
总和	1.23	28				

注：失拟性表示方程的可靠性；纯误差表示除自变量外其他因素对因变量的影响。
**表示 p<0.01，影响为极显著。残差表示实际值和预测值之间的差。

从表 4-6 的回归分析结果中的 p 值可知，实验设计中的超声温度、乙醇浓度、超声功率与超声时间四个因素对粗枝云杉的黄酮的提取产生极显著的影响（$p<0.01$），但各因素的影响程度不同，从 F 值可知超声时间的影响程度最大，功率的影响程度最弱。在四因素的交互作用中，*AB*、*AC*、*AD* 和 *BD* 的交互作用对黄酮提取率的影响均呈现下开口、上凸面的响应面图，极显著关系（$p<0.01$），其他交互作用均为不显著（$p>0.05$）。

通过 Design Expert 8.0.6 软件对粗枝云杉黄酮提取率和提取因素的回归方程分析可得，采用超声波辅助法，以浓度为 48.15%的乙醇水溶液作为溶剂，在温度 55.75℃，以及功率 306.14W 的环境中处理 41.43min，此时粗枝云杉的黄酮提取率理论值（4.777%）为软件分析中的最高值。在实际操作中，将参数因子依次更正为 48%、56℃、300W、41min，此时实测提取率为 4.745%，与模型分析计算的理论值有 0.032%的误差。

三、巴山冷杉黄酮

冯慧英等（2016）以乙醇为提取溶剂，测定了 1∶10g/mL、1∶20g/mL、1∶30g/mL、1∶40g/mL、1∶50g/mL 料液比，25℃、35℃、45℃、55℃、65℃超声温度，200W、300W、400W、500W、600W 超声功率，20min、30min、40min、50min、60min 超声时间和 30%、40%、50%、60%、70%乙醇浓度分别在 45℃、40min、300W、50%，1∶20g/mL、40min、300W、50%，1∶20g/mL、45℃、40min、50%，1∶20g/mL、45℃、300W、50%，1∶20g/mL、45℃、40min、300W 条件下的巴山冷杉黄酮提取率，考察了料液比、超声温度、超声功率、超声时间和乙醇浓度在内的 5 个因素对巴山冷杉黄酮提取率的影响（图 4-8）。

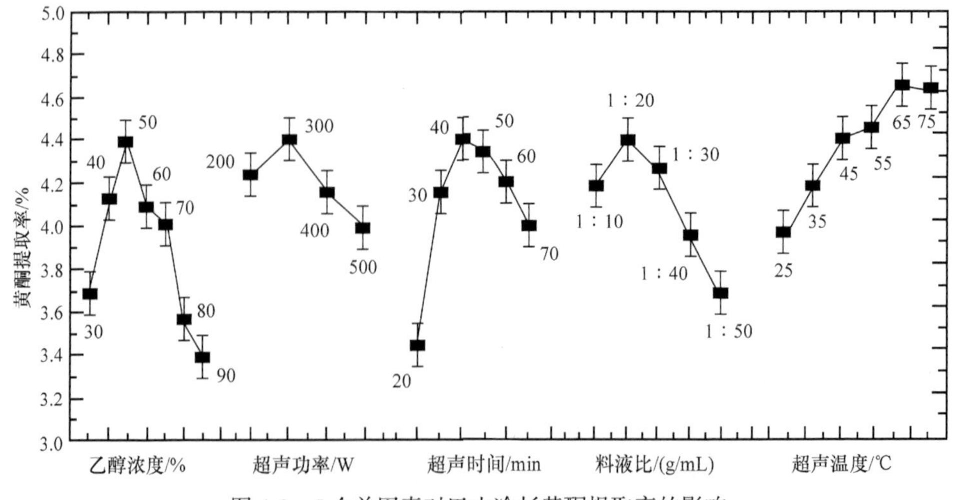

图 4-8　5 个单因素对巴山冷杉黄酮提取率的影响

参照单因素实验结果，确定料液比为 1∶20g/mL。根据中心组合设计（box benhnken design，BBD）原理，以超声温度、超声功率、超声时间和乙醇浓度等因素为自变量，以黄酮提取率为响应值，应用 Design Expert 8.0.6 软件，通过四因素（超声温度、超声功率、超声时间和乙醇浓度）三水平（−1、0、1）的响应面分析法对巴山冷杉黄酮的超声提取工艺进行优化。实验结果见图 4-8。其中，四因素的三水平分别为：55℃、200W、30min、40%，65℃、300W、40min、50%，75℃、400W、50min、60%。

在料液比 1∶20g/mL、超声温度 45℃、超声功率 300W 和超声时间 40min 的条件下，乙醇浓度分别为 30%、40%、50%、60%、70%、80%、90%时，巴山冷杉的黄酮提取率变化趋势显示，通过增加乙醇溶液的浓度，巴山冷杉的黄酮提取率在 30%～90%乙醇浓度范围内，随着乙醇浓度增加先提高后减小，并在 50%时达到最大值，在 60%和 70%时提取率近似相等，这说明巴山冷杉中黄酮类化合物有两种形式：黄酮苷元和糖苷。当乙醇浓度较低时，黄酮苷元的溶出量较低，糖苷的溶出量较多；当乙醇浓度较高时，前者增加，后者减少。在 60%～70%范围内，溶出的黄酮苷元和糖苷两种形式的黄酮类化合物总量不变，出现平缓现象。从成本及能耗方面考虑，选择最佳乙醇浓度为 50%。

在料液比 1∶20g/mL、超声温度 45℃、超声时间 40min 和乙醇浓度 50%条件下，超声功率分别为 200W、300W、400W、500W 时，巴山冷杉的黄酮提取率变化趋势显示，在超声功率为 200～300W 功率范围内，功率的增加加速了细胞壁的破裂和溶剂的渗入，黄酮提取率随之提高；当黄酮提取率在 300W 时达到最高值（约 4.5%）后，继续增加功率，会对黄酮的提取率起到反效果。这是由于此时气泡数量虽然增加但爆破冲击力减弱，致使空化作用减弱。同时功率过高，可能在实验过程中造成足以破坏黄酮结构的高温，因此，最适合的超声功率为 300W。

在料液比 1∶20g/mL、超声温度 45℃、超声功率 300W 和乙醇浓度 50%条件下，超声功率分别为 20min、30min、40min、50min、60min、70min 时，巴山冷杉的黄酮提取率变化趋势显示，黄酮提取率与超声时间的关系大致呈抛物线变化。在 20～40min 范围内，两者呈正比关系，提取率在 40min 到达峰值后，两者近似反比。因此，超声波提取以 40min 为佳。

在超声温度 45℃、超声功率 300W、超声时间 40min 和乙醇浓度 50%条件下，料液比分别为 1∶10g/mL、1∶20g/mL、1∶30g/mL、1∶40g/mL、1∶50g/mL 时，巴山冷杉的黄酮提取率变化趋势显示，料液比为 1∶20g/mL 时曲线达到峰值，说明 1∶20g/mL 的料液比已足够将巴山冷杉中的有效成分全部溶解，继续提高料液比，超声波加热的负荷会增大，在其他条件一定的情况下，达到提取完全所需时间延长，影响巴山冷杉的黄酮提取率。因此，选择 1∶20g/mL 的料液比最合适。

在料液比 1∶20g/mL、超声功率 300W、超声时间 40min 和乙醇浓度 50%条件下，超声温度分别 25℃、35℃、45℃、55℃、65℃、75℃时，巴山冷杉的黄酮提取率变化趋势显示，在 65℃之前，黄酮提取率和温度成正比关系，达到峰值后趋于稳定。高温加强了黄酮的溶解和扩散，加快了其溶出的速度，但随着温度的继续增高，黄酮可能被氧化破坏，同时从能耗角度考虑，选择温度为 65℃为宜。

应用 Design Expert 8.0.6 软件中的中心组合设计（box benhnken design，BBD）设计原理对巴山冷杉针叶黄酮提取工艺选择实验结果见表 4-7。

表 4-7　超声提取巴山冷杉黄酮工艺选择的响应面分析方案及结果

序号	超声温度（*A*）/℃	超声时间（*B*）/min	超声功率（*C*）/W	乙醇浓度（*D*）/%	黄酮提取率（*Y*）/%
1	55	40	300	60	4.663
2	65	50	300	60	4.726
3	65	40	400	60	4.665
4	75	40	300	60	4.704
5	65	30	400	50	4.629
6	55	40	400	50	4.594
7	65	40	200	60	4.691
8	65	30	300	60	4.742
9	55	40	200	50	4.466
10	55	50	300	50	4.569
11	65	40	300	50	4.804
12	65	40	300	50	4.816
13	65	40	400	40	4.629
14	55	30	300	50	4.507
15	65	40	300	50	4.807
16	65	50	300	40	4.646
17	65	30	300	40	4.573
18	65	30	200	50	4.548
19	55	40	300	40	4.505
20	65	40	300	50	4.788
21	75	40	200	50	4.623
22	75	50	300	50	4.639
23	65	50	200	50	4.586
24	75	30	300	50	4.627
25	75	40	400	50	4.587
26	65	50	400	50	4.638
27	65	40	300	50	4.798
28	75	40	300	40	4.623
29	65	40	200	40	4.501

注：表中序号 11、12、15、10、27 为用于衡量实验误差的中心实验点，其他为析因实验。

经过软件的分析计算得到巴山冷杉黄酮提取率 Y（%）与编码自变量 A、B、C 和 D 的回归方程为

$$Y = 4.80 + 0.042A + 0.015B + 0.027C + 0.059D - 0.013AB - 0.041AC - 0.019AD - 0.007BC - 0.022BD - 0.038CD - 0.12A^2 - 0.084B^2 - 0.12C^2 - 0.055D^2$$

式中，Y 为巴山冷杉黄酮提取率（%）；A 为超声温度（℃）；B 为超声时间（min）；C 为超声功率（W）；D 为乙醇浓度（%）。

响应面实验的回归分析结果（表 4-8）显示，本实验所用回归模型 $p<0.01$，为极显著；失拟项 $p=0.3662$，不显著，说明该模型拟合度良好，误差小，可以用于计算和推测巴山冷杉的黄酮提取率。决定系数 $R^2=0.9923$，与实际 R^2 接近，说明自变量与响应值关系显著，且预测值和实际值误差不大，结果可信。综上分析，此模型分析得到的回归方程可以表示自变量和响应值之间的关系，可用于分析和优化巴山冷杉黄酮提取工艺。

表 4-8　超声提取巴山冷杉黄酮工艺的响应面回归分析

方差来源	平方和	自由度	均方	F 值	p 值	差异显著性
模型	0.27	14	0.019	128.54	<0.0001	**
A	0.021	1	0.021	139.35	<0.0001	**
B	2.64×10^{-3}	1	2.64×10^{-3}	17.73	0.0009	**
C	8.91×10^{-3}	1	8.911×10^{-3}	59.84	<0.0001	**
D	0.042	1	0.042	285.31	<0.0001	**
AB	6.2×10^{-4}	1	6.25×10^{-4}	4.20	0.0597	
AC	6.72×10^{-3}	1	6.724×10^{-3}	45.16	<0.0001	**
AD	1.48×10^{-3}	1	1.482×10^{-3}	9.95	0.0070	**
BC	2.102×10^{-4}	1	2.102×10^{-4}	1.41	0.2545	
BD	1.980×10^{-3}	1	1.980×10^{-3}	13.30	0.0026	**
CD	5.929×10^{-3}	1	5.929×10^{-3}	39.82	<0.0001	**
A^2	0.10	1	0.10	676.67	<0.0001	**
B^2	0.046	1	0.046	309.27	<0.0001	**
C^2	0.091	1	0.091	610.51	<0.0001	**
D^2	0.019	1	0.019	129.43	<0.0001	**
残差	2.085×10^{-3}	14	1.489×10^{-4}			
失拟性	1.649×10^{-3}	10	1.649×10^{-4}	1.52	0.3662	
纯误差	4.352×10^{-4}	4	1.088×10^{-4}			
总和	0.27	28				

注：残差表示实际值和预测值之间的差；失拟性表示方程的可靠性；纯误差表示除自变量外其他因素对因变量的影响。

**表示 $p<0.01$，表明影响为极显著。

实际上，实验中的超声温度、超声时间、超声功率与乙醇浓度四个因素的改变都会对巴山冷杉针叶中的黄酮物质的提取产生不同程度的影响，且影响为极显著关系（$p<0.01$），尤其是超声温度影响程度最大，超声时间影响相对最小。在四个影响要素的交互作用中，*AC*、*AD*、*BD*、*CD* 这四组两因素的相互影响对巴山冷杉的黄酮提取率的影响为极显著，其他则为不显著。

通过 Design Expert 8.0.6 软件分析可知，在实验设计的研究范围内，巴山冷杉的黄酮提取率的峰值可达 4.821%，最佳的提取条件是将乙醇浓度调整至 55.18%、超声温度设定为 66.25℃、超声功率强度在 300.88W 下处理 40.10min。考虑到实际生产中仪器设备的限制性，可将条件分别更改为乙醇浓度 55%、超声温度 66℃、超声功率 300W 和超声时间 40min，以此为提取条件进行 3 次重复实验后得到的黄酮提取率的实测值为 4.817%，与回归方程的计算值仅有 0.004%的误差，说明通过该模型优化所得的工艺条件可信度较高。

第五节　黄酮类活性物质的利用

理论和实践都证明，多酚、原花青素及黄酮类化合物均是天然植物中常见的抗氧化物质。黄酮类化合物是葛根、补骨脂、黄芩、银杏、沙棘、槐米等临床常用中药材的主要活性成分（周宗宝等，2017）。该类化合物不仅数量众多，而且结构复杂，具有许多重要的生理活性，如抗氧化、抗癌、抗炎、抗菌、抗病毒、抗变态反应、抗糖尿病并发症、抗心血管疾病、抗衰老、免疫调节、抗炎镇痛、抗糖尿病、抗辐射等作用，可做酶抑制剂并对中枢神经系统有保护作用。黄酮类化合物在抗肿瘤方面应用较多，在其他方面也有应用，如细胞的防护、抗凝血、抑制细菌生长、调节激素、抗氧化、抗衰老等作用。

一、临床应用

黄酮类化合物是多种中药中的主要活性成分，但黄酮类化合物单独在临床上的应用较少，目前临床上使用的黄酮类药物，主要是银杏叶片和醋柳黄酮片，其他主要体现在中药方剂的临床应用。陈敬贤等（2012）进行的芪升合剂（组成：黄芪 15g、当归 12g、升麻 15g 和虎杖 15g）对大肠患者化疗致骨髓抑制影响的临床应用研究，发现芪升合剂能有效干预大肠癌患者化疗所致骨髓抑制，是安全低毒的中药复方。张良玉等（2012）发现主要成分为黄酮类化合物的生血宝合剂与紫杉醇配合应用可以减低化疗的血液毒性，防治化疗所致的白细胞低下，并具有明显减轻恶性肿瘤化疗毒性反应的作用。殷文慧等（2012）发现生血宝合剂治疗 GP（吉西他滨联合顺铂）能明显改善 GP 化疗后骨髓抑制的不良反应，有增效减毒的作用。

二、保健食品

目前，广泛使用的含黄酮类功能因子的食品有以下几种。

（1）苦荞麦，又称“鞑靼荞麦”，主要含芦丁、儿茶素等黄酮类及苦荞多酮、膳食纤维、皮素、桑色素、三价铬、植物甾醇等成分，主要生理功能为调节血糖。芦丁类物质有强化血管物质（PMP）的功效，可调节血脂，阻碍白血病细胞增殖、防止大脑老化及老年痴呆症和抑制黑色素形成以达到美容等功效。目前开发的功能食品有苦荞面条、苦荞保健茶等。

（2）蜂胶总计含有72种黄酮，可调节血糖，本身为广谱抗生素，也可防治糖尿病并发症，使患者“三多一少”的症状逐步改善，可能是黄酮类、萜烯类、苷类以及Ca、Mg、K、P、Zn等协同作用的结果，其还可起到调节血脂、辅助抑制肿瘤、延缓衰老、清除自由基等作用。蜂胶的安全性较高，但要注意蜂胶制备过程中的铅污染，故婴儿和孕妇不宜食用。巴西专家认为蜂胶可在短期内快速改善口渴、饥饿、尿频、四肢酸懒、全身乏力等症状，使血糖值、尿糖值很快降到正常水平，故蜂胶是防治糖尿病及其并发症的天然珍品。

（3）桑叶中含*N*-糖化合物、芸香苷、槲皮素、挥发油、氨基酸、维生素及微量元素等多种活性成分，具有降糖、降脂、降压、抗菌和抗病毒等多种药理活性。近年来，国内外学者对桑叶降血糖活性成分进行了深入研究，从桑叶中分离出6种生物碱（1-DNJ、N-Me-DNJ、GAL-DNJ、fagomine、DAB和Calystegin B2）及其衍生物并确定其结构。研究发现：N-Me DNJ、GAL-DNJ、fagomine都可显著地降低血糖水平，其中GAL-DNJ和fagomine降糖作用最强，桑叶总多糖能明显增加肝糖原、降低肝葡萄糖含量，对四氧嘧啶糖尿病小鼠有显著的降血糖作用。

（4）槲皮素及其衍生物广泛存在于山楂、苹果、洋葱、茶叶、蜂蜜、葡萄等中。虽然番石榴也具有降压、降糖及降脂作用，有效成分可能是黄酮类和多酚类，日本已开发出番石榴多酚茶饮料。但是，番石榴对正常胰岛素型病人有效，对低胰岛素分泌病人无效。

三、药品

许多黄酮类化合物有药用价值，如来自松树皮的黄酮、来自葡萄籽中的白藜芦醇、来自酸果蔓汁中的花青素和大豆异黄酮均有防止动脉粥样硬化和抗中风、心肌梗死以及冠心病的效果。楝科植物向天果同时富含人参和银杏中的重要成分皂苷和黄酮化合物，用于治疗糖尿病、高血压、过敏性疾病、内分泌失调等。槐米中的芦丁和陈皮中的陈皮苷，能降低血管的脆性，改善血管的通透性、降低血脂和胆固醇，用于防治老年高血压和脑出血。由银杏叶制成的舒血宁片含有黄酮和双黄酮类，用于冠心病、心绞痛的治疗。大豆异黄酮又名“植物雌激素”（因其化学结构与天然雌激素十分相似），它在人体内同样能与雌激素受体结合，故能有效预防一系列与激素有关的疾病（其中包括乳腺癌、骨质疏松症和更年期综合征等）。目前黄酮类药物主要用于冠心病、心绞痛的治疗，使用最多的为醋柳黄酮片及银杏叶片。科学研究证实，白藜芦醇可有效预防中风与冠心病。从葡萄皮和葡萄籽中提取所得的黄酮类物质“白藜芦醇”现已成为国际市场上的畅销天然药物。此外，葛根、黄芩、槲寄生、桑白皮、银杏叶、侧柏叶、槐米、红花、蒲黄、雪莲、石韦、淫羊藿、罗布麻叶均为含黄酮类及其苷类的中药材。实际上，迄今为止真正开发上市的黄酮类保健药物只有区区几种，而已发现的植物黄酮至少有几千种之多，随着生物科学技术发展将会有越来越多的植物黄酮陆续被开发成为新型药物，其市场前景无限广阔。

小　　结

广泛分布于云冷杉植物叶、花、果实及根系中的黄酮类化合物在人类的健康及饮食方面具有抗菌、抗病毒、抗氧化、抗衰老、抗疲劳、降血脂、抗癌等特殊生理功效与重要作用，受到了普遍重视。目前，关于黄酮化合物的研究主要集中在提取纯化、结构鉴定、生物活性和作用机理及生物合成与调控等方面（周明等，2016）。而对黄酮类化合物抗氧化性成分和不同时期、不同部位的黄酮活性，以及黄酮合成酶 cDNA 与启动子结构与功能、调控基因作用机理、环境条件对植物蛋白质组差异表达影响及基因转录组数据分析等方面还有待于进一步研究。

植物体中的黄酮类化合物的生物合成是由植物体中的葡萄糖分别经过莽草酸途径和乙酸-丙二酸途径分别生成羟基桂皮酸和三个分子的乙酸，然后合成查耳酮类，再衍变为各类黄酮化合物并存储在植物体内的某些组织当中。遗传因素与紫外辐射、高光强、低温、高 CO_2 浓度、适度干旱以及合理的施肥等环境因素均可以影响黄酮类成分的合成。目前已从多种云冷杉植物中分离得到 65 种黄酮类化合物，主要为黄酮、黄酮醇、二氢黄酮、二氢黄酮醇、查耳酮、黄烷醇及双黄酮等。

云冷杉黄酮类物质提取方法较多。在溶剂提取法中，水提法成本较低，安全性高，但是提取效率不高。以乙醇作为浸提剂，虽然成本比水高一些，但是较之其他提取剂，如甲醇等安全得多，成本也较低，因此采用较多。超声辅助提取法和微波辅助提取法均为云冷杉黄酮类物质的常用提取方法，且以超声提取法为较优。超声辅助提取青杆针叶黄酮的最佳工艺条件为乙醇浓度为 50.63%、超声温度为 64.88℃、超声时间为 49.46min、超声功率为 319.63W，此条件下的总黄酮提取率为 4.11869%。微波辅助提取青杆针叶黄酮的最佳工艺条件为乙醇浓度 53.64%、静置温度 67.75℃、微波功率 315.39W、微波时间 56.47s 时，此条件下的黄酮提取率为 3.8578%。超声波辅助提取巴山冷杉黄酮最佳提取条件为乙醇浓度 55%、超声温度 66℃、超声功率 300W、超声时间 40min，黄酮提取率的实测值为 4.817%。超声波辅助提取粗枝云杉黄酮成分的最佳条件为超声温度 56℃，乙醇浓度 48%，超声功率 300W，超声时间 41min，在此条件下黄酮提取率为 4.745%。

云冷杉黄酮具有较强的抗氧化活性且天然无毒，是天然抗氧化剂的良好资源。研究发现，青杆针叶中黄酮的抗氧化能力较强，其还原力强于相同浓度的芦丁，但不及 Vc 和槲皮素。巴山冷杉对 DPPH 自由基清除率稍高于粗枝云杉，对 ABTS 自由基清除率低于粗枝云杉，稍高于槲皮素，但弱于 Vc。

参 考 文 献

常博，肖琳婧，张健，等，2014. 云南黄果冷杉的化学成分[J]. 中国药科大学学报，45（1）: 43-47.

陈敬贤，沈小珩，2012. 芪升合剂对大肠癌患者化疗致骨髓抑制的影响[J]. 中国中西医结合杂志，32(9): 1161-1165.

陈良胜，方应权，2012. 松针黄酮类物质药理作用研究进展[J]. 中外医疗，(17): 5-6.

陈书秀，崔翠菊，王虎，等，2012. 温度对谷皮菱形藻生长及其理化成分的影响[J]. 生物技术进展，2（1）: 48-51.

邓心蕊，王振宇，2012，不同生态条件下红皮云杉和红松主要多酚类物质含量研究[J]. 中国林副特产，（6）: 7-9.

冯慧英，樊金拴，刘滨，等，2016. 巴山冷杉黄酮的提取鉴定及其抗氧化性分析[J]. 食品工业，(1): 63-67.

耿玮峥，吕铭洋，崔新明，等，2015. 天山花楸叶总黄酮对心肌缺血再灌注损伤大鼠心肌酶和心肌超微结构的影响[J]. 中国实验诊断学，19（6）: 877-879.

何瑞杰，方宏，吴颖瑞，2012. 元宝山冷杉化学成分的研究[J]. 广西植物，32（4）: 548-550.

柯春林，任茂生，王娣，等，2015. 黄酮化合物抗菌机理的研究进展[J]. 食品工业科技，36（2）: 388-391.

李德海，王振宇，周亚嫌，2012. 红皮云杉多酚的提取及其抗氧化活性研究[J]. 食品工业科技，33（20）: 206-214

李小燕，刘贤德，张宏斌，等，2014. 几种云杉属植物叶片提取物的抗氧化性研究[J]. 甘肃农业大学学报，49（6）: 102-106, 113.

李洋，康倩，荣婵，等，2015. 骨碎补总黄酮对 MLO–Y4 细胞增殖、分化、矿化和凋亡影响的探究[J]. 中国骨质疏松杂志，21（5）: 592-598.

李永利，2009. 秦岭冷杉化学成分及其生物活性研究[D]. 上海：第二军医大学.

李永利，2013. 三种冷杉属植物的化学成分与生物活性研究[D]. 上海：上海交通大学.

潘俊倩，佟曦然，郭宝林，2016. 光对植物黄酮类化合物的影响研究进展[J]. 中国中药杂志，41（21）: 3897-3903.

沈云玫，陶宏征，李春燕，等，2015. 紫外辐照对铁线蕨（*Adiantum capillusveneris* L.）总黄酮含量的影响[J]. 生物技术世界，(1): 103-104.

孙坤，张宏涛，陈纹，等，2015. 干旱胁迫对肋果沙棘（*Hippophae neurocarpa*）试管苗叶片黄酮类化合物代谢的影响[J]. 西北师范大学学报（自然科学版），51（3）: 72-78

唐浩国，2009. 黄酮类化合物研究[M]. 北京：科学出版社.

王飞，樊金拴，冯慧英，等，2016. 青杆针叶总黄酮超声提取及抗氧化活性[J]. 西北林学院学报，31（1）: 243-249.

邢文，金晓玲，2015. 调控植物类黄酮生物合成的 MYB 转录因子研究进展[J]. 分子植物育种，13（3）: 689-696.

肖琳婧，殷志琦，张健，等，2013. 云南黄果冷杉黄酮类化学成分研究[J]. 中草药，44（11）: 1376-1379.

殷文慧，庞海，2012. 生血宝合剂治疗 GP 方案化疗后骨髓抑制 20 例疗效观察[J]. 包头医学院学报，28(2): 46-47.

于晶，徐常青，陈君，等，2011. 吡虫啉对化橘红柚皮苷含量的影响[J]. 中药材，34（5）: 674-676.

张良玉，唐海涛，2012. 生血宝合剂防治紫杉醇化疗所致白细胞减少 78 例观察[J]. 中国伤残医学，20（7）: 77-78.

张培成，2009. 黄酮化学[M]. 北京：化学工业出版社.
郑洪亮，何飞，腾飞，等，2014. 红皮云杉球果原花青素提取优化及抗氧化活性评价[J]. 食品工业科技，35（10）：258-263.
周明，沈勇根，朱丽琴，等，2016. 植物黄酮化合物生物合成、积累及调控的研究进展[J]. 食品研究与开发，37（18）：216-221.
周宗宝，王红，叶晓川，等，2017. 黄酮类化合物的结构修饰及生物活性研究进展[J]. 医药导报，36（2）：181-185.
邹丽秋，王彩霞，匡雪君，等，2016. 黄酮类化合物合成途径及合成生物学研究进展[J]. 中国中药杂志，42（22）：4124-4128.
XIONG S，TIAN N，LONG J H，et al.，2016. Molecular cloning and characterization of a flavanone 3-hydroxylase gene from Artemisia annua L[J]. Plant Physiol Biochem, 105: 29-36.
XU Y，WANG G，CAO F L，et al.，2014. Light intensity y affects the growth and flavonol biosynthesis of Ginkgo（Ginkgo biloba L.）[J]. New Forests, 45（6）: 765-776.
YANG X W, LI S M, LI Y L, et al.，2014. Chemical constituents of Abies delavayi[J]. Phytochemistry, 105: 164-170.

第五章　云冷杉原花青素活性物质

第一节　原花青素的组成与性质

一、化学组成

原花青素（procyanidin，PC）也叫前花青素，是一类由黄烷-3-醇单体及其聚合体组成的多酚类化合物，为目前国际上公认的清除人体内自由基有效的天然抗氧化剂。因其在酸性条件下加热易生成花青素（anthocyanidin）而被命名为原花青素。

花青素与原花青素同为类黄酮类，两者都是以 3 个芳香环结构为基底的一种强效抗氧化剂。但花青素与原花青素并不是同一种物质，二者存在多方面的差异。首先从化学结构来看，花青素与原花青素是两种完全不同的物质，原花青素属多酚类物质，花青素属类黄酮类物质。原花青素也叫前花青素，在酸性介质中加热均可产生花青素，故将这类多酚类物质命名为原花青素。其次两种物质在颜色上也有差异，花青素是一种水溶性色素，是构成花瓣和果实颜色的主要色素之一，可以随着细胞液的酸碱性改变颜色，细胞液呈酸性则偏红，细胞液呈碱性则偏蓝。原花青素是无色的，是由不同数量的儿茶素或表儿茶素结合而成。另外二者所存在的区域不同，原花青素广泛存在于植物的皮、壳、籽中，如葡萄籽、苹果皮、花生皮、蔓越莓中；花青素广泛存在于蓝莓、樱桃、草莓、葡萄、黑醋栗、山桑子等中，其中以紫红色的矢车菊色素，橘红色的天竺葵色素，以及蓝紫色的飞燕草色素等三种为自然界常见。

原花青素根据其聚合程度可分为单倍体、寡聚体和多聚体，其中单倍体是基本结构单元，寡聚体由 2～10 个单倍体聚合而成，多聚体则由 10 个以上的单倍体聚合而成。原花青素属于植物多酚类物质，分子由儿茶素、表儿茶素（没食子酸）分子相互缩合而成，根据缩合数量及连接的位置而构成不同类型的聚合物，如二聚体、三聚体、四聚体……十聚体等，其中二聚体到四聚体称为低聚体原花青素，五聚体以上称为高聚体原花青素。通常把聚合度小于 6 的组分称为低聚原花青素，如儿茶素、表儿茶素、原花青素 B1 和 B2 等，而把聚合度大于 6 的组分称为多聚体。在各聚合体原花青素中功能活性最强的部分是低聚体原花青素。

花青素，又称花色素，是自然界中一类广泛存在于植物中的水溶性天然色素，属黄酮类化合物，也是植物花瓣中的主要呈色物质，水果、蔬菜、花卉等颜色大部分与之有关。在植物细胞液泡不同的 pH 条件下，使花瓣呈现五彩缤纷的颜色。在酸性条件下呈红色，其颜色的深浅与花青素的含量呈正相关性，可用分光光度计快速测定，在碱性条件下呈蓝色。花青素的基本结构单元是 2-苯基苯并吡喃型阳离子，即花色基元。现已知的花青素有 20 多种，主要存在于植物中的有天竺葵色素（Pelargonidin chloride）、矢车菊色素或芙蓉花色素（Cyanidin chloride）、翠雀素或飞燕草色素（Delphindin chloride）、芍药色素（Peonidin chloride）、牵牛花色素（Petunidin chloride）及锦葵色素（Malvidin chloride）。自然条件下游离状态的花青素极少见，主要以糖苷形式存在，花青素常与一个或多个葡萄糖、鼠李糖、半乳糖、阿拉伯糖等通过糖苷键形成稳定的花色素苷，已知天然存在的花色苷有 250 多种。

二、基本结构

原花青素的结构取决于黄烷-3-醇单元的类型、单元之间的连接方式、聚合程度（组成单元的数量）、空间构型和羟基是否被取代（如羟基的酯化、甲基化等）五个面（张慧文等，2015）。原花青素与花青素同为以 3 个芳香环结构为基底的类黄酮类强效抗氧化剂，但属两种完全不同的物质。原花青素与花青素（花色素苷）的基本结构见图 5-1。

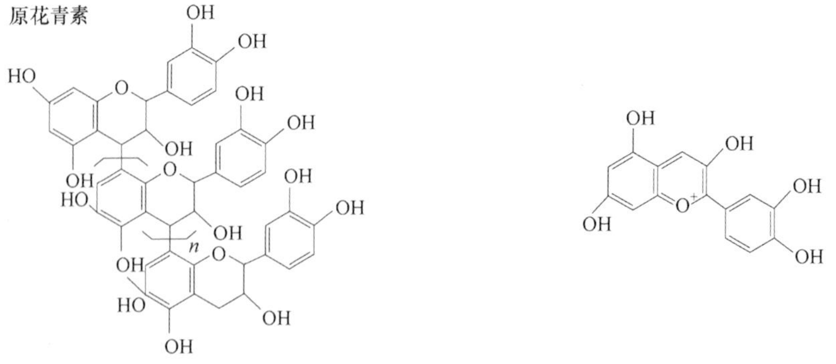

原花青素

n=2~4称为低聚体原花青素，$n \geqslant 5$称为高聚体

花色素苷

图 5-1　原花青素与花青素的基本结构

（一）单倍体

单倍体是构成原花青素的结构单元，属于黄烷-3-醇类化合物，该类成分可通过一定方式连接形成原花青素。单倍体一般是儿茶素和表儿茶素，但是也有其他的单倍体，如多一个羟基的表没食子儿茶素或少一个羟基的表阿夫儿茶精。上述 4 种单倍体的化学结构如图 5-2 所示。

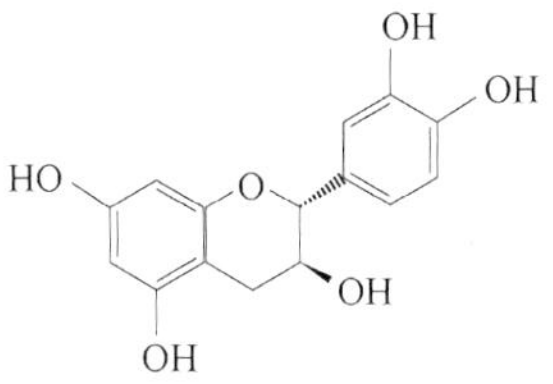

(a) 儿茶素 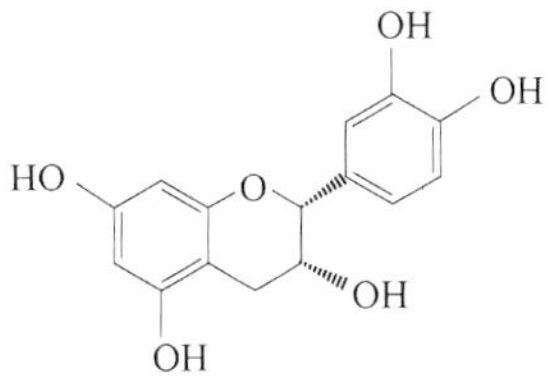　(b) 表儿茶素

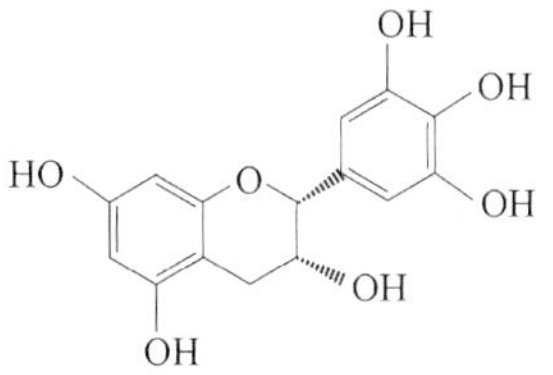

(c) 表没食子儿茶素 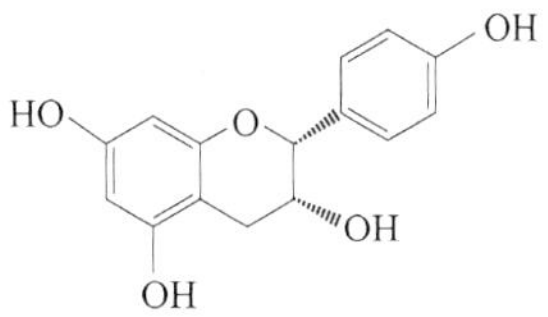　(d) 表阿夫儿茶精

图 5-2　原花青素单倍体的化学结构

（二）寡聚体

寡聚体是指由 2～10 个单倍体通过一定方式连接起来的化合物。寡聚体的分类标准有聚合度、连接方式和单倍体类型。聚合度是指组成原花色素的结构单元个数，是区分原花青素的重要标准之一。随着原花青素聚合程度的增加，分子质量也成倍地增加，羟基越多，与填料之间的吸附越大，分离越困难，在图谱解析中，各个结构单元的峰重叠在一起，结构鉴定难度随着聚合度增加而加大，因此随着聚合度的增加（四聚体以上），被报道的原花青素单体从数量上减少。寡聚体的连接方式有两种，一种为单倍体通过 C2—O—C7 的醚键和 C4—C8 或 C4—C6 两个键连接在一起，称之为 A 型；另一种为单倍体通过 C4—C8 或 C4—C6 一个键连接在一起，称之为 B 型。自然界中多数植物含有的是 B 型原花青素，只有少数植物，如花生、荔枝和肉桂等富含 A 型二聚体。单倍体类型一般有 4 种，即儿茶素、表儿茶素、表没食子儿茶素和表阿夫儿茶精。大多数寡聚体的结构单元是儿茶素或表儿茶素，但是也有少数寡聚体是由表没食子儿茶素或表阿夫儿茶精组成的（张慧文等，2015）。本书将寡聚体按照聚合度分类，对每种聚合度包含的不同连接方式和单倍体进行简要介绍。

1. 二聚体

二聚体是由 2 个单倍体通过一定的方式连接起来的化合物，根据其连接方式分为两种，分别是通过 C—C 键和 C—O—C 连接的 A 型，如原花青素 A1 和通过一个 C—C 键连接的 B 型，如原花青素 B1。二聚体结构单元种类也很多，如结构单元含有表阿夫儿茶精的表阿夫儿茶精-表儿茶素、含有表没食子儿茶素的表没食子儿茶素-（2$\beta\rightarrow O$-7，4$\beta\rightarrow$8）-表儿茶素。

2. 三聚体

三聚体是通过一定方式连接的 3 个单倍体组成的化合物。多数三聚体，如原花青素 C1 通过两个 C—C 单键连接。也有三聚体，如肉桂鞣质 B1 混合有两个 C—C 单键和一个 C—O—C 醚键连接的单元。还有非常少见的三聚体具有两组 C—C 单键和醚键的连接方式，如七叶树鞣质 C。而且有比较特殊的三聚体，其结构单元并非全部是儿茶素或表儿茶素，而是其他单倍体构成，如表儿茶素-（$2\beta\rightarrow O$-7，$4\beta\rightarrow 8$）-表阿夫儿茶精-（$4\alpha\rightarrow 8$）-表儿茶素。

3. 四聚体

四聚体是由 4 个单倍体通过一定连接方式组成的化合物。连接方式有很多种，有只是通过 C—C 单键连接的化合物，如肉桂鞣质 A2，或者除了 C—C 单键还有 1 个 C—O—C 醚键连接的，如表儿茶素-（$2\beta\rightarrow O\rightarrow 7$，$4\beta\rightarrow 8$）-表儿茶素-（$4\beta\rightarrow 8$）-儿茶素-（$4\alpha\rightarrow 8$）-表儿茶素，或者结构中有两个 C—O—C 醚键形成的四聚体，如长节珠鞣质 A2。结构单元组成也有多种，如从蕨类植物中分离得到的骨碎补素四聚体的构成单元含有表阿夫儿茶精。

4. 五聚体

五聚体是由 5 个单倍体通过一定连接方式形成的化合物，目前分离得到的单体较少，种类也较少。已分离得到的五聚体大多的是通过 C—C 单键连接，如肉桂鞣质 A3。目前仅有一个化合物是含有 C—O—C 醚键的五聚体：表儿茶素-（$4\beta\rightarrow 8$）-表儿茶素-（$4\beta\rightarrow 8$）-表儿茶素-（$2\beta\rightarrow O\rightarrow 7$，$4\beta\rightarrow 8$）-表儿茶素-（$4\beta\rightarrow 8$）-儿茶素。五聚体结构单元具有多样性，如表阿夫儿茶精-（4β-8）-[表没食子儿茶素-（4β-8）-]3-儿茶素中同时具有表没食子儿茶素和表阿夫儿茶精。

5. 六聚体

六聚体是指由 6 个单倍体通过一定方式连接在一起形成的化合物，也是目前从天然产物中分离得到的聚合度最高的原花青素单体。随着聚合度的增大，分离难度加大。被报道的六聚体的种类和数量都很少，其结构单元种类也较少，仅有儿茶素或表儿茶素，如结构中只有 C—C 单键的肉桂鞣质 A4，或结构中有一个 C—O—C 醚键的菲律宾楠 B。

（三）多聚体

多聚体是指聚合度大于 10 的原花青素，由于分子结构庞大，一般是以混合物的形式存在，很难分离得到单体化合物。多聚体通常以分子质量区间来定义，其鉴定也和单体原花青素不同，通常是检测其构成单元的类型和种类，以及连接方式的类型（张慧文等，2015）。

三、理化性质

（一）外观

原花青素一般为红棕色粉末、气微、味涩。葡萄籽原花青素外观一般为深玫瑰红至浅棕红色精制粉末，低聚原花青素为无色至浅棕色，但因为葡萄籽的种类、来源不同，所以在外观、色泽上都存在一定的差异。

（二）聚合性

原花青素单体或低聚体易于聚合，按聚合度的大小，通常将二、三、四聚体称为低聚物，将五聚体以上的称为高聚物。原花青素的聚合方式见本章第一节。

（三）鞣性

单宁最初的定义来自于它具有沉淀蛋白质的能力，使明胶溶液浑浊也可作为一种基本的单宁定性实验。原花青素与口腔唾液蛋白的结合，使人感觉到涩味，因此原花青素与蛋白质结合的这个性质又称为涩性、鞣性或收敛性。二聚体原花青素能将水溶液中的蛋白质沉淀出来，因此可被列入缩合单宁，但是二聚原花青素只有不完全的鞣性，自三聚体起才有明显的鞣性，以后随分子量的增加而鞣性增加。

（四）溶解性

低聚原花青素易溶于水、醇、酮、冰醋酸、乙酸乙酯等极性溶剂，不溶于石油醚、氯仿、苯等弱极性溶剂中。高聚原花青素不溶于热水，但溶于醇或亚硫酸盐水溶液，这一点相当于水不溶性单宁，习惯上称为“红粉”。聚合度更大的聚合原花青素不溶于中性溶剂，但溶于碱性溶液，习惯上又称为“酚酸”。

（五）紫外吸收特性

葡萄籽提取物原花青素水溶液的紫外光最大吸收波长为278nm。原花青素因其分子中所含的苯环结构，在紫外光区具有很强的吸收能力，可起到“紫外光过滤器”的作用，在化妆品中可开发研制防晒剂。

（六）生化反应

1. 化学反应

原花青素的化学反应主要是组成单元的A环的芳环亲电取代反应、B环的氧化反应、络合反应，以及单元间连接键的裂解反应（酸催化裂解、碱催化裂解）

等。原花青素在正丁醇∶浓盐酸=95∶5（体积比），温度95℃的环境下处理40min生成花色素。原花青素的花色素反应除了生成花色素外，还生成其他未知色素及红粉，使紫外图谱在450nm区域出现肩峰。花色素反应是鉴别原花青素的简便方法，但不能鉴别延伸单元的构型。随着聚合度增加，原花青素上部单元的比例增加，所生成的花色素也相应地增多。

2. 原花青素与蛋白质结合反应

原花青素能与蛋白质发生结合，该结合反应是其最具特征性的反应之一，一般情况下，这种结合是可逆的。

3. 原花青素与生物碱、花色苷以及多糖、核酸等多种天然化合物的复合

原花青素可与生物碱、花色苷以及多糖、核酸等多种天然化合物发生复合反应。这些反应都属于分子识别的结合机制，要求原花青素和各种底物蛋白质、生物碱、花色苷以及多糖在结构上互相适应和互相吻合，通过氢键——疏水键形成复合产物，多数情况下这种复合反应是可逆的。原花青素与脂类和核酸也可发生类似的复合反应。对于蛋白质和脂类，所表现出的亲和性也与其酸碱性有关，中性或碱性分子的复合趋势较酸性分子高。

4. 无机盐对原花青素的作用

原花青素对无机盐的作用包括静电作用和络合反应两个方面。前者主要是一个物理过程，通过无机盐的脱水和盐析促进多酚溶液或胶体的沉淀；后者主要是一个化学过程，原花青素以邻位二酚羟基与金属离子形成五元环螯合，可能同时还发生氧化还原和水解配位聚合等其他反应。原花青素对于大多数金属离子都可以发生显著的络合，特别是单宁，其络合能力较小分子酚高得多。这一特性不仅可用于原花青素的定性定量检测，而且是原花青素在选矿、水处理、防锈涂料、染料和颜料、微量金属肥料、木材防腐等多种应用方向上的化学基础。

5. 原花青素对酶和微生物的作用

原花青素是多种酶促反应有效的抑制剂，原花青素对酶的选择具有专一性。虽然原花青素对多种酶普遍具有抑制作用，但是对于一种原花青素或一种酶，抑制作用是有选择性的。原花青素与蛋白质结合反应本身是一种分子识别反应，两种反应物之间互相具有选择性。抑菌性与酶抑制性有相当大的关系，主要原因也在于单宁所特有的分子结构和蛋白质结合能力。

6. 稳定性

原花青素很容易被空气中的氧所氧化，特别是在水溶液状态下和有原花青素氧化酶存在的条件下。酚羟基通过离解，生成氧负离子，再进一步失去氢，生成具有颜色的邻醌，使多酚的颜色加深，而醌很容易被还原为酚。聚合度不同的原花青素，其稳定性也不同，低聚原花青素具有一定的耐光性、耐热性，高聚体易

于凝聚而沉淀。原花青素在氯酸钾、高锰酸钾、过氧化氢和重铬酸钾等强氧化剂作用下，不仅酚羟基受到氧化，而且糖环、杂环甚至苯环同时开裂，被氧化降解。

四、生物学活性

国内外大量研究结果表明，原花青素具有抗氧化、清除自由基、改善免疫抑制、促进骨形成、促进伤口愈合及组织修复活性、保护血管、防止高血压、改善肝功能、预防心血管疾病、抗癌、抗炎和保护视力等多种生理作用。

（一）抗氧化活性

自由基是机体代谢的正常中间产物，低浓度自由基是机体执行正常生理功能所必需的，但过量的自由基会引发机体内的自由基反应，造成生物膜损伤、酶失活、DNA 突变等，会损伤机体，从而引起各种衰老现象和疾病。原花青素结构中有多个酚羟基在体内释放 H^+，竞争性地与自由基结合，从而保护脂质不被氧化，阻断自由基链式反应，保持机体内自由基平衡，保护机体，延缓衰老。并且反应后产生的半醌自由基能通过亲核加成反应生成具有儿茶酸及焦酚结构的聚合物，仍然具有很强的抗氧化活性。

1. 红皮云杉球果原花青素精制物对 DPPH · 清除作用

红皮云杉球果原花青素提取物精制后，配制成浓度为 10μg/mL、20μg/mL、30μg/mL、40μg/mL、50μg/mL、60μg/mL、70μg/mL、80μg/mL、90μg/mL 的溶液。分别取 2.0mL 上述不同浓度样品溶液置于 10.0mL 试管中后各加入 1×10^{-3}mol/L 的 DPPH · 溶液（用 2，2-二苯基-1-苦基肼与 95%乙醇配制）2.0mL，混合均匀，暗处反应 30min，在波长 517nm 处测定其吸光值，用 2.0mL 无水乙醇替代 2.0mL 样品液作参比，测定吸光值 A，同时以乙醇溶液为参比测定 DPPH · 空白溶液吸光度值 A_0，用水溶性维生素 E（Trolox）作阳性对照，同时做平行实验。

$$\text{计算 DPPH · 清除率 RSA：RSA} = (A_0 - A)/A_0 \times 100\%$$

以清除率 RSA 对样品浓度进行回归处理，计算提取物的半数抑制浓度（IC_{50}）数值。

实验证明，红皮云杉球果原花青素精制物对 DPPH 自由基具有显著的清除作用。以水溶性维生素 E 做阳性对照，在浓度为 90μg/mL 时清除率分别为 90.7%±2.07%和 69.58%±1.56%。红皮云杉球果原花青素精制物和水溶性维生素 E 在实验浓度的 IC_{50} 值分别为（41.04±1.12）μg/mL 和（16.62±0.98）μg/mL。从总体上看，红皮云杉球果原花青素精制物清除 DPPH 自由基能力较强，但低于水溶性维生素 E（图 5-3）。

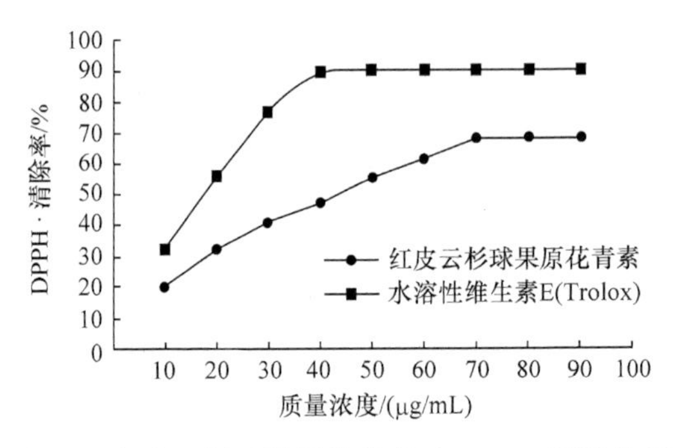

图 5-3　红皮云杉球果原花青素对 DPPH · 清除作用

2. 红皮云杉球果原花青素精制物对 $ABTS^+$ · 的清除作用

在 96 孔板的样品检测孔和对照孔中依次加入 45μL 不同浓度的样液；空白对照孔中加入 45μL PBS 缓冲液；然后在检测孔和空白孔中依次加入 300μL 的 $ABTS^+$ · 自由基工作液，对照空中加入等量的 PBS 缓冲液，避光反应 6min，于 734nm 波长下测吸光值。

$$ABTS^+ \cdot 清除率 = [1-(A_1-A_2)/A_3]\times 100\%$$

式中，A_1 为加测定溶液后 $ABTS^+$ · 的吸光值；A_2 为测定溶液在测定波长下的吸光值；A_3 为未加测定溶液时 $ABTS^+$ · 的吸光值。

如图 5-4 所示，不同浓度红皮云杉球果原花青素精制物对 ABTS 自由基均具有很显著的清除作用。以水溶性维生素 E 做阳性对照，在相同浓度条件下，阳性对照水溶性维生素 E 的清除率均超过红皮云杉球果原花青素精制物。红皮云杉球果原花青素精制物和水溶性维生素 E 在实验浓度的 IC_{50} 值分别为（20.45±1.08）μg/mL、（32.94±0.65）μg/mL。从总体上看，红皮云杉球果原花青素精制物具有很强的清除 $ABTS^+$ · 能力，其清除能力大小接近于阳性对照水溶性维生素 E 的清除能力。

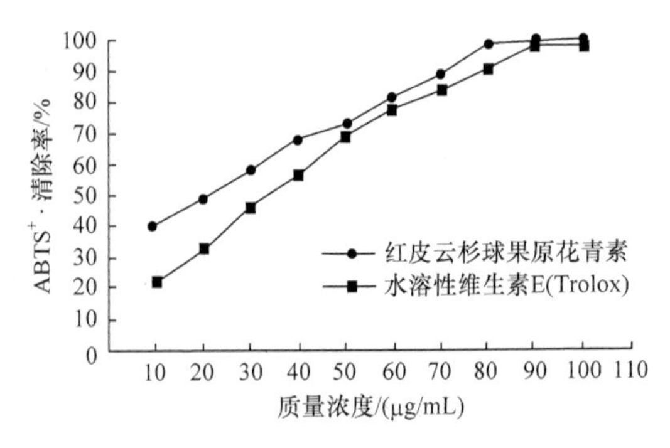

图 5-4　红皮云杉球果原花青素对 $ABTS^+$ · 清除作用

3. 红皮云杉球果原花青素精制物的还原能力

红皮云杉球果原花青素精制物的总抗氧化能力的测定采用 FRAP 法。

1）$FeSO_4$ 标准曲线的准备

称取 27.8mg FRAP 试剂盒提供的 $FeSO_4 \cdot 7H_2O$，溶解并定容到 1mL，此时浓度即为 100mmol/L。取适量 100mmol/L $FeSO_4$ 溶液稀释至 0、100μg/L、200μg/L、300μg/L、400μg/L、500μg/L，即为 $FeSO_4$ 标准品。

绘制 $FeSO_4$ 标准曲线后建立的曲线方程为 y=0.123x–0.007，R^2=0.9982。

2）总抗氧化能力的测定

在 96 孔板的检测孔中加入 180μL 的 FRAP 工作液，空白对照孔中加入 40μL 蒸馏水，样品检测孔内加入 40μL 各种浓度的样品或水溶性维生素 E 作为阳性对照，轻轻混匀。置于 37℃下孵育 3～5min 后测定 A_{593}。根据标准曲线计算出样品的总抗氧化能力。

植物提取物的抗氧化能力与还原能力之间具有很好的相关性，还原能力可以作为一种衡量抗氧化能力的指标。具有还原能力的物质可以通过提供氢质子将体系中的铁离子还原，从而抑制自由基的产生。研究表明，红皮云杉球果原花青素、水溶性维生素 E 的还原能力与浓度之间呈现出显著的相关性，相关系数（R^2）分别为 0.9959 和 0.9907。红皮云杉球果原花青素还原能力略高于水溶性维生素 E。红皮云杉球果原花青素和水溶性维生素 E 还原力的半效浓度值（EC_{50} 值）依次为（34.95±0.55）μg/mL 和（39.31±0.98）μg/mL（图 5-5）。

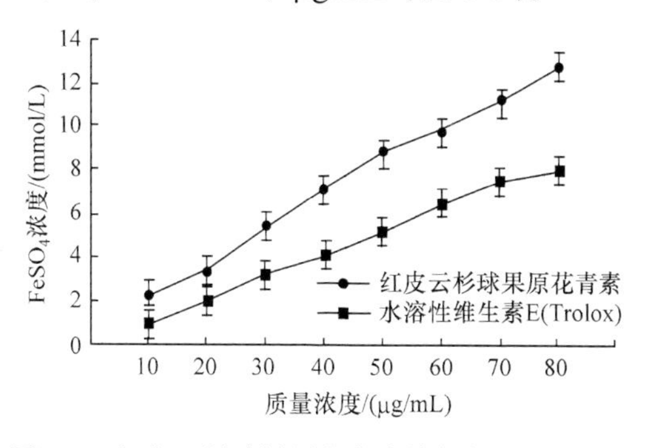

图 5-5　红皮云杉球果原花青素精制物的还原能力

综上分析，红皮云杉球果原花青素精制物具有较强的清除自由基能力和还原能力，并且在供试浓度范围内，清除 $ABTS^+\cdot$ 能力和还原能力均高于阳性对照水溶性维生素 E，有进一步进行深入研究的价值与必要。

（二）调节脂质代谢

原花青素能有效抑制脂质氧化。对不同的原花青素聚合体而言，随着聚合度的增加，其对脂质体系抗氧化能力下降；对相同的原花青素聚合体而言，随着浓度的增加，其对脂质体系抗氧化能力上升。

原花青素可以通过调节脂代谢相关基因的转录，改善脂质代谢紊乱。细胞内胆固醇外流的最主要方式是以三磷酸腺苷结合盒转运体 A1 为基础的逆向转运，原花青素能够显著提高三磷酸腺苷结合盒转运体 *A1* 基因的表达水平，促进细胞内胆固醇外流，降低总胆固醇，改善脂质代谢平衡（荣爽等，2015）。

原花青素对高脂动物模型肠道菌群具有重要的调节作用，可改变益生菌群种类和数量，经过肠道菌群这一靶标进行脂质代谢的调节。通过食用含有原花青素的食物干预调节肠道菌群和宿主代谢之间的关系,可有效维持调节机体脂质代谢，预防高脂诱导的代谢性疾病（傅颖等，2013）。

体内胆固醇需要卵磷脂胆固醇酰基转移酶催化，经过酯化形成胆固醇酯才能有效地进行转运。原花青素具有增强卵磷脂胆固醇酰基转移酶活性的作用，从而达到降低胆固醇的目的。并且，原花青素有抑制肝脏合成胆固醇、甘油三酯或加速其排泄的作用，胆固醇经羟化反应可代谢生成胆汁酸，在肝肠循环的过程中未被吸收的部分构成了粪胆汁酸，实际上是肝脏间接排出胆固醇的一条途径，研究证实这一点可为降低机体胆固醇提供新的方向。

（三）防治心血管疾病

医学研究发现，导致心血管疾病的重要原因之一就是血脂异常，原花青素可以清除自由基，也可以有效地降低血清总胆固醇和低密度脂蛋白，并提高高密度脂蛋白含量，减少血小板黏附、保护血管内皮细胞，从而降低血液的黏度、改善微循环、减轻氧化应激损伤，有助于预防心脑血管疾病的发生（姜慧芳等，2011）。原花青素能扩张血管使血管保持弹性并能提高毛细管的抗力、增加造血细胞活动、减少骨质疏松症等作用，达到预防心血管疾病的目的（赵海田等，2012）。此外，其对心肌与心肌缺血再灌注损伤也具有一定的保护作用。

1. 抗心肌缺血再灌注损伤

心肌缺血再灌注损伤是在血液循环障碍造成缺血后，又恢复供血时出现微血管和实质器官的损伤，主要是由氧自由基引起的。原花青素强大的自由基清除作用可以减少心肌缺血再灌注损伤。张国霞等（2010）发现原花青素能明显降低血浆中 MDA 含量、天冬氨酸氨基转移酶（AST）和乳酸脱氢酶（LDH）的活性，提高 SOD 活性，减少心肌梗死面积。

2. 抗动脉粥样硬化

动脉粥样硬化是由于动脉内膜胆固醇、类脂肪等黄色粥样物质积聚而导致的病变。原花青素通过清除自由基，调整脂蛋白代谢紊乱，起到抗动脉粥样硬化的作用。

3. 保护血管内皮细胞

内皮细胞结构和功能的改变是多种心血管疾病的共同病理基础，其中 NO 是内皮细胞中最重要的舒血管因子，能抑制血小板聚集，也能抑制单核细胞黏附于内皮细胞。原花青素可通过增加 NO 的合成，保护血管内皮细胞，进而保护心血管系统。

（四）抗肿瘤

研究发现，原花青素对人乳腺癌细胞（MCF-7）、人膀胱癌细胞（BIU87）、人卵巢癌细胞（SKOV3）及人前列腺癌（PC-3）有明显的抑制作用。此外，对皮肤癌也有一定的抑制作用。原花青素的抗肿瘤作用机制是通过抗氧化、抗炎、调节信号分子（如 Bcl-2、c-Fos、c-Jun、Ki67 等）的表达，促进肿瘤细胞凋亡，阻滞细胞周期及抑制血管生成等作用达到抗肿瘤目的（Connor et al.,2014）。

自由基诱导细胞癌变的主要原因是自由基导致 DNA 损伤且抑制修复，原花青素可通过多种途径发挥抗肿瘤作用。其抗肿瘤的主要机制之一是原花青素强大的抗氧化和清除自由基的能力，能保护 DNA 不被氧化损伤。

细胞凋亡过程严重受阻使细胞在数量上无限恶性增生，发展成为恶性肿瘤细胞，诱导细胞凋亡从而抑制肿瘤细胞的生长是治疗恶性肿瘤的途径之一。原花青素具有选择性抑制肿瘤细胞的生长，促进其凋亡而不对正常细胞造成损伤的能力。例如，白细胞介素 6、蛋白激酶 C 等物质对维持机体的生理平衡具有重要意义，一旦其分泌或表达异常，就会诱导细胞癌变。亚硝酸胺等物质也会在人体内经一系列酶的催化诱导癌变，原花青素具有阻止促癌因子诱导的癌前病变的活性。

目前，关于花青素抗癌的作用机制推测有以下几种：①在转录时，通过调节细胞凋亡的基因表达和信号途径，促进癌细胞向凋亡进化；②在癌细胞进行分裂时，降低其周期蛋白和周期依赖激酶的表达量，减缓癌细胞无限增殖的进程并使其分化；③破坏表皮生长因子受体与癌细胞膜的配体结合，减少它的高通表达量，防止癌细胞发生转移和侵袭周边器官；④不给予癌细胞所需营养基质，使其长时间处于一种“饥饿”状态，逐渐会因缺乏“食物”被饿死。目前花青素抗癌作用的研究还处于初级阶段，但因其独特的生物活性引起学者的极大兴趣，这将是一个很有潜力的研究方向。

（五）治疗眼科疾病

白内障是当今世界首要致盲眼病，其确切发病机制仍不明确。目前最流行的假说认为氧化损伤是年龄相关性白内障形成的重要危险因素，许多体内、体外实验也支持这一观点。原花青素可提高氧化损伤晶状体的抗氧化能力，降低脂质过氧化物水平，减小晶状体损伤程度。晶状体纤维经历的水肿等一系列形态学变化的病理过程是可逆的。若在白内障形成早期，应用抗氧化药物，逆转晶状体水肿状态，从而可以治疗年龄相关性白内障。

用眼过度会造成视觉疲劳，长时间处于搜索注视造成眼外肌和睫状肌代谢废物（包括氧自由基），视细胞能量消耗过度，所需营养物质不能及时供应，造成黄斑及视网膜恢复时间较平时延长。原花青素能够清除自由基，缓解视疲劳，减少黄斑恢复所需时间，改善视觉（潘裕锦等，2014）。

原花青素能较好保护光化学损伤后的视网膜。视网膜外层光感受器细胞会由于低能量的可见光慢性照射而凋亡，导致视网膜变性。视网膜光化学损伤保护与自由基及脂质过氧化物有关。原花青素可以通过增加清除自由基的作用阻止细胞凋亡，达到保护视网膜的目的。

（六）降血糖

糖尿病是一种由于胰岛素分泌缺陷或胰岛素作用障碍所致的以高血糖为特征的代谢性疾病。研究发现，原花青素的降血糖作用机制如下：①减少肠道的糖吸收；②作用于胰岛β细胞，促进胰岛素释放。但是，不同连接方式的原花青素可能具有不同的降血糖机制，如肉桂中 A 型原花青素能提高血液和胰腺中的胰岛素浓度，而 B 型原花青素提高脂肪组织和肝脏的脂质积累（Chen et al.,2012）。

（七）降血压

高血压是持续血压过高的疾病。原花青素具有降血压的功效，其强大的抗氧化性能够增强机体总抗氧化能力，同时促进 VECs 的合成和释放舒张血管物质 NO，减少收缩血管物质 ET-1 蛋白的表达，达到降压目的，还可能是通过抗炎保护高血压靶器官来实现降压作用（张先杰等，2013）。

（八）免疫调节

氧化亚氮（NO）分子因污染空气而臭名昭著。现代医学研究发现，在生物体内许多组织中存在少量的 NO，有扩张血管、增强记忆的功能，既是肿瘤免疫、微生物免疫的效应分子，又是多种免疫细胞的调节分子，在免疫调节中具有重要的作用。研究证明，原花青素刺激小鼠脾细胞增殖，能显著增强巨噬细胞的吞噬功能，增强巨噬细胞对中性红的吞噬能力及 NO 的分泌量（刘英姿等，2012）。自然杀伤细胞（NK）是机体重要的免疫细胞，与抗肿瘤、抗病毒感染和免疫调节有关。原花青素能刺激 T、B 淋巴细胞增殖，提高 NK 细胞活性，且其促进增殖活性，在一定范围内与浓度和时间呈正比关系（茅婷婷等，2013）。

（九）抗炎抗感染

花青素具有抗炎、抗感染的作用。目前，关于花青素抗炎的作用机制有两种解释，一种是通过 PPAR γ 减弱 THP-1 细胞在炎症反应过程中的副作用实现；另一种是通过激活 NF-κB 和 MAPK 的表达从而表现出极强的抗炎作用（Tamura et al.,2013）。在临床上治疗感染的药物主要为抗生素类，常见有克拉霉素、甲硝唑、阿莫西林和四环素等，长期使用此类药物会增强菌株的耐药性，因此充分发挥花青素抗炎、抗感染作用，具有诱人的前景。

（十）抗衰老

原花青素可以协同维生素 C 和维生素 E，达到具有更强的抗氧化作用，并且可以穿透血脑屏障，保护大脑免受与衰老有关的自由基的损伤。原花青素在紫外区有很强的吸收，对紫外线引起的皮肤粗糙、弹性降低等损伤具有抑制作用。

（十一）皮肤保健及美容作用

原花青素可促使胶原蛋白的适度交联，保护胶原蛋白，抑制弹性蛋白酶，有效清除自由基，从而保持皮肤弹性，减少或避免皱纹的产生。原花青素还可以与酪氨酸酶和过氧化酶结合，防止皮肤变黑或出现雀斑、褐斑，并具有防晒、美白、保湿、防辐射等功能。

（十二）其他活性

原花青素具有抗菌、抗病毒、抗炎、抑制多种细菌生长、减轻水肿、抑制活性酶、保护肝脏、抗病毒、抗真菌活性、抗致突变作用、抗抑郁、促进毛发生长等功效及治疗干眼症、白内障、外周静脉功能不全、眼科疾病等疗效，如缓解干眼症（孙禹等，2009）、抑制白内障发生，还可用于治疗视网膜疾病、角膜疾病等（原慧萍等，2008）。研究发现，密罗木中的原花青素具有较强的抗单纯疱疹病毒活性，可直接与病毒包膜相互作用。卫矛科植物中的原花青素具有较强的抗艾滋病病毒活性。

第二节　原花青素的形成与调控

一、生物合成

研究证明，广泛分布于高等植物中，并由不同数量的单体缩合而成的植物多酚类天然抗氧化剂——原花青素的生物合成是由公共苯丙烷途径、核心类黄酮-花青素途径、原花青素特异途径这 3 个连续的代谢途径构成的一个复合途径完成的。先后涉及苯丙氨解氨酶（PAL）、肉桂酸-4-羟化酶（C4H）、4-香豆酸辅酶 A 连接酶（4CL）、查耳酮合酶（CHS）、查耳酮异构酶（CHI）、黄烷酮-3-羟化酶（F3H）、类黄酮-3′-羟化酶（F3′H）、二氢黄酮醇-4-还原酶（DFR）、无色花青素双加氧酶/花青素合成酶（LDOX/ANS）、无色花青素还原酶（LAR）、花青素还原酶（ANR）、漆酶（LAC）12 个关键酶的催化反应和 GST、MATE、ATPase 3 种转运蛋白的胞内转运，并有 WIP-ZF、MYB、bHLH、WD40、WRKY、MADS 6 种转录因子参与调控原花青素的合成与积累。这些基因在拷贝数、表达特征、蛋白亚细胞定位、蛋白互作、突变体表型等方面具有显著特点。

（一）公共苯丙烷途径

公共苯丙烷途径是指从苯丙氨酸到对羟基肉桂酸（香豆酸）的合成途径，共有 3 个酶。苯丙氨酸解氨酶（PAL）脱去苯丙氨酸的氨基，使其转化为反式肉桂酸。肉桂酸-4-羟化酶（C4H）催化反式肉桂酸 4 位上的羟基化，使其转化为反式-4-香豆酸。4-香豆酸辅酶 A 连接酶（4CL）催化香豆酸与辅酶 A 的酯化结合，使香豆酸得以活化，可用于类黄酮、木质素等下游分支途径进一步合成各种次生物质。

（二）核心类黄酮-花青素途径

植物类黄酮途径包含黄酮醇、花青素苷、原花青素、异黄酮、橙酮、鞣红等多个重要的分支途径。自查耳酮直到花青素的步骤是花青素苷分支途径和原花青素分支途径都必须经过的公共途径，在此称为核心类黄酮-花青素途径。作为所有类黄酮合成的起始步骤，查耳酮合酶（CHS）将 1 分子香豆酰辅酶 A 与 3 分子丙二酰辅酶 A 合成为 1 分子四羟基查耳酮，再由查耳酮异构酶（CHI）将其转变为柚皮素，随后由黄烷酮-3-羟化酶（F3H）和类黄酮-3′-羟化酶（F3′H）分别在 3 和 3′位进行羟化并生成黄烷酮醇，它在二氢黄酮醇-4-还原酶（DFR）的作用下生成无色花青素，再在无色花青素双加氧酶/花青素合成酶（LDOX/ANS）的催化下形成花青素。在花、叶、茎表等组织中，以花青素为底物可进入花青素苷特异途径，先后经过一系列的糖基化等修饰及向液泡的转运，最终成为显红、紫等多种色调的花青素苷（Holton et al.,1995）。在种皮等组织中，以花青素为底物，进入原花青素特异途径。

（三）原花青素特异途径

花青素还原酶（ANR）将花青素转化成表儿茶素（2，3-顺式黄烷-3-醇），它是一类原花青素单体。在葡萄、茶叶、苜蓿、红豆草等植物中，无色花青素还原酶（LAR）可以直接将无色花青素转化成儿茶酚（2，3-反式黄烷-3-醇），但拟南芥缺乏该酶。随后是转运和聚合，虽然具体机制尚欠明了，但综合近年来的研究进展推测原花青素单体可能先与谷胱甘肽-S-转移酶（拟南芥中为 At GST26/At GSTF12）结合并运向液泡膜，再由位于液泡膜上的 MATE 家族蛋白（拟南芥中为 At DTX41）和 H^+-ATPase（拟南芥中为 AHA10）将其跨膜转运到液泡中，最后由漆酶（拟南芥中为 At LAC15）等氧化酶类将其缩合成不同聚合度的原花青素聚合物（赵文军等，2009）。

二、生物合成的调控

环境因子通过诱导植物体内花青素苷合成途径相关基因的表达，来调控花青素苷的呈色反应。近年来国内外相关研究证明，光是影响花青素苷呈色的主要环境因子之一，光质和光强均能在一定程度上影响花青素苷的合成，其中光质起着更为关键的作用，UV-A 和 UV-B 均能刺激花青素苷合成途径中关键基因的表达来增加花青素苷的积累量，低温能诱导花青素苷的积累，使花青素苷含量升高。高温则会加速花青素苷的降解，随着转录因子对温度的响应强度，花青素苷的是终积累量也会发生不同程度的变化，在拟南芥中，高温会降低 *TT8*、*TTG1* 和 *EGL3* 基因的表达量，从而抑制花青素苷的合成，减少其积累。不同糖类物质均能影响花青素苷的合成，大部分结构基因和调节基因的表达均受糖调控，如 *PAL*、*C4H*、*CHS*、*CHI*、*F3H*、*FLS*、*DFR*、*LDOX*、*UFGT*、*MYB75* 和 *PAP1*，又如蔗糖能诱导拟南芥的 *DFR* 和 *F3H* 基因的表达量（高燕会等，2012）。缺水可以促进葡萄中花青素的大量积累，可以使花青素合成途径基因 *F3H*、*DFR*、*UFGT*、*GST* 表达量增高。此外，金属离子和 pH、甲基茉莉酸、病原体感染、真菌诱变及使用各种除草剂处理均会导致植物花青素苷含量的变化。

第三节　原花青素的生产与利用

大量研究证明，由不同数量的单体缩合而成，在酸性条件下加热易生成花青素的天然抗氧化剂——原花青素广泛分布于葡萄科、十字花科、禾本科、豆科、旋花科、无患子科、胡颓子科、蔷薇科、杜鹃花科、蓼科、银杏科、桃金娘科、玄参科、桦木科、大戟科、茶科、梧桐科、松科、杨柳科、柿科和樟科等植物的根、茎、叶、花、皮和壳等处，如银杏、大黄、山楂、耳叶番泻、小连翘、葡萄、苹果、日本罗汉柏、北美崖柏、花旗松、白桦树、野生刺葵、番荔枝、野草莓、海岸松、洋委陵菜、甘薯、葡萄、莲房、松树皮、紫番薯、茶籽壳、高粱、桑葚、蓝莓、山楂等。从植物分类学看，原花青素资源在蔷薇科、豆科和松科的物种分布比较多，旋花科及无患子科次之，禾本科和胡颓子科等再次之。并且低聚原花色素广泛存在于各种水果的皮、核、梗以及草柑、可乐果树、黑荆树等植物中。

一、原花青素提取

原花青素是一种具有多种生理活性、安全性高的多酚类化合物。原花青素的提取方法主要包括溶剂提取法、超声辅助提取法、微波辅助提取法、超声-微波协同提取法、超临界 CO_2 提取法及酶辅助提取法等，这些方法各有优缺点，但总的来说，原花青素的提取率和安全性都有所提高，在科研与生产实践中，依据提取原料、提取目的和所具备条件，采用不同的提取方法，也可将几种提取方法配合使用，以便达到更好的提取效率。随着研究的深入，将涌现出更多、更好的提取方法。

（一）溶剂提取法

有机溶剂会带来环境污染和产品的有毒有机物残留，水作为提取剂，具有无毒、无害、价廉、易得、不需回收等优点，因此大力发展对环境有利的水提取技术势在必行。

1. 水提取法

选用水作为提取剂，将原料浸没在水中，加热至 50～100℃，保温 20～120min，具体参数依原料的性质而定。原花青素会大部分溶解在水中，将原花青素水溶液减压浓缩与喷雾干燥就可以得到原花青素的干粉。但水浸提耗时长，温度高，容易造成原花青素的损失。同时由于水的极性较大，溶出杂质也较多，不利于下一步分离，一般很少单独使用，往往和有机溶剂一起使用。

2. 有机溶剂提取法

原花青素通常以结合态与蛋白质、纤维素结合在一起，一般不易提取出来，因此在原花青素的提取过程中，提取试剂不仅要求对原花青素有良好的溶解性，而且须具有氢键断裂的作用，故经常选用有机溶剂。有机溶剂具有断裂氢键的作用，但是由于有机溶剂的渗透性较差，一般不单独使用，常需以水作为传质剂。

常用于提取原花青素的有机溶剂是甲醇、丙酮、乙醇和乙酸乙酯，其极性大小顺序为甲醇>乙醇>丙酮>乙酸乙酯。乙酸乙酯极性最小，对原花青素的提取不完全；甲醇和丙酮对原花青素均有较好的提取性能，但二者均有毒性；乙醇是常用的提取溶剂，其溶解性能好，穿透细胞能力强，价格低廉，毒性小，且可回收反复使用，因此一般采用乙醇提取法。另外乙醇作为提取溶剂，还可除去一些亲水性蛋白质、黏液质、果胶、淀粉和部分多糖及其他水溶性杂质。乙醇还有防腐作用，含量大于 20%即可保证被提取原料不变质，含量大于 40%能延缓许多物质的水解作用，增强溶质的稳定性。

有机溶剂提取所需时间长，容易造成原花青素被破坏，使提取效率低，杂质含量较高，不易纯化，溶剂消耗量大，对环境的污染程度大，且有机试剂残留而使产品安全性低，因此常常与其他方法联合使用。

（二）超声辅助提取法

超声波是指频率高于 20kHz，人的听觉阈以外的声波。超声提取法具有操作简单、提取时间短、得率高、无需加热等优点，而且不会改变有效成分的结构，在提取原花青素之类的热敏性物质时具有明显的优越性。

超声波对提取媒介产生独特的机械振动和空化作用。超声波在液体中传播时，使液体微粒之间发生相对流动和振动从而产生无数真空微小气核，当声压达到一定值时，气泡由于定向扩散而增大，形成共振腔，然后突然闭合，在闭合时会在其周围产生高达几千个大气压的压力，形成微激波，可造成植物细胞壁及整个生物体瞬间破裂，有利于有效成分的溶出。此外，超声波在提取媒介的传播过程中，其声能不断被媒介的质点吸收，转化成热能，导致提取溶剂和植物材料温度升高，增加活性成分的溶解度。超声波的许多次级效应，如乳化、扩散、击碎等，也会促使植物有效成分进入媒介，并与媒介充分混合，加快提取速度，提高有效成分的提取率。

超声波提取技术是一种温和的物理方法，影响超声波提取率的因素主要有提取剂、料液比、温度、功率和处理时间等。一般以单因素实验为基础设计正交实验、响应面分析或回归分析，来确定其最佳工艺条件。

（三）微波辅助提取法

微波是一种频率在 300MHz～300GHz 的电磁波，常用的微波频率为 2450MHz，微波提取法是将微波和传统溶剂提取法结合后形成的一种新的提取方法。

微波能够加速提取，主要是由于微波作用能够导致细胞壁破裂或细胞结构松散，加速目标成分在基质内部的扩散。影响微波提取的因素主要有提取溶剂、时间、温度以及微波功率等。在微波提取时要选择能够吸收微波的溶剂，由于非极性物质不能吸收微波能，因此采用非极性溶剂时需要加入一定比例的极性溶剂。

（四）超声-微波协同提取法

超声-微波协同萃取新技术能够直接将超声振动与开放式微波两种方式相结合，充分利用超声波振动的空穴作用以及微波的高能作用，克服了超声波和微波提取的不足，从而提高了有效成分的提取率。一般通过单因素实验和 $L_9(3^4)$ 正交实验分别考察提取液料比、微波功率、提取时间和温度 4 个因素对提取效果的影响，得出最佳液料比、微波功率、时间、温度提取工艺参数和提取率。这是一种简便、稳定、高效的提取方法。

（五）超临界 CO_2 提取法

超临界流体提取是利用处于临界温度和临界压力以上的超临界流体具有特异增加的溶解物质能力的性质，以超临界流体作为提取剂，从液体或固体中提取分离特定成分的新型分离技术。超临界流体提取技术（SFE）具有选择分离效果好、提取率高、产品纯度好、流程简单、能耗低等优点，在天然产物有效成分提取分离上被广泛应用。由于 CO_2 本身无毒、无腐蚀性、临界条件适中，因此成为超临界提取中最常用的超临界流体，称为超临界 CO_2 流体提取法。

超临界 CO_2 提取法与常规分离方法相比，具有高效率、低能耗、选择性强等特点，在生物资源活性成分提取中具有无可比拟的优势，特别适合于热敏性及生物活性物质的分离。但也有一定的局限性，它较适用于亲脂性及分子量较小的物质的提取，对极性大、分子量太大的物质要使用夹带剂，并在高压下进行操作，因此设备要求耐高压、密封性好，故设备投资大，生产成本高。

（六）酶辅助提取法

酶辅助提取法是在传统溶剂提取的基础上，根据植物细胞壁的构成，利用酶反应高度专一性的特点，选择相应的酶将细胞壁的组成成分水解或降解，破坏细胞壁的结构，使有效成分充分暴露出来，溶解、混悬或胶溶于溶剂中，从而达到提取细胞内有效成分的一种新型提取方法。目前，在植物有效成分的提取方面应用较多的是纤维素酶，纤维素是大部分植物细胞壁的主要成分，也是壁内有效成分溶出的主要屏障，利用纤维素酶处理，可破坏植物细胞壁的致密结构，改变细胞壁的通透性，有利于壁内有效成分的溶出，提高有效成分提取率。

使用酶辅助提取法提取原花青素不仅环保，而且酶反应较温和，能将植物组织分解，可以提高产品得率，是一项很有前途的新技术，具有较大的应用潜力，不过同时具有一定的局限性。但酶法的最佳反应条件需要严格控制，条件微小的波动，也有可能引起酶活性的大大降低。其应用为开展植物有效成分的生产和研究提供了新的机会和方法，具有潜在的工业应用价值。

二、原花青素的分离纯化

（一）柱层析法

柱层析技术，又称柱色谱技术，主要原理是根据样品混合物中各组分在固定相和流动相中分配系数的不同，经多次反复分配将组分分离开来。柱层析法操作时，先在圆柱管中填充不溶性基质，形成一个固定相。将样品加到柱子上，用特殊溶剂洗脱，溶剂组成流动相。在样品从柱子上洗脱下来的过程中，根据样品混合物中各组分在固定相和流动相中分配系数的不同，经多次反复分配将组分分离。该方法是目前分离纯化常采用的技术。

（二）高效液相色谱法

高效液相色谱法是以液体为流动相，采用高压输液系统，将具有不同极性的单一溶剂或不同比例的混合溶剂、缓冲液等流动相泵入装有固定相的色谱柱，在柱内各成分被分离后，进入检测器进行检测，从而实现对试样的分析。该方法已成为化学、医学、工业、农学、商检和法检等学科领域中重要的分离分析技术。

（三）固相萃取法

固相萃取（solid phase extraction，SPE）是一个包括液相和固相的物理萃取过程。在固相萃取中，固相对分离物的吸附力比溶解分离物的溶剂更大。SPE 在样品前期处理中用途广泛，主要用于样品的分离、纯化和浓缩，与传统的液液萃取法相比，SPE 具有有机溶剂用量少、便捷、安全、高效、分析物回收率高等特点。

（四）高速逆流色谱法

高速逆流色谱（high-speed counter current chromatography，HSCCC）法利用两相溶剂体系在高速旋转的螺旋管内建立起一种特殊的单向性流体动力学平衡，当其中一相作为固定相，则另一相作为流动相，在连续洗脱的过程中能保留大量固定相。这是一种新型的、连续高效的液液分配色谱技术，它不需任何固态载体，因此能避免固相载体表面与样品发生反应而导致样品的污染、失活、变性和不可逆吸附等不良影响。同时具有适用范围广、快速、进样量大、费用低、回收率高等优点，目前在天然产物活性成分的分离纯化领域备受重视。

（五）分子烙印技术

分子烙印技术（molecular imprinting technique，MIT）是对特定目标分子（即模板分子）制备具有高选择性的分离技术。由于分子烙印技术对模板分子的识别具有可预见的高选择性、使用寿命长等优点，分子烙印技术在手性物质和底物选择性分离、化学仿生传感器、固相萃取、抗体模拟、酶样催化剂以及控释药物等领域呈现良好的应用前景。在普通分离方面，由于分子烙印技术较传统方法具有高效、快速、专一的优点，近年来在中草药有效成分分离中的应用已较为广泛（吕玉姣等，2014）。

三、红皮云杉原花青素制备

近年来，对红皮云杉原花青素的研究报道较多，内容涉及红皮云杉球果鳞片原花青素贮藏稳定性（孙瑶，2016），液体状态下红皮云杉球果原花青素的稳定性（赵玉红等，2016），红皮云杉球果乙醇提取物的抗氧化功能（邓心蕊等，2014），红皮云杉原花青素的配合性质及配合物的抗氧化活性（王萍等，2014）、红皮云杉原花青素提取工艺进行优化及其抗氧化能力评价等（郑洪亮等，2014）。

（一）工艺流程

红皮云杉球果原料⟶采集⟶去掉中间木质轴⟶干燥⟶粉碎⟶过 80 目筛⟶乙醇浸提⟶D4020 型大孔吸附树脂纯化⟶减压浓缩⟶红皮云杉球果原花青素提取精制物。

（二）操作要点

1. 原料采集预处理

以红皮云杉球果为试材，将 9 月份采集的球果鳞片（去掉中间木质轴）低温干燥后粉碎过 80 目筛，在–20℃密封冷冻，备用。

2. 儿茶素标准曲线建立

采用香草醛-硫酸法（王萍等，2014）建立儿茶素标准曲线。配制儿茶素不同浓度标准溶液：0.03mg/mL、0.06mg/mL、0.09mg/mL、0.12mg/mL、0.15mg/mL、0.18mg/mL、0.21mg/mL、0.24mg/mL、0.27mg/mL、0.30mg/mL。精确移取 1.0mL 不同浓度的儿茶素标准溶液分别置于 10 支 10mL 相同规格试管中，然后分别加入 2.5mL 4%的香草醛-甲醇溶液和 2.5mL 30%的浓硫酸-甲醇溶液，混合均匀，于 30℃水浴中避光静置 15min，以甲醇代替显色剂为空白对照，在 500nm 波长下测定溶液吸光值，平行测样三次。以标准溶液浓度为横坐标，吸光值为纵坐标，建立标准曲线并拟合原花青素质量浓度与吸光度曲线的回归方程：

$$y = 2.1658x+0.0178 \quad (R^2 \approx 0.9995)$$

式中，y 为溶液在波长 500nm 处的吸光度；x 为溶液中的原花青素质量浓度（mg/mL）。

通过方程计算提取物中花青素浓度，然后根据样品质量进一步换算成得率。

3. 红皮云杉球果原花青素粗提物的纯化

取原花青素提取物 2.5mg/mL 作为上样液，在处理好的 D4020 型大孔吸附树脂柱中加入上样液，径高比 1∶25，以 2.0BV/h 的流速上样，吸附 4h，将大孔树脂柱用蒸馏水洗至流出液呈无色后，用 70%、4BV 的乙醇对大孔树脂吸附柱洗脱，洗脱流速为 1.5BV/h，将 70%的乙醇洗脱液收集，减压浓缩至无醇味后，备用。

（三）红皮云杉球果原花青素提取单因素实验

1. 乙醇浓度对提取效果的影响

在提取时间 4h，料液比 1∶20g/mL，提取温度为 60℃的条件下，分别以 0、20%、40%、60%、80%、100%的乙醇浓度进行提取实验的结果显示：乙醇浓度小于 60%时，随着乙醇浓度增大，溶剂中原花青素含量也增加；乙醇浓度大于 60%时，随着乙醇浓度增大，溶剂中原花青素含量有所降低（图 5-6），可能是由于乙醇浓度继续增加会加大醇溶性杂质、色素、亲脂性等成分的溶出，这些成分与原花青素竞争，同乙醇水分子结合，同时组织的通透性下降，从而导致原花青素的溶解度下降，因此乙醇浓度选为 60%。

2. 提取温度对提取效果的影响

在提取时间 4h，乙醇浓度为 60%，料液比 1∶20g/mL 的条件下，分别以 30℃、40℃、50℃、60℃、70℃、80℃的提取温度进行提取实验的结果显示：温度升高，分子热运动加快，有利于传质过程的进行。温度小于 50℃时，随着温度增加，红皮云杉原花青素大量溶出，从而溶剂中其含量增加；温度超过 50℃而小于 70℃时，原花青素的含量开始下降，是由于温度升高导致原花青素开始降解，其结构发生变化；当温度超过 70℃时，原花青素溶解量又开始略有增加（图 5-7），是由于可能在较高温度下，其他杂质物质大量溶出有关，故 50℃为原花青素最佳提取温度。

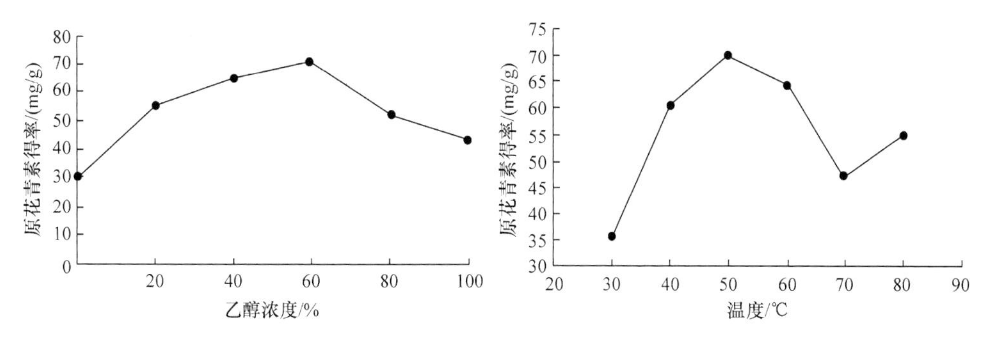

图 5-6　乙醇浓度对原花青素提取效果的影响　图 5-7　提取温度对原花青素提取效果的影响

3. 料液比对提取效果的影响

在提取时间 4h，提取温度 50℃，乙醇浓度 60%的条件下，分别以 1∶10g/mL、1∶20g/mL、1∶30g/mL、1∶40g/mL、1∶50g/mL、1∶60g/mL 的料液比进行提取实验的结果显示：料液比对得率影响较大（图 5-8）。当料液比大于 1∶10g/mL 时，随着料液比增加，原花青素得率明显增加，这是由于有机溶剂能抑制原花青素与植物中的蛋白、多糖等物质结合，增加料液比有利于原花青素更大限度的浸出，但料液比继续增大又会增加原花青素与空气接触的机会，而原花青素容易氧化降解，因此得率有所降低，同时料液比增加还会造成原料的浪费，因此选择料液比为 1∶40g/mL。

4. 提取时间对提取效果的影响

在提取温度 50℃，料液比 1∶40g/mL，乙醇浓度为 60%的条件下，分别以 1h、2h、3h、4h、5h、6h 的提取时间进行提取实验的结果显示：在提取时间低于 2h 时，原花青素浓度随时间增长而增大，溶剂中原花青素浓度低，红皮云杉球果粉末原花青素含量高，两个体系有高浓度差，传质动力大，原花青素浸出速率快。2h 后，原花青素浓度随时间变化的得率减小（图 5-9），是由于随着时间的进一步延长，可能因为原花青素对热敏感，时间过长会造成其被氧化变性，所以考虑到缩短工艺时间，提高效率，最佳提取时间为 2h。

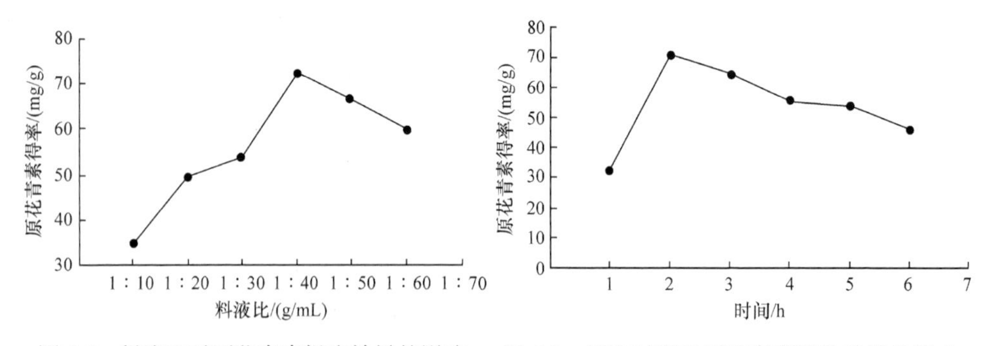

图 5-8　料液比对原花青素提取效果的影响　　图 5-9　提取时间对原花青素提取效果的影响

（四）红皮云杉球果原花青素提取工艺优化

1）响应曲面法实验设计及结果

在单因素实验基础上，以乙醇浓度（A）（50%、60%、70%）、提取温度（B）（40℃、50℃、60℃）、提取时间（C）（1.5h、2.0h、2.5h）、料液比（D）（1∶30g/mL、1∶40g/mL、1∶50g/mL）4 个因素为自变量，以红皮云杉球果原花青素提取率（Y）为响应值（指标值），进行了四因素三水平的响应曲面实验，结果见表 5-1。

原花青素得率计算公式如下

$$Y = (C \times V \times N) / M$$

式中，Y 为原花青素得率（mg/g）；C 为原花青素的质量浓度（mg/mL）；V 为提取液体积（mL）；N 为稀释倍数；M 为样品质量（g）。

表 5-1 红皮云杉球果原花青素提取提取工艺优化响应面实验分析及结果

实验号	乙醇浓度（A）/%	提取温度（B）/℃	提取时间（C）/h	料液比（D）/（g/mL）	原花青素得率（Y）/（mg/g）
1	60	50	1.5	1∶50	61.93
2	70	50	1.5	1∶40	51.22
3	60	50	2.0	1∶40	71.94
4	70	60	2.0	1∶40	54.85
5	60	40	2.0	1∶30	53.38
6	50	50	2.0	1∶30	45.37
7	60	40	2.5	1∶40	50.14
8	60	50	2.5	1∶50	61.43
9	50	50	1.5	1∶40	54.22
10	60	60	2.0	1∶30	53.66
11	60	50	2.0	1∶40	68.82
12	60	50	1.5	1∶30	57.89
13	50	40	2.0	1∶40	49.66
14	60	60	2.5	1∶40	53.74
15	60	50	2.0	1∶40	71.76
16	60	40	2.0	1∶50	61.09
17	70	50	2.0	1∶50	61.24
18	60	40	1.5	1∶40	55.17
19	60	60	2.0	1∶50	63.60
20	60	50	2.0	1∶40	71.70
21	70	40	2.0	1∶40	50.39
22	60	50	2.5	1∶30	51.66
23	50	60	2.0	1∶40	53.14
24	70	50	2.0	1∶30	49.55
25	60	50	2.0	1∶40	72.35
26	50	50	2.0	1∶50	54.92
27	70	50	2.5	1∶40	49.19
28	60	60	1.5	1∶40	56.12
29	50	50	2.5	1∶40	49.19

选用中心复合模型，进行四因素三水平共 29 个实验点（5 个中心点）的响应面分析实验。这 29 个实验点分为两类：①析因点，自变量取值在各因素所构成的三维顶点，共有 24 个析因点；②零点，为区域的中心点，零点实验重复 5 次，用以估计实验误差。使用响应曲面法分析软件对表 5-1 中原花青素得率大小的数据进行处理，分析后得出的回归方程为

$$Y = 142.63 + 1.65A + 2.55B - 3.53C + 8.79D + 0.49AB + 1.50AC + 1.07AD$$
$$+ 1.33BC + 1.12BD + 2.86CD - 24.14A^2 - 16.14B^2 - 16.90C^2 - 10.95D^2$$

采用软件对响应面法实验结果进行方差分析，其结果见表 5-2。

表 5-2　红皮云杉球果原花青素提取提取工艺优化回归模型方差分析表

方差来源	平方和	自由度	均方	F 值	p 值	显著性
模型	1688.68	14	120.62	30.53	<0.0001	**
A	8.21	1	8.21	2.08	0.1714	
B	19.44	1	19.44	4.92	0.0436	*
C	37.47	1	37.47	9.48	0.0082	**
D	231.60	1	231.60	58.61	<0.0001	**
AB	0.24	1	0.24	0.06	0.8085	
AC	2.24	1	2.24	0.57	0.4637	
AD	1.14	1	1.14	0.29	0.599	
BC	1.76	1	1.76	0.45	0.515	
BD	1.24	1	1.24	0.31	0.5835	
CD	8.20	1	8.20	2.07	0.1718	
A^2	944.93	1	944.93	239.13	<0.0001	**
B^2	422.45	1	422.45	106.91	<0.0001	**
C^2	463.31	1	463.31	117.25	<0.0001	**
D^2	194.33	1	194.33	49.18	<0.0001	**
残差	55.32	14	3.95			
失拟性	47.29	10	4.73	2.36	0.2120	不显著
纯误差	8.03	4	2.01			
总差	1744.00	28				
相关系数	0.9683					
校正决定系数	0.9366					
变异系数	3.47					

*表示 p<0.05，显著；

**表示 p<0.01，极显著。

模型误差 $p<0.0001$，极显著；失拟项 $p=0.2120>0.05$，差异不显著，说明方程对实验拟合的情况好，实验误差小；变异系数值为 3.47，说明实验可靠；模型的校正决定系数 $R^2=0.9366$，说明该模型能解释 93.66%响应值的变化，仅有大约 6%总变异不能用此模型来解释。

提取时间、料液比的一次项，乙醇浓度、提取温度、提取时间、料液比的二次项对得率的影响极显著；提取温度的一次项影响为显著；乙醇浓度及 4 因子的交互的影响不显著。通过 F 值还能看出，实验中各因素对原花青素得率的影响大小顺序为料液比<提取时间<提取温度<乙醇浓度。此回归模型得出 BBD 实验的最优提取条件为乙醇浓度 60.42%，提取温度 50.91℃、提取时间 1.97h、料液比 1∶44g/mL，此时原花青素得率为 72.46mg/g。

2）响应面结果验证实验

为检验响应面法优化红皮云杉球果原花青素提取工艺的可靠性，采用优化后提取工艺条件进行验证实验，参考实际操作，将优化后工艺参数调整为乙醇浓度 60%，提取温度 51℃、提取时间 2h、料液比 1∶44g/mL，在此最佳条件下，提取红皮云杉球果原花青素得率为（71.23±0.25）mg/g，与模型预测值的比较误差为 1.70%。

（五）红皮云杉球果原花青素精制物的制备

红皮云杉球果原花青素经 D4020 的纯化，纯化前原花青素纯度为 29.45%±1.33%，纯化后纯度为 68.57%±1.78%，回收率为 88.27%±3.18%。

四、原花青素的利用

原花青素（OPC）是以黄烷-3-醇为结构单元通过 C—C 键聚合而形成的化合物，广泛存在于葡萄籽、葡萄皮、黑莓、落叶松树皮、云冷杉树皮、沙枣果肉、板栗壳、高粱外种皮、山楂叶、稠李果实、大叶榕果实、花生种皮、紫色甘薯、龙眼皮等植物器官内，是一种来源广、种类多、对人体无毒、无害、安全性高的多酚类聚合物。其独特的分子结构和分子中含大量的酚羟基使原花青素拥有极强的抗氧化性与清除自由基的生物活性及调节脂质代谢、抗肿瘤、降血压、治疗眼科疾病、防治心血管疾病、降血脂、降血糖、免疫调节等作用，在保健食品、医药行业、化妆品行业等多个领域中具有广阔的应用前景。

（一）保健食品

目前国内外市场上以原花青素为主要成分的保健食品（主要为低聚物胶囊或片剂）可以通过清除氧自由基的作用，预防和治疗与自由基有关的心脏病、动脉硬化、静脉炎等疾病。原花青素还可以作为一种天然的防腐剂，用于延长食品的货架期，消除合成防腐剂可能带来的食品安全风险。由于其还有降血脂、抗癌活性、降血压等作用，国外将其广泛用于降血压、降血脂、抗肿瘤、健脑等保健食品中，也用于普通食品的配料或添加剂。

花青素在食品行业中主要有两方面的应用，一是直接开发为健康食品，二是作为食品添加剂使用。目前，人们十分重视养生，希望机体时刻都处于最佳状态，因此日常通过食补摄取一定量的花青素可以增强机体抵抗力。富含花青素的食物包括茄子、桑葚、紫薯、草莓、葡萄和紫玉米等，都是极富营养价值的食物，对身体健康有益。花青素还能制成各种食品饮料，市场上能见到如紫薯牛奶、紫薯酒、紫薯汁、紫薯饼、葡萄酒等。目前有关紫薯的产品较多，其中紫薯和大米为主要原料压榨酿造的紫薯酒，其体外抗氧化性强于葡萄酒。

花青素作为一种安全性高、无毒性、纯天然的植物色素，是食品着色的最佳天然色素之一，可使食品呈现五彩缤纷的颜色，深受人们的喜爱。植物中的花青素类色素繁多，如花生衣红色素、紫玉米色素、桑葚红色素、紫苏色素和红球甘蓝色素等均可在食品工业中应用。尽管比合成色素安全可靠，但花青素也存在一些缺点。花青素易受外界温度、pH、金属离子、光照等因素的影响，其稳定性差，要使食物拥有稳定的色泽和较好口感，就必须确保其 pH 维持在 3～5 之间。

花青素因拥有抑菌作用，还被开发成“防腐剂”代替市场上苯甲酸等合成防腐剂。众所周知，如果长期摄入这类合成的防腐剂对身体有害，因此花青素作为防腐剂符合人们对食品安全的要求。

（二）医药行业

花青素具有抗氧化、改善血液循环、抑制炎症与过敏、抗癌和其他一些特殊的药理作用，在保健品市场受到重视。近年来，葡萄籽原花青素被用于治疗眼角膜病、视网膜疾病，预防牙周病和癌症。尽管市场上还没有花青素纯品销售，但与花青素相关的保健品众多，以胶囊、片剂、口服液等形式出售。临床上还将花青素添加到某些药物中，利用其在不同 pH 条件下显现不同颜色的特征，帮助病人区分药物。但是，由于花青素溶解度较小，在机体内的生物利用度低，且目前药物研发成本较高，花青素在医药方面的应用受到一定限制，但其拥有特有的、强大的生理功效使之注定拥有广阔的前景。

（三）化妆品行业

原花青素具有的抗氧化、清除自由基能力、抗弹性酶活性和改善微循环活性，使其在化妆品中开辟了广泛的应用前景。含有原花青素的护肤品可抑制由于紫外线照射产生的氧自由基引起的过氧化物生成，对改善皮肤炎症、防止黑化、抗老化有明显的效果。目前在法国、意大利、日本相继出现了以原花青素为原料制成的晚霜、发乳、漱口水、皮肤增白剂、抗炎剂和口腔除臭剂等。

随着审美意识的增强，人们特别是女性非常注重皮肤的保养。人体皮肤会随着年龄的增长逐渐失去原来的弹性、光泽，甚至产生皱纹，这是由于人体内酶系统受自由基的侵袭，会释放胶原酶和硬弹性白酶，在这两种酶的催化下，皮肤中会产生过多的胶原蛋白和硬弹性蛋白，它们相互作用导致其交联并降解，造成皮肤的弹性消失，出现令人厌烦的皱纹。随着人类审美观不断提升，市场对化妆护肤品的需求也日趋增多，但长期使用合成的化妆品会对机体产生许多副反应，特别是一些化学物质对人体皮肤有刺激，甚至有些对皮肤、神经、肝脏等组织或器官有毒害作用，曾报道化妆品和香水里面含有的邻苯二甲酸盐对人体具有危害性，因此开发安全、抗衰老、护肤效果佳的天然护肤品成为化妆行业重要研究课题，而花青素正好符合这些特质，它在欧洲有着“口服的皮肤化妆品”、“天然的维生素”之称，凭借其无毒性及抗氧化能力打开化妆行业的大门指日可待，并也会拥有广阔的市场。

总之，原花青素作为自然界分布广泛、活性强、食源性和低毒性的化合物，在食品、药品、化妆品等多个领域都有潜在广阔的应用前景。但是在充分探索原花青素价值的过程中还有很多问题亟待解决：首先，许多食品和药材中的原花青素成分并不明确，目前被研究报道的仅是一部分，还有大量的工作需要做。其次，原花青素的结构复杂，结构单元的类型、连接方式、聚合度、空间构型和取代基对其生物活性的影响并不完全明朗，还需要大量的实验数据和总结考证。再次，原花青素的代谢过程研究尚处于起步阶段，还需要进一步深入，但是从文献检索情况可以看出，目前该领域是近几年的研究热点，不断涌现出新的研究成果，相信在不久的将来会有新的突破。最后，原花青素类成分的生物利用度低，尤其是大分子成分（三聚体以上）吸收性差，如何提高该类成分的生物利用度也是今后研究的重点。虽然原花青素的研究还有许多困难需要克服，但我们有理由相信，随着研究的不断深入，提取工艺和鉴定手段的提高，这类天然产物的药效和作用机制有希望得到明确，原花青素的作用一定能得到更好的发挥，加快花青素功能性产品的研发，造福人类。

小　　结

植物多酚类天然抗氧化剂原花青素是由不同数量的儿茶素或表儿茶素结合而成的黄烷-3-醇类化合物。由于这类化合物在酸性条件下加热易生成花青素而被命名为原花青素。最简单的原花青素是儿茶素、表儿茶素或儿茶素与表儿茶素形成的二聚体，此外还有三聚体、四聚体等直至十聚体。按聚合度的大小，通常将二至五聚体称为低聚体原花青素，将五聚体以上的称为高聚体原花青素。

原花青素的单体包括（+）-儿茶素、（–）-表儿茶表素、（–）-表二茶素没食子酸酯。其单体通过 C4—C6 或 C4—C8 键聚合形成二聚体。在自然界中，二聚体原花青素的分布最为广泛，主要存在于植物的根、茎、叶、花、皮和壳等部位，尤以葡萄籽与松科植物树皮提取物中原花青素的含量最高且被研究的最多。

目前，对于原花青素的提取方法主要有溶剂萃取法、超声波辅助提取、微波辅助提取、酶法提取和超临界 CO_2 提取等。从各种植物中粗提出来的原花青素是由不同聚和度，不同构型成分组成的混合物，通过高效液相色谱和质谱等仪器可分离纯化出单体成分。采用响应面法对原花青素提取工艺进行优化并对其抗氧化能力进行评价的结果表明，红皮云杉球果原花青素提取的最佳工艺参数为乙醇浓度 60%、温度 51℃、时间 2h、料液比 1∶44g/mL，此时原花青素得率为（71.23 ± 0.25）mg/g。

原花青素有很强的抗氧化、防治心血管疾病、抗癌、抗高血压、降血脂、降血糖等生物活性和调节免疫、抗炎、护肝降脂、保护肠道损伤、保护大脑功能、防治动脉硬化、抗紫外线活性、保护神经系统、保护视神经等药理作用。红皮云杉球果原花青素精制物具有较强的抗氧化能力，对其进行深入研究具有重大理论意义与应用价值。

原花青素作为自然界分布广泛、活性强、食源性和低毒性的化合物，在药品、食品、化妆品等多个领域都有潜在广阔的应用前景，但是开发利用云冷杉原花青素资源还面临很多植物中的原花青素成分不明确，已知原花青素的结构单元类型、连接方式、聚合度、空间构型和取代基对其生物活性的影响不完全清楚，原花青素的代谢过程研究尚处于起步阶段，以及原花青素类成分的生物利用度低等问题，急需加大投入，联合攻关。相信随着科学技术发展与提取工艺和鉴定手段的提高，在不远的将来，原花青素的代谢过程、药效和作用机制一定能得到明确，原花青素的功能性产品一定会尽早面世，为人类造福。

参 考 文 献

邓心蕊，王振宇，刘冉，等，2014. 红皮云杉球果乙醇提取物的抗氧化功能研究[J]. 北京林业大学学报. 36（2）：94-101.

傅颖，梅松，刘冬英，等，2013. 原花青素经肠道微生态途径对脂质代谢的调节[J]. 中国生物制品学杂志，26（2）：225-229.

高燕会，黄春红，朱玉球，等，2012. 植物花青素苷生物合成及调控的研究进展[J]. 中国生物工程杂志，32（8）：94-99.

姜慧芳，李向荣，唐超，2011. 紫心甘薯黄酮提取物对糖尿病大鼠糖脂代谢的影响[J]. 浙江大学学报（医学版），40（4）：374-379.
刘英姿，罗有梁，周铁忠，2012. 碎米花杜鹃原花青素 A–1 对小鼠免疫细胞的影响[J]. 中药药理与临床，(2)：46-49.
吕玉姣，曹清丽，林强，2014. 原花青素提取、分离纯化方法研究进展[J]. 化学世界，（10）：628-631，635.
茅婷婷，解玲娜，刘畅，等，2013. 葡萄籽原花青素对大鼠脾脏淋巴细胞与肝细胞增殖的影响[J]. 中国农学通报，（23）：16-20.
潘裕锦，秦波，2014. 原花青素在眼科应用的研究进展[J]. 国际眼科杂志，（11）：1987-1990.
荣爽，李文芳，高慧，等，2015. 原花青素对高脂饮食小鼠脂质代谢的影响[J]. 公共卫生与预防医学，26(4)：14-17.
孙瑶，2016. 红皮云杉球果鳞片原花青素贮藏稳定性研究[D]. 哈尔滨：东北林业大学.
孙禹，原慧萍，周欣荣，2009. 原花青素眼用剂型的临床应用及对干眼症的影响[J]. 哈尔滨医科大学学报，43（3）：268-270.
王萍，郑洪亮，腾飞，等，2014. 红皮云杉原花青素的配合性质及配合物的抗氧化活性研究[J]. 食品工业科技，(8)：276-282.
原慧萍，马春阳，周欣荣，等，2008. 原花青素对微波诱导视网膜神经节细胞凋亡的拮抗作用[J]. 中国病理生理杂志，24（4）：812-814.
张国霞，武艳，韩冬梅，等，2010. 原花青素对大鼠心肌缺血再灌注损伤的保护作用[J]. 中国生化药物杂志，1(3)：170-172.
张慧文，张玉，马超美，2015. 原花青素的研究进展[J]. 食品科学，36（5）：296-304.
张先杰，郭荣年，张妍，等，2013. 葡萄籽原花青素对肾血管性高血压大鼠血压和 TNF-α 水平的影响[J]. 中药药理与临床，(4)：72-75.
赵海田，王振宇，王路，等，2012. 花色苷类物质降血脂机制研究进展[J]. 东北农业大学学报，43（3）：139-144.
赵文军，张迪，马丽娟，等，2009. 原花青素的生物合成途径、功能基因和代谢工程[J]. 植物生理学通讯，45(5)：509-519.
赵玉红，孙瑶，王振宇，2016. 红皮云杉球果原花青素在液体状态下稳定性[J]. 北京林业大学学报，38(3)：38-46.
郑洪亮，何飞，腾飞，等，2014. 红皮云杉球果原花青素提取优化及抗氧化活性评价[J]. 食品工业科技，35(10)：258-263.
CHEN L, SUN P, WANG T, et al., 2012. Diverse mechanisms of antidiabetic effects of the different procyanidin oligomer types of two different cinnamon species on db/db mice[J]. Journal of Agricultural and Food Chemistry，60（36）：9144-9150.
CONNOR C A，ADRIAENS M，PIERINI R，et al.，2014. Procyanidin induces apoptosis of esophageal adenocarcinoma cells via JNK activation of c–Jun[J]. Nutrition and Cancer，66（2）：335-341.
Holton T A, Cornish E C，1995.Genetics and biochemistry of anthocyanin biosynthesis[J]. Plant Cell, 7: 1071-1083.
TAMURA T，INOUE N，OZAWA M，et al.，2013. Peanut–skin polyphenols，procyanidin A1 and epicatechin–（4β→6）–epicatechin–(2β→O→7，4β→8)–catechin, exert cholesterol micelle–degrading activit y in vitro[J]. Bioscience, Biotechnology，and Biochemistry，77（6）：1306-1309.

第六章　云冷杉甾类活性物质

第一节　甾类活性物质的组成与结构

一、甾化合物的分类

甾类化合物，又称类固醇、类甾醇、甾族化合物，为具有甾核，即环戊烷多氢菲碳骨架的化合物群的总称。依据其生理性质与结构特征分为甾醇、胆酸类、甾族皂苷、强心苷元、蟾蜍素、甾族激素和甾族生物碱等几大类。

甾醇为生物体内一类以环戊烷多氢菲为骨架的物质,在脂质中属于不皂化物。在自然界，甾醇广泛存在与植物、动物及真菌等细胞与组织的膜结构中，既可以游离态形式存在，也可以结合态形式存在，不同生物组织中甾醇化合物的种类与含量不尽相同。根据来源的不同，可以将甾醇分为植物性甾醇、动物性甾醇与菌性甾醇三类。植物性甾醇主要为谷甾醇、豆甾醇和菜油甾醇等；动物性甾醇以胆固醇为主；菌性甾醇为麦角甾醇。例如，植物的根、茎、叶、果实和种子中含有大量的植物性甾醇，如谷甾醇、豆甾醇和菜油甾醇；动物的组织与细胞中主要是动物性甾醇，如胆甾醇（俗称胆固醇）；霉菌与蘑菇等菌类含有丰富的菌性甾醇，如麦角甾醇等。

（一）植物性甾醇

植物性甾醇在结构上与动物性甾醇，如胆甾醇相似，它广泛存在于植物的根、茎、叶、果实和种子中，是植物细胞膜的组成部分，在所有来源于植物种子的油脂中都含有甾醇。植物性甾醇不溶于水、碱和酸，但可以溶于乙醚、苯、氯仿、乙酸乙酯、石油醚等有机溶剂中。

自然界中存在的植物性甾醇有酯化型和游离型两种，酯化型的植物性甾醇更易溶于有机溶剂，其吸收利用率比游离型约提高 5 倍，功能作用也更加广泛。游离型植物性甾醇在坚果、豆类中含量较多，最常见有 β-谷甾醇、谷甾烷醇、菜油甾醇、豆甾醇、燕麦甾醇、芦竹甾醇、甲基甾醇和异岩藻甾醇等。谷类食物中以酯化型植物性甾醇为主，常见的有 β-谷甾醇阿魏酸酯、豆甾醇阿魏酸酯等。

植物油及其加工产品是天然甾醇最丰富的来源。脱臭馏出物中甾醇含量最高，其次是谷物、谷物副产品和坚果，少量来自水果和蔬菜。植物油中普遍含有甾醇，米糠油、小麦胚芽油及玉米胚芽油中甾醇含量较高，绝大部分植物油品种中无甲基甾醇占总甾醇的 70%以上（刘海霞，2009）。植物油精炼过程中产生的脱臭馏出物中也含有甾醇，另外，蒲黄、黄芩、人参等许多中草药植物中也普遍含有甾醇。

（二）动物性甾醇

动物性甾醇以胆固醇为主，胆固醇是高等动物细胞的重要组分，它与长脂肪酸形成的胆固醇酯是血浆脂蛋白及细胞膜的重要组分。胆固醇也是动物组织中其他固醇类化合物，如胆汁醇、性激素、肾上腺皮质激素、维生素 D_3 等的前体。

动物性食品中普遍存在胆固醇，在热处理、腌制、贮藏、运输等过程中受光、热、氧作用时，胆固醇可在 A 环、B 环或支链引起自动氧化反应而生成多种氧化产物，其形成的速度取决于其侧链的长度。在人体中，氧化胆固醇有不同的代谢途径，如吸收储存在肠腔内，酯化，通过脂蛋白运输到机体不同的部位，或者降解。这些反应主要是在肝脏中进行的。胆固醇氧化产物（包括羟基胆固醇、酮基胆固醇等数十种）进入人体后，可引起细胞毒性、氧化 DNA 损伤、致癌性和致突变性；还可造成血管内膜损伤，诱发动脉粥样硬化和神经衰弱等慢性病，尤其是心血管疾病，对人体健康构成很大的潜在威胁（高爱新等，2010）。

（三）菌性甾醇

菌性甾醇主要为麦角甾醇，也称麦角固醇。麦角甾醇是一种广泛存在于真菌类植物中的植物甾醇类化合物，是微生物细胞膜的重要组成部分，对确保细胞膜的完整性，膜结合酶的活性，膜的流动性，细胞活力以及细胞物质运输等起着重要作用。麦角甾醇又是一种重要的原维生素 D，经紫外光照射能转化成为维生素 D_2，维生素 D_2 具有防治软骨病的作用。血清胆固醇水平的提高是引发冠心病的主要危险因素之一。益生菌作为来源于宿主并对宿主健康有一定促进作用的微生物活体，其保健功能越来越受到人们的重视。除了抑制病原微生物、调节胃肠道健康、增强免疫应答、预防癌症等功能外，也有一定的降胆固醇作用。

二、化学组成

研究发现，雪岭云杉针叶叶绿素-胡萝卜素软膏中的不皂化物质主要由倍半萜类、二萜类、三萜类、甾类化合物、脂肪族醇和生育酚等化合物组成。其不皂化物质主要由倍半萜类（36.89%）、二萜类（36.86%）、三萜类（1.65%）、甾类化合物（14.22%）、脂肪族醇（2.75%）和生育酚（0.89%）等化合物组成（周维纯等，2001）。雪岭云杉针叶叶绿素-胡萝卜素软膏中含不皂化物质约 32.0%（占软膏量），其中主要成分为去氢枞醇（10.24%）、绿叶醇（8.64%）、愈创木醇（6.89%）、β-

谷甾醇（6.26%）和菜油甾醇（5.98%）等（表 6-1）。甾醇在动物有机体的生活中起着重要作用，用它可以制取各种药品、维生素等。β-谷甾醇具有降低血中胆固醇、止咳、抗癌、抗炎等药理作用，临床已用于降血脂及治疗慢性气管炎、皮肤溃疡等。由于甾醇具有抗紫外线和防止色素沉积的功能，菜油甾醇可作化妆品的基料。因此，挖掘甾醇资源，发展甾醇生产，对促进医药工业和日用化妆品工业发展具有重要意义。

表 6-1　雪岭云杉针叶叶绿素-胡萝卜素软膏中不皂化物质的化学组成

化合物	含量/%	化合物	含量/%
倍半萜类	36.89	13-β-7，9（11）-枞二烯酯	2.47
σ愈创木烯	0.55	8，15-异海松二烯甲酯	1.80
β-红没药烯	0.98	去氢枞酸甲酯	1.45
（—）-罗汉柏二烯	0.56	8，15-海松酸二烯酯	1.61
月桂烯	0.42	枞酸甲酯	2.21
β-绿叶烯	0.65	6，8，11，13-枞四烯酯	2.24
金合欢醇	0.44	新枞酸酯	1.74
喇叭茶醇	0.40	3-异乙酸冰片酯	2.68
β-红没药醇	2.24	三萜类	1.65
σ-杜松醇	2.23	羊毛甾-7-烯-3-酮	1.65
雪松醇	0.48	甾类化合物	14.22
绿叶醇	8.64	麦角甾烷	0.53
檀香脑	4.57	β-麦角甾-22，23-烯-3α-醇	0.81
愈创木醇	6.89	麦角甾醇	0.64
α-石竹烯醇	5.54	菜油甾醇	5.98
橙花叔醇	2.30	β-谷甾醇	6.26
二萜类	36.86	生育酚	0.89
冷杉醇	0.56	a-生育酚	0.89
植醇	1.64	脂肪族醇	2.75
去氢枞醛	4.62	1-二十二烷醇	0.62
去氢枞醇	10.24	1-三十二烷醇	2.13
4-表去氢枞醇	3.60		

注：表中含量为占雪岭云杉针叶软膏不皂化物量。

研究发现，精制马尾松松针中含有β-谷甾醇（89.32%）、豆甾烷醇（5.07%）、菜油甾醇（3.90%）、豆甾-7-烯-3-醇（0.42%）、麦角甾烷醇（0.35%）、豆甾-5，24

（28）-双烯-3β-醇（0.25%）6 种植物甾醇（郑光耀等，2009）。马尾松花粉中含有Δ^5-菜油甾醇、豆甾醇、Δ^7-菜油甾醇、β-谷甾醇、Δ^5-燕麦甾醇、禾本甾醇、环阿屯醇和 24-亚甲基环木菠萝烷醇 8 种植物甾醇成分，总甾醇含量为 1.680mg/g（孙阳恩等，2012）。

三、结构特征

从结构上来说，甾族化合物的结构大多相似，分子的基本骨架是由三个六元环和一个五元环即四个相并的环组成的环戊烷并全氢菲（也叫甾核）及三个侧链。甾醇只是甾族化合物中的一类物质。C3 位上连有一个羟基，是重要的活性基团之一，可与脂肪酸形成甾醇酯。组成甾醇分子的甾核所含有的碳原子数一般为 27～31 个不等，分子量约为 386～456（田燕，2014）。根据国际化学物质命名规定：依侧链和其他官能团相对于环平面的位置不同，分为 α 型和β型。甾醇的基本骨架图如图 6-1 所示。

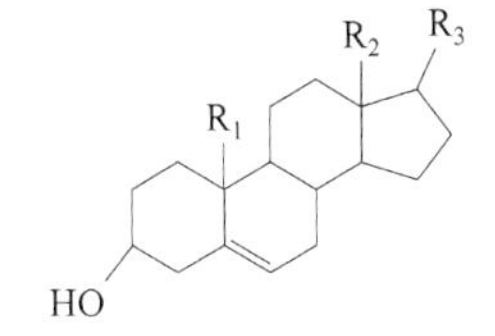

图 6-1　甾醇的基本骨架

甾醇在自然界中以游离态和结合态的形式存在，C4 位上所连的甲基数目的不同以及 C7 位上侧链的长短、双键数目的多少等差异，会形成不同种类的甾醇。总的来讲，甾醇的结构大多相似，但是功能却千差万别。这主要是由于 R3 基团的区别所导致的。因此结构的区别直接决定了性质的不同，性质不同则决定了其功能的不同。根据来源的不同，甾醇分为植物性甾醇、动物性甾醇、菌性甾醇三类。植物性甾醇包括β-谷甾醇、豆甾醇、菜油甾醇、菜籽甾醇，另外还有燕麦甾醇、菠菜甾醇、麦角甾醇等。谷甾醇和豆甾醇的 R 基是乙基，豆甾醇有侧链上的双键，而谷甾醇没有。菜籽甾醇和菜油甾醇的 R 基是甲基，菜籽甾醇有侧链上的双键，而菜油甾醇没有，结构如图 6-2 所示。

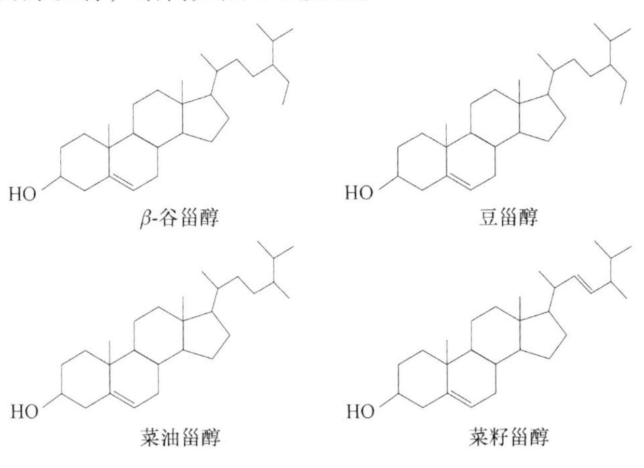

图 6-2　主要植物甾醇结构

甾醇化合物的主要区别在于 C17 所连的基团 R3 不同。植物性甾醇为类甾醇化合物，其结构与胆固醇颇为相似，主要区别在于 R3 侧链上所连基团的不同。植物甾醇是以环戊烷多氢菲为主要骨架的 3-羟基化合物，一般在 C17 位上连有由 8～10 个碳原子组成的侧链，根据 C5 位上有无双键分为甾醇和甾烷醇。常见的植物性甾醇有豆甾醇、β-谷甾醇、菜油甾醇和菜籽甾醇，它们主要的结构区别在于支链大小和双键数目。豆甾醇与谷甾醇的区别在于 R3 侧链上是否有双键，菜油甾醇与谷甾醇的主要区别在于 R3 侧链是否含有乙基。

由于侧链的结构不同导致了其构效关系和生理功能的不同。例如，甾醇可以作为很好的乳化剂，主要是由于甾醇本身具有庞大的疏水性基团，同时也具有羟基这样的亲水性基团，因此具有很好的乳化性能。通过对羟基基团进行化学修饰可以调节甾醇的乳化性能。正是由于甾醇具有两亲性的特征，使得它具有调节和控制膜流动性的能力，从而起到膜支架作用。

第二节　甾类活性物质的性质与用途

一、植物甾醇的性质

（一）理化性质

纯的植物甾醇在常温下为白色粉末，又称为固醇，无臭无味，熔点可以达到 130～170℃，其中豆甾醇、菜油甾醇及谷甾醇的熔点分别为 140℃、157～158℃、170℃。植物甾醇的相对密度大于水，不溶于水、碱和酸，可溶于酒精、丙酮乙醚、苯、氯仿、乙酸乙酯、二硫化碳和石油醚等有机溶剂中。甾醇通常为片状或粉末状白色固体，经溶剂结晶处理的甾醇为白色鳞片状或针状晶体，其中在酒精溶剂中结晶形成针状或菱片状，在二氯乙烷溶剂中形成针刺状或长棱晶（唐传核，2005）。植物甾醇 C3 位上连有一个羟基，C17 位连有由 8～10 个碳原子构成侧链，多数甾醇 C5 位为双键，甾醇这种结构决定其具有多方面生理活性及广泛用途。

甾醇分子中，碳原子数一般为 27～31 个，分子量为 386～456。一般来说，一个甾醇分子的侧链基团越大，其疏水性就越强，因而，其理化性质主要表现为疏水性，但因其结构上带有羟基基团，因而又具有亲水性。植物甾醇在 150～170℃氢化成烃，但温度超过 250℃则易树脂化。在同一个物质结构上同时具有亲水基团和亲油基团意味着该物质具有乳化性，可作为膜组分，它们主要分布于血浆膜、线粒体以及内质网的外膜，很大程度上决定了这些膜的属性。换言之，植物甾醇具有的两性特征使得它具有调节和控制反相膜流动性的能力（代广辉等，2016）。

甾醇与硫酸或其他强酸可产生颜色反应，其原因可能是脱水后在碳正离子上成盐（不过，仅限于碳环上有双键的），如其氯仿溶液经浓硫酸与乙酸处理则呈现绿色（武晓云，2007）。

植物甾醇具有良好的抗氧化、抗腐败作用，可以用作食品添加剂。有研究发现米糠甾醇阿魏酸酯与生育酚、丁基羟基茴香醚（BHA）、丁基羟基甲苯（BHT）并用，可以将后者的抗氧化能力提高5～10倍，与甘氨酸并用后，可以延长油脂自动氧化的诱导期。因此油脂中添加米糠甾醇后再用于制造饼干或方便面等，能够提高抗氧化能力，延长货架寿命（高瑜莹，2001）。

甾醇对毛地黄皂苷的反应灵敏，以至于1mL 90%的酒精中能发现1mg/L的甾醇的存在，一分子甾醇与一分子毛地黄皂苷形成分子络合物，产生大量的甾醇-毛地黄皂苷的白色沉淀，当温度加热到250℃以上时，甾醇则不为毛地黄皂苷所沉淀。人们正是利用甾醇的呈色反应与毛地黄皂苷形成分子络合物的性质进行甾醇的定性鉴定和最初的粗略定量测定。另外，甾醇还可与一些有机酸、卤酸、尿素和碱土金属盐发生络合反应（武晓云，2007）。

（二）抗氧化功能

甾醇因在其分子结构中的R3侧链上都有一个亚乙基而具有抗氧化功能。带亚乙基的植物甾醇的含量越高，其抗氧化性越强。在分子结构中由于亲水性羟基和碳碳双键的存在，甾醇很容易被氧化，这种现象在花生油等一些植物油中很常见。豆甾醇在特殊情况下，可以形成三价的自由基，但它不显示任何抗氧化活性，这可能是由于空间的问题，降低自由基形成的比例（左春山等，2013）。已经研究豆甾醇可以使细胞膜变得无序，并且豆甾醇与其他甾醇在质膜中的摩尔比率随着衰老而不断增加。

（三）生理学功能

1. 降胆固醇

植物甾醇与胆固醇结构相似，在生物体内以与胆固醇同样的方式被吸收，但甾醇在动物体内吸收率很低，不到胆固醇的10%。植物甾醇由于能抑制肝脏内胆固醇生物合成、促进胆固醇异化、抑制胆固醇在肠道内的吸收，它也是很好的降胆固醇药物。研究发现，植物甾醇具有降低血清胆固醇的作用，其与胆固醇结构相似，在生物体内以与胆固醇相同的方式被吸收，可起到预防心血管疾病的效果。β-谷甾醇有预防动脉粥样硬化的作用，适用于治疗高胆固醇、高甘油酯血症等疾病。据测试，豆甾醇也具有相同疗效。但是，大剂量使用植物甾醇会导致谷甾醇血症即血清中的植物甾醇浓度明显升高，反而导致心血管疾病的发病。研究结果表明，植物甾醇、甾烷醇、甾醇酯可降低正常人群、高血脂成年患者或儿童的低密度脂蛋白达 10%～14%，而高密度脂蛋白和甘油三酯浓度几乎不受影响。植物甾醇降胆固醇的作用机理主要包括抑制肠道对胆固醇的吸收,促进胆固醇的异化,在肝脏内抑制胆固醇的生物合成。临床实验证明甾醇及其衍生物和降血脂药物具有协同增效作用。

欧洲食品安全管理局建议，若每人每天饮食中摄入 1.5～2.4g 的植物甾醇，那么血液中的胆固醇含量减少 7%～10%（郭咪咪等，2014）。甾醇酯并不降低 HDL-C 和甘油三酯，却可以降低 LDL-C。有学者研究证实，对使用他汀类药物的患者来说，植物甾醇甚至能将体内胆固醇水平降低 9%～17%。但是不同结构的植物甾醇降胆固醇效果也不一样，如β-谷甾醇和豆甾醇降低胆固醇的作用十分明显，而菜油甾醇降胆固醇的作用则相对较弱。另外，也并不是所有情况下植物甾醇都影响胆固醇的吸收。当摄入的胆固醇量较少时，其吸收效率不受任何影响；当摄入量高于 400mg/天时，其吸收的效率明显降低（代广辉等，2016）。

2. 延缓衰老

延缓衰老，提高人均寿命是人类追求的终极目标之一。人体组织、机体的老化是导致衰老的主要原因。膜结构中包括磷脂、糖脂和甾醇三类脂质化合物，它的异变直接导致生物组织、机体的老化。在膜结构中，甾醇起着关键性的支架作用，它可以限制脂肪酸烃基长链自由摆动，降低膜流动性，保持膜的完整性，从而延缓膜的老化。当膜内甾醇比例降低时，双层膜脂肪酸烃基长链无法自由摆动，磷脂分子位置被固定，膜由于丧失柔软性变得僵硬，蛋白质会失去活性。最终，膜会表现出老化或缺陷的特性，从而失去适应能力，选择性和功能性大大损伤。由于与胆固醇结构类似，植物甾醇可以在人体内起到部分替代胆固醇的作用，适量摄入植物甾醇，补充人体内细胞或组织内甾醇含量，可以延缓衰老（Rudkowska，2010）。

3. 抗肿瘤

癌症是目前人类最大的致死病因。许多植物甾醇被证明有很好的抗肿瘤作用，可以有效降低多种癌症的发病率。胆固醇经肠道微生物的作用产生的代谢产物容易诱发结肠癌及炎症。相反，植物甾醇会促使胆固醇本身直接排出体外，减少了胆固醇的微生物分解代谢产物，可达到预防肿瘤的效果。植物甾醇能够抑制前列腺肿瘤细胞增殖和降低胆汁酸代谢物浓度作用，从而起到一定的抗大肠癌作用。麦角甾醇呈剂量依赖性抑制糖精钠、DL-色氨酸、丁基羟基茴香醚及 *N*-丁基-*N*-（4-羟丁基）亚硝胺对膀胱致癌作用，抑制膀胱癌的发生。此外，临床已经证明，β-谷甾醇对于治疗宫颈癌和皮肤癌也有明显疗效。植物甾醇在癌症病人综合治疗过程中也可作为一种辅助治疗的药物。有些植物甾醇能直接抑制肿瘤，如谷甾醇本身已被证明能够有效地抑制人结肠癌细胞 HT29 的生长、上皮细胞增殖以及化学诱导大鼠结肠肿瘤，从而作为抗肿瘤药物使用。有研究报道，植物甾醇的几种衍生物对人肝癌细胞系 HepG2、人乳腺癌细胞系 MCF-7 的分裂和生长具有较强抑制作用，而且还使癌细胞凋亡的数目增多、速率加快（李红星等，2008）。目前所知的植物甾醇抑制癌细胞增殖的原因有：①影响细胞膜中磷脂和蛋白质的流动、影响细胞膜上的结合酶；②改变细胞的渗透压，从而诱导癌细胞的凋亡；③通过影响癌细胞信号传导方式，影响癌细胞的发育和凋亡过程；④可以增强机体免疫力。（代广辉等，2016）

4. 消炎、退热、抗溃疡

研究表明，植物甾醇能抑制细菌、真菌等繁殖，具有明显的消炎、退热、治溃疡的功效。例如，β-谷甾醇的抗炎作用类似于氢化可的松和泼尼松（别名：强的松、去氢可的松），不受脑垂体肾上腺系统制约，且无可的松类药物的副作用，因而是一种应用安全的天然药物，可作为辅助抗炎症药物长期使用（孙军凤，2014）。β-谷甾醇还具有类似于阿司匹林（乙酰水杨酸）的退热作用，同时其副作用很低。一般临床应用抗炎药物多具有致溃疡性，而β-谷甾醇服用量高至 300mg/kg 也不会引起溃疡。

5. 护肤

护肤作用是大多数甾醇类化合物所具有的一种功能。由于甾醇是 W/O 型乳化剂，其乳化性能和稳定性都非常好，同时对皮肤有很高的渗透性，是优良的护肤品成分。此外，植物甾醇亲和性弱，在洗发护发剂中起到调节剂作用，能增强头发韧性，保护头皮。目前在美国、日本等许多国家，甾醇广泛用于各种化妆品中。

6. 防治前列腺疾病

临床实验证明，植物甾醇可以减少前列腺疾病的发生，相关结果表明，植物甾醇可以起到改善膀胱收缩的功能，同时它在良性前列腺增生的治疗中应用也较为广泛，尤其是欧美国家，其效果与治疗良性前列腺增生药物相同（刘荣华等，2007）。因此，德国和美国一些药物公司已经确认植物甾醇可用作治疗前列腺类疾病的药物（何雄伟，2010）。

7. 类激素功能

植物甾醇因其与胆固醇在结构上相似，类似于雌性激素，具有一定的雌性激素活性，而无激素的副作用。医学研究证明，β-谷甾醇对子宫内物质代谢有类似于雌性激素的作用，且无激素的副作用。但植物甾醇的浓度较高时，其变为一种拮抗物，不具有雌性激素活性，荷尔蒙影响消失。除上述医药功能外，也有研究发现植物甾醇具有免疫调节功能，β-谷甾醇及其糖苷、多胺甾醇能够刺激淋巴细胞增殖，可作为一种免疫调节因子。

8. 其他功能

研究表明，植物甾醇还有一定的抗病毒、解热镇痛及促进酵母生长的作用。

二、植物甾醇的用途

植物甾醇及其衍生物具有重要的生理功能，是现今世界甾体药物迫切需要的重要药源。随着人们保健意识的增强，植物甾醇的生理功能日益受到重视，其研究及应用已涉及医药、食品、化妆品、饲料以及农业生产、化工、纺织等各个领域。

（一）医药领域

植物甾醇是植物细胞膜的构成成分之一，也是多种激素、维生素 D 及甾组化合物合成的前体。它被确认具有抑制胆固醇在肠内的吸收，降低血清胆固醇浓度，促进胆固醇降解代谢，抑制胆固醇的生化合成，抗炎，抗肿瘤等作用，对冠心病、动脉粥样硬化、溃疡、皮肤鳞癌、宫颈癌等疾病有显著的预防和治疗效果，对人乳腺癌细胞、前列腺癌细胞、人结肠癌细胞、人红白血病病变细胞、人肝癌细胞、胃癌细胞均有一定的作用。例如，豆甾醇具有较强的抗炎和消炎作用，可直接用于抗炎药物，具有免疫调节作用，能抗艾滋病病毒 I 型（HIV1）病毒、人类巨细胞病毒（HCMV）和单纯疱疹病毒（HSV），还可作为胆结石形成的阻止剂。

植物甾醇可用于合成调节水、盐、糖和蛋白质代谢的甾醇激素生产甾体激素药物。例如，从二氢胆固醇合成雄酮激素；谷甾醇（含菜油甾醇）生产雄甾-4烯-3, 17-二酮（4AD）和雄甾-1, 4-二烯-3, 17-二酮（ADD）；豆甾醇通过化学法从 C22 双键处切断，再进行结构修饰后可制造出多种甾体皮质激素药物（陈思静等，2011）。

（二）食品工业

植物甾醇因具有良好的抗氧化和抗腐败作用，并且无毒无害，故可作为添加剂直接加入到食品中，以提升产品的营养价值。国内开发出的具有降低血清胆固醇功效的蛋白饮料中含有 0.1%～10%的植物甾醇酯。植物甾醇酯较甾醇具有更优的脂亲和性和更佳的降胆固醇效果。美国食品与药物管理局及欧盟多家官方机构都认为摄食含植物甾醇酯制品是安全的（少数存在植物甾醇代谢障碍患者除外），功能性甾醇制品产业迅速发展，开发方向也由最开始的高热量食品向健康低脂食品方向发展，应用范围逐渐扩大，包括酱汁、甜点、饼干、饮料、全麦面包、麦片、烹调油等多种类型（孙军风，2014）。

（三）化妆品工业

植物甾醇不仅对人体具有重要的生理活性作用，而且是一种 W/O 型乳化剂，其乳化性能佳且稳定，特别是谷甾醇对皮肤有很高渗透性，2%～5%的乳化剂能降低脂蛋白，增强脂肪酶活性，御防红斑、抑制皮肤炎症，保持皮肤表面水分，防止皮肤老化等功能，可作为皮肤营养剂用于许多化妆品中。并能防止足底、膝及手掌等皮肤干燥及角质化，防止和抑制鸡眼形成，改善皮肤触感（钟建华等，2005）。此外，植物甾醇亲和性弱，在洗发护发剂中起到调节剂作用，能使头发变强劲、不易断裂，并减少静电效应，保护头皮。化妆品中的植物甾醇或其衍生物的用量一般为全量的 2%～5%；在乳脂等化妆品中其含量较高，多为 3%～5%，作调节剂使用时以 3%为宜。目前在美国、日本等许多国家，植物甾醇已代替胆甾醇广泛用于生发香水、洗发液、营养雪花膏等化妆品中，国内也有厂家研制开发含有植物甾醇的新型化妆制品。

植物甾醇具有调节和控制反相膜流动性的能力，其乳化性能好而且稳定。在美国、日本等许多国家中，植物甾醇已经代替胆固醇广泛应用于护肤品、洗发护发品、浴用化妆品等中。有研究发现，丝氨酸能够改变植物甾醇对细胞膜的影响（Hac et al.，2012）。

（四）饲料工业

植物甾醇（主要是谷甾醇）、植物生长激素与能在水中形成分子膜的脂质结合，制成植物甾醇核糖核蛋白，具有促进动物性蛋白质合成的功能，因而构成一种新型动物生长剂。含谷甾醇的动物生长剂可用作混合饲料或饲料添加剂，也可通过注射由动物皮下吸收，或用作为养殖池水添加剂或表面喷雾由皮肤吸收。它不仅适用于蚕和鱼，也适用于虾、鸟、家禽、家畜等，能促进动物生长、增进健康、提高产量、降低成本，有良好经济效益。

研究认为，植物甾醇可以通过抑制低密度脂蛋白的生成来降低血脂，同时影响肝脏内源性胆固醇的合成，并且可以通过提高机体抗氧化酶活性达到抗氧化效果。故添加植物甾醇的动物饲料，不仅能降低鱼、虾、鸟、家禽等动物制品中的胆固醇含量，而且能刺激食欲。植物甾醇还可用作动物的肝功能改善剂以及与植物激素及核糖蛋白形成甾醇核糖核蛋白复合体作为一种新型的动物生长剂。该激素能够增加原植物激素对环境温度及在动物体内分解的稳定性，促进动物蛋白质的合成，有利于动物生长和健康，提高产量，降低成本。

（五）其他

植物甾醇及其衍生物可以作为除草剂、杀虫剂和生长剂原料应用于农业生产，还可以作为着色剂、分散剂，应用于化工业以及柔软剂应用于纺织工业等。例如，油菜甾醇内酯就是一种新型的甾体天然植物激素，具有促进细胞伸长和分裂等生长素、赤霉素、细胞分裂素的部分生理作用，可以用作生长剂（孙军凤，2014）。植物甾醇由于其乳化性能好，还可用于纸张精压加工，在印刷行业作为油墨颜料分散剂；在纺织工业作为柔软剂；在农业，植物甾醇可作为大规模合成除草剂和杀虫剂原料；食品工业作为乳化剂和防止煎炸油劣变抗氧化剂等；在光学领域可用于液晶制造。

第三节　甾类活性物质生产

一、生物合成

大量研究表明，植物甾醇合成的第一阶段是由 3 个乙酰辅酶 A（acetyl-CoA）分子经过 6C 的 3-羟基-3-甲基戊二酰辅酶 A（HMG-CoA）和 6C 的甲羟戊酸（mevalonic acid，MVA）形成 5C 的异戊烯焦磷酸（IPP）分子。甾醇合成的第二个阶段是 IPP 分子聚合经过 C10 的牛儿焦磷酸（GPP）和 C15 的法呢焦磷酸（FPP）形成 C30 的鲨烯（squalene）。对于植物、真菌和动物细胞来说，甾醇生物合成途径中从乙酰-CoA 到鲨烯阶段是相同的。然后，在动物和真菌中，鲨烯分子环化形成 30C 的羊毛脂甾醇（lanosterol）。而在植物体内则形成环阿屯醇（9，19-环-24-羊毛脂-3β-醇，cycloartenol）的 C30-前体。最后，动物和真菌 30C 的羊毛脂甾醇形成 27C 的胆甾醇，植物体内环阿屯醇前体 C30-前体形成环阿屯醇（唐传核，2005）。

在进一步的生物合成过程中，植物体内的环阿屯醇经过环桉油醇（cycloeucalenol）、钝叶鼠曲草醇（obtusifoliol），并在一系列酶的作用下形成表甾醇、Δ^7-燕麦甾醇（Δ^7-avenasterol）、谷甾醇、豆甾醇和芸苔甾醇。在植物体中乙酰辅酶 A 的形成有以下几条途径：①糖酵解过程中丙酮酸盐分解形成乙酰辅酶 A 和 CO_2；②脂肪酸的β-氧化；③乙酰辅酶 A 合成酶催化的自由乙酸激活途径。在植物体中具有 C24-甾醇前体的烷基取代和 22，23-双键的引入机制，最终，形成典型的 C28-植物甾醇和 C29-植物甾醇。引入 22，23-双键和 C24-烷基集团结合到甾醇分子中能够提高侧链的总体强度，这种修饰作用可能是植物细胞结构特点所必需的，同时也是细胞膜强度的需求。

对于植物、真菌和动物细胞来说，甾醇合成从乙酰-CoA到鲨烯阶段虽然是相似的，但是，这种相似仅仅局限于在酶反应作用下所形成的中间化合物，而此时所催化这些反应的酶系统并不同。在植物甾醇的生物合成过程中，有许多酶的参与。其中，3-羟基-3-甲基戊二酰辅酶A（HMG-CoA）还原酶催化3-羟基-3-甲基戊二酰辅酶A形成甲羟戊酸（MVA）。HMG-CoA还原酶是植物甾醇生物合成非常重要的关键酶。同时，HMG-CoA还原酶催化哺乳动物的胆甾醇及其他甾醇的形成，以及赤霉素（GA）、类胡萝卜素（carotenoid）、脱落酸（ABA）等的生物合成。因此，可以说，这种酶无论在植物，还是在动物有机体萜烯类物质合成速度的调节过程中，都起到不可替代的作用。但是，鲨烯环化是光合和非光合有机体中甾醇生物合成途径分歧的第一阶段。植物甾醇生物合成的第一个专化反应是2，3-氧化鲨烯（2, 3-oxidosqualene）环化形成环阿屯醇（cycloartenol）。关于催化植物甾醇生物合成反应的酶有许多种，其来源、分离方法、特性和定位各不相同。然而，在正常的生理生化条件下，对于某种植物种类来说，其甾醇的生物合成途径是确定的。甾醇生物合成抑制剂的作用会导致中间化合物的积累，从而引起生物合成由主要途径向次要途径转化。

综上所述，植物甾醇生物合成的特点如下：①只有植物甾醇的合成才会形成具有9, 19-环丙烷环的环阿屯醇中间产物，环桉油醇-钝叶鼠曲草醇异构酶（cycloeu-calenol-obtusifoliol isomerase）降解此环的过程仅在植物中存在。②植物体内消除4-甲基和14-甲基的顺序反应与动物和真菌不同，在植物体中C4-甲基的去除反应是在各种酶复合体催化下进行的，而在动物和真菌中C4-脱甲基反应是在同一种酶催化下进行的。③C24-甲基甾醇只有在真菌、藻类和植物中存在，但不同生物种类其侧链的空间构象不同。真菌和藻类的C24-甲基甾醇具有的是β构象，而在高等植物中则为α构象但也有例外，如在葫芦科植物（Cucurbita maxita，C. pepo）中，C24-甲基甾醇是α和β差象异构体的混合物。

二、提取分离方法

植物甾醇是一种结构与胆固醇类似，但具有多重生理活性的三萜烯。其主要来自于植物油中的不皂化物，需经过分离提取才能富集到高纯度的产物，而且植物甾醇的水溶性和油溶性均较差，这会限制其在人体内的吸收率。因为植物甾醇部分以酯化形式存在于原材料中，所以提取前一般先进行水解使之全部转化成游离植物甾醇。水解分为高温高压水解和碱水解，后者因条件温和，且水解皂化一起进行，因此使用较普遍。目前植物甾醇的提取方法根据其来源分为以下四种。

（一）植物油脱臭馏出物中植物甾醇提取工艺

脱臭馏出物中甾醇的提取工艺（图 6-3）中，a 途径适用于游离脂肪酸、甘油三酯和生育酚含量较多的脱臭馏出物，具体是先通过真空蒸馏或皂化反应分离出游离脂肪酸，此时剩余物质主要包括植物甾醇、生育酚、烃类、甘油一酯、甘油二酯和甘油三酯，其中植物甾醇与苯甲酸酐酯化生成甾醇酯，再短程蒸馏去除生育酚，最后转酯化反应后冷却分离得到植物甾醇晶体。含游离脂肪酸和生育酚较少的脱臭馏出物中则采用 b 途径，由皂化反应得到的未皂化物冷却结晶分离得到植物甾醇粗制品。

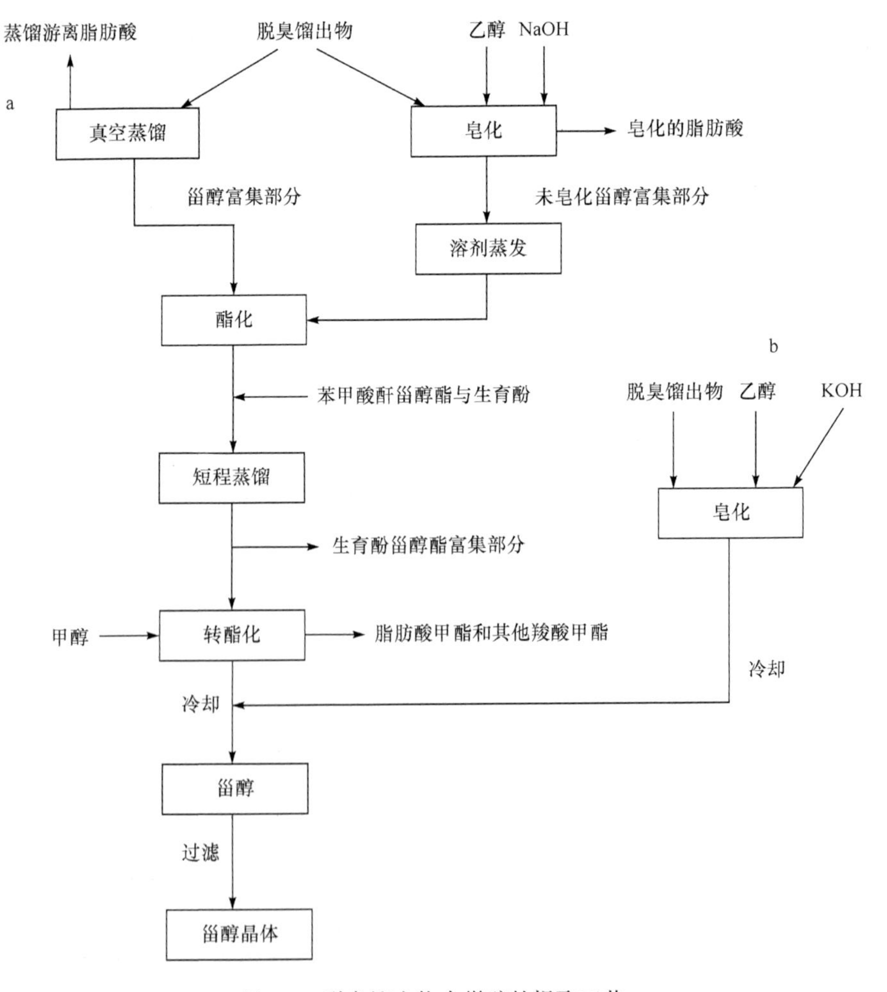

图 6-3　脱臭馏出物中甾醇的提取工艺

（二）浮油中植物甾醇提取工艺

浮油中甾醇的提取工艺如图 6-4 所示，由正己烷萃取得到的未皂化部分经热水冲洗、有机相浓缩、蒸馏等步骤分别去除无机盐、溶剂和轻馏分等得到植物甾醇晶体。

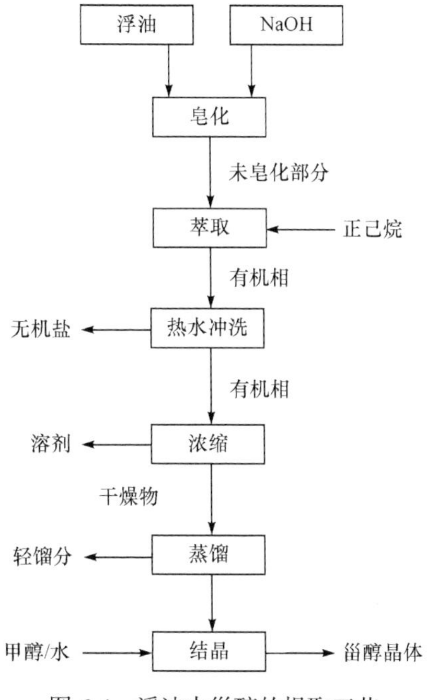

图 6-4 浮油中甾醇的提取工艺

（三）天然油料作物中植物甾醇提取工艺

天然油料作物中植物甾醇提取工艺与浮油中植物甾醇的提取过程基本相似，只是在原料浸提和萃取时结合了微波辅助萃取、超临界 CO_2 萃取或固相萃取等新提取技术，再通过高速逆流色谱法等技术分离纯化，植物甾醇的结构和纯度分析一般采用气相色谱（gas chromatography，GC）进行。

（四）植物叶果皮中植物甾醇提取工艺

植物叶果皮中植物甾醇提取主要是利用超临界萃取或固相萃取等现代提取分离技术提取，再通过高速逆流色谱法分离纯化，得到的精制植物甾醇再用 GC 分析。例如，微波功率为 539W、微波时间为 41s、固液比为 1∶35g/mL 时，桑白皮甾醇得率为 7.74mg/g。与溶剂法、超声波法相比，微波辅助法的甾醇得率分别提高了 1.57%和 19.07%，大大缩短了提取时间（蔡森森，2013）。现以石油醚为溶剂就溶剂浸出法提取青杆针叶甾醇的工艺技术介绍如下。

三、青杆针叶甾醇的制备

（一）甾醇提取的工艺技术

1. 工艺流程

以石油醚为溶剂用溶剂浸出法提取青杆针叶甾醇的工艺流程如下。

青杆针叶 ⟶ 采集 ⟶ 粉碎 ⟶ 过筛 ⟶ 石油醚回流提取 ⟶ 分离 ⟶ 蒸发干燥 ⟶ 甾醇。

2. 操作要点

1）青杆甾醇的提取

称取 40g 青杆粉末，以石油醚、无水乙醇、乙醚为提取剂在不同温度下索氏回流提取 2h、3h、4h、5h、6h，取清液于 40℃温度下旋蒸浓缩至剩余 2mL 左右即得绿色油状提取液，加 300mL 无水乙醇，60mL KOH 溶液（500g/L），置沸水浴冷凝回流 30min 后，立刻用流水冷却至室温，然后将样品转移至 500mL 分液漏斗中，用 20mL 去离子蒸馏水冲洗圆底烧瓶，将洗液并入分液漏斗用环己烷萃取 3 次，再将萃取液水洗至中性，用无水硫酸钠干燥，旋蒸浓缩至 2mL，回收环己烷，得到不皂化物（聚戊烯醇粗品）用冰醋酸溶解并定容至 10mL。

2）最大吸收峰的确定

分别取 1mL 冰醋酸和 0.5mg/mL 的植物甾醇标准溶液于 A、B 号干燥洁净的具塞玻璃试管中，加入显色剂 5mL，然后再加入冰醋酸定容至 10mL，摇匀，塞紧试管，于 23℃温度下水浴反应 20min，取出，以 A 号试管作为空白对照，用紫外可见分光光度计于 510～675nm 波长范围扫描，以最高峰值所对应的 610nm 作为检测波长。植物甾醇显色后光谱扫描结果显示，在 160nm 和 540nm 处有两个较强吸收峰。故选用可见光区的 540nm 波长为 L-B 比色法测定青杆粉末植物甾醇含量的检测波长。

3）最佳显色条件的确定

分别以冰醋酸、醋酐、浓硫酸显色剂用量、显色温度、显色时间为单因素，在最大吸收波长下测定吸光值，得到醋酐浓硫酸显色法的最佳显色条件为冰醋酸用量为 30mL，醋酐显色剂用量为 60mL，浓硫酸显色剂用量为 10mL，显色温度为 23℃，显色时间为 20min。

4）显色液配制

取干燥洁净的 250mL 三角瓶，置于冰水浴中，依次加入 60mL 乙酸，30mL 预先在冰箱中冷藏的冰醋酸，10mL 预先在冰箱中冷藏的浓硫酸，混合均匀，然后加入 2mL 无水硫酸钾，于 4℃温度冰箱中保存备用。以醋酐-浓硫酸为显色剂，植物甾醇会产生浅红色 ⟶ 蓝紫色 ⟶ 绿色 ⟶ 污绿色等一系列颜色的变化，最后退色。因此可以通过测定植物甾醇粗提物的吸光度来对植物甾醇总含量进行定量分析。

5）胆固醇的标准溶液曲线制作

参考改进的 L-B 比色方法，利用紫外可见分光光度法，以胆固醇为标准品绘制标准曲线，对青杆甾醇粗提物中的总甾醇含量进行测定。准确称取不同质量胆固醇标准品，用冰醋酸溶解，通过逐级稀释的方法配制成浓度为 0.1mg/mL、0.2mg/mL、0.4mg/mL、0.5mg/mL、1.0mg/mL、1.5mg/mL 的胆固醇标准溶液。准确吸取上述胆固醇标准溶液各 1mL，按照已经确定的最佳显色条件进行比色，在波长 540nm 处分别测定其吸光值，然后以吸光值为横坐标，以胆固醇质量浓度为纵坐标，制作标准曲线，采用最小二乘法得到胆固醇质量浓度 p 与吸光值 R 的线性回归方程（Xu et al.，2010）：

$$p=27.3210R-0.02856 \text{（相关系数 } r=0.9950\text{）}$$

6）含量测定及得率计算

L-B 比色法实验条件为以冰醋酸∶醋酐∶浓硫酸=3∶6∶1 为显色剂，采用冰醋酸溶解样品，取 1mL 植物甾醇粗体液加入到 10mL 具塞玻璃试管，加入 5mL 显色液，用冰醋酸定容，在 23℃水浴反应 20min 后在波长 540nm 处测定吸光值 R。将吸光值带入胆固醇线性回归方程得到了植物甾醇质量浓度。按下面式子计算出植物甾醇得率：

$$\text{植物甾醇得率}=pV/m\times100\%$$

式中，p 为粗植物甾醇溶液的质量浓度（mg/mL）；V 为定容体积（mL）；m 为青杆粉末质量（mg）。

（二）影响甾醇提取的因素

影响青杆甾醇提取的因素很多，选择主要影响因素提取液种类、提取液用量、提取温度、提取时间进行单因素实验，结果分析如下。

1. 提取液种类

分别称取 3 份 40g 青杆粉末，用洁净滤纸包好装入索氏提取管中，分别加入 400mL 的石油醚、无水乙醇、乙醚到 500mL 平底烧瓶中，在相同温度（60℃）下回流提取 3h，取清液按照上述方法检测处理后，得到植物甾醇含量并计算植物甾醇得率，结果表明，植物甾醇得率中，乙醚作为提取剂时最高（为 0.485%），石油醚次之（为 0.481%），无水乙醇最低（为 0.342%），其中乙醚和石油醚作为提取剂的植物甾醇得率近似相等，考虑到乙醚的挥发性过大，对人体的危害性较高，且价格较昂贵，故推荐选用石油醚作为植物甾醇的提取剂。

2. 提取液用量

分别称取 5 份 40g 青杆粉末，用洁净滤纸包好装入索氏提取管中，按照 1∶2.5mg/mL、1∶5mg/mL、1∶7.5mg/mL、1∶10mg/mL、1∶12mg/mL 料液比把石油醚加入到 500mL 平底烧瓶中，然后按照上述方法进行植物甾醇提取、分离、检测，结果表明，随料液比的增加，植物甾醇得率得到提高，当料液比为 1∶10mg/mL 时，植物甾醇得率最大（为 0.581%），此后再增大料液比，植物甾醇得率基本保持不变。原因是当料液比逐渐增大，溶质的扩散速度也跟着增加，加速了醇溶性物质的溶出，使提取液中植物甾醇含量增大，当料液比达到 1∶10mg/mL 时，青杆粉末中基本再无残留的植物甾醇。

3. 提取温度

分别称取 5 份 40g 青杆粉末，用洁净滤纸包好装入索氏提取管中，按照 1∶10mg/mL 料液比把石油醚加入到 500mL 平底烧瓶中，按照 60℃、70℃、80℃、90℃、100℃提取温度，索氏回流提取 3h，然后按照上述方法进行植物甾醇提取、分离、检测。结果表明，随着索氏提取温度的提高，植物甾醇得率而迅速升高，当温度达到 80℃时，植物甾醇得率达到最大值，继续提高温度，植物甾醇得率反而下降。

4. 提取时间

分别称取 5 份 40g 青杆粉末，用洁净滤纸包好装入索氏提取管中，按照 1∶10mg/mL 料液比把石油醚加入到 500mL 平底烧瓶中，在 80℃温度下索氏回流提取时间分别为 2h、3h、4h、5h、6h，然后按照上述同样的方法进行植物甾醇提取、分离、检测。结果显示，随着提取时间的延长，植物甾醇得率得到提高，当提取时间为 4h 时，植物甾醇得率达到最大值，继续延长提取时间，植物甾醇得率基本不变。

（三）甾醇提取工艺条件优化

采用正交实验设计对青杆甾醇提取工艺条件进行优化。根据以上提取液种类、提取液用量、提取温度与提取时间单因素实验结果，以植物甾醇得率为考察指标，选取料液比（A）（1∶7.5mg/mL、1∶10mg/mL、1∶12mg/mL）、提取温度（B）（70℃、80℃、90℃）和提取时间（C）（3h、4h、5h）3 个因素，按照 L_9（3^3）表设计方案进行正交实验（表 6-2）。实验结果显示，各因素对植物甾醇得率的影响顺序为提取时间>料液比>提取温度。以石油醚作溶剂，青杆甾醇类化合物最佳提取条件为 $A2B2C3$，即料液比为 1∶10mg/mL，提取温度为 80℃，提取时间为 5h。在此条件下提取青杆中植物甾醇得率达 0.629%。

表 6-2 甾醇提取工艺条件优化正交实验结果及分析

实验号	料液比（*A*）/（mg/mL）	提取温度（*B*）/℃	提取时间（*C*）/h	提取率/%
1	1：7.5	70	3	0.456
2	1：7.5	80	4	0.578
3	1：7.5	90	5	0.562
4	1：10	70	4	0.611
5	1：10	80	5	0.629
6	1：10	90	3	0.579
7	1：12	70	5	0.582
8	1：12	80	3	0.492
9	1：12	90	4	0.589
K_1	1.596	1.549	1.529	—
K_2	1.819	1.701	1.778	—
K_3	1.665	1.730	1.773	—
k_1	0.532	0.516	0.510	—
k_2	0.606	0.567	0.593	—
k_3	0.555	0.577	0.591	—
极差 *R*	0.074	0.061	0.083	—
主次顺序		*C*>*A*>*B*		
优水平	*A*2	*B*2	*C*2	
优组合		*A*2*B*2*C*3		

小　　结

植物甾醇是一种结构与胆固醇类似但具有多重生理活性的三萜烯，是广泛存在于生物体内的一种重要的天然活性物质。其中，动物性甾醇以胆固醇为主，植物性甾醇主要为谷甾醇、豆甾醇和菜油甾醇等，菌性甾醇主要为麦角甾醇。

植物甾醇种类繁多，主要包括豆甾醇、β-谷甾醇、菜油甾醇和菜籽甾醇 4 种无甲基甾醇，另外还有燕麦甾醇、菠菜甾醇、麦角甾醇、环木菠萝烯醇等。根据已有的研究，雪岭云杉针叶叶绿素-胡萝卜素软膏不皂化物质中含有较多的β-谷甾醇和菜油甾醇。华山松松塔中含有β-谷甾醇。马尾松松针中含有β-谷甾醇、豆甾烷醇、菜油甾醇、豆甾-7-烯-3-醇、麦角甾烷醇、豆甾-5，24（28）-双烯-3β-醇 6 种植物甾醇，其含量之和占总量的 99.31%。马尾松花粉中Δ^5-菜油甾醇、豆甾醇、Δ^7-菜油甾醇、β-谷甾醇、Δ^5-燕麦甾醇、禾本甾醇、环阿屯醇和 24-亚甲基环木菠萝烷醇 8 种植物甾醇，其总含量为 1.680mg/g。

植物甾醇是一类重要的天然甾醇资源，也是非常重要的天然活性物质。国内外相关研究证明，植物甾醇类化合物是植物体内构成细胞膜的成分之一，也是多种激素、维生素D及甾组化合物合成的前体，具有抑制胆固醇在肠内的吸收，降低血清胆固醇浓度，促进胆固醇降解代谢，抑制胆固醇的生化合成，抗炎，抗肿瘤等功效，对冠心病、动脉粥样硬化、溃疡、皮肤鳞癌、宫颈癌等疾病有显著的预防和治疗效果，对人乳腺癌细胞、前列腺癌细胞、人结肠癌细胞、人红白血病病变细胞、人肝癌细胞、胃癌细胞均有一定作用，还可作为胆结石形成的阻止剂。目前关于云冷杉甾醇研究报道还很少，相信随着科技发展和人们认识的提高，云冷杉甾醇的开发利用研究必将受到重视和更快更好地发展，将会有更多云冷杉甾醇高附加值产品为人类的健康生活服务。

参考文献

蔡森森，2013. 桑白皮甾醇的提取及功能研究[D]. 长春：吉林大学.

陈思静，崔建国，李莹，2011. 具有生理活性甾体腙类化合物的研究进展[J]. 有机化学，31（2）: 187-192.

代广辉，王敏，2016. 植物甾醇性质、功能及其在食品中的应用[J]. 开封教育学院学报，36（2）: 261-262.

高爱新，王舟莲，王敬文，等，2010. 超临界 CO_2 萃取技术提取松花粉中植物甾醇的研究[J]. 食品科技，(4): 208-210.

高瑜莹，裘爱泳，潘秋琴，等，2001. 植物甾醇的分析方法[J]. 中国油脂，26（1）: 25-28.

郭咪咪，王瑛瑶，2014. 植物甾醇的提取、生理功能及在食品中的应用综述[J]. 食品安全监测学报，(9): 2771-2775.

何雄伟，2010. 植物甾醇治疗前列腺疾病应用进展[J]. 中国医药导报，7（10）: 17-18.

李红星，高佳丽，2008. 几种新的植物甾醇类衍生物对人类癌细胞系增殖的影响[J]. 北京师范大学学报（自然科学版），(3): 293-298.

刘海霞，2009. 苹果籽油甾醇的分离、提取及其功能性评价[D]. 西安：陕西师范大学.

刘荣华，李海涛，2007. 植物甾醇的生理功能及其在食品方面的应用[J]. 中国医学前沿，2（18）: 109-110.

孙军凤，2014. 植物甾醇及其衍生物研究进展[J]. 中国公共卫生，30（4）: 538-540.

孙阳恩，钤莉妍，张含，等，2012. 马尾松花粉中植物甾醇成分分析[J]. 天然产物研究与开发，(24): 1753-1756.

唐传核，2005. 植物生物活性物质[M]. 北京：化学工业出版社.

田燕，2014. 植物甾醇及单体分离纯化工艺研究[D]. 武昌：武汉轻工大学.

武晓云，2007. 甘蔗糖厂滤泥中植物甾醇的提取及豆甾醇和β-谷甾醇的分离[D]. 武汉：武汉大学.

郑光耀，宋强，周维纯，等，2009. 马尾松松针甾醇的精制及气相色谱–质谱分析[J]. 林产化学与工业，29（增刊）: 210-212.

钟建华，徐方正，2005. 植物甾醇的特性、生理功能及其应用[J]. 食品与药品，(2): 10-12.

周维纯，姜紫荣，2001. 雪岭云杉针叶叶绿素-胡萝卜素软膏不皂化物质化学组成的研究[J]. 林产化学与工业，21（2）: 53-56.

左春山，刘大勇，徐启杰，等，2013. 植物甾醇的结构与功能的研究进展[J]. 河南科技，(9): 211-213.

HAC WYDRO K，DYNAROWICZ L P，2012. Externalization of phosphatidylserine from inner to outer layer may alter the effect of plant sterols on human erythrocyte membrane—the Langmuir monolayer studies[J]. Biochimica et Biophysica Acta，1818: 2184-2191.

RUDKOWSKA I，2010. Plant sterols and stanols for healthy aging[J]. Maturitas, 66（2）: 158-162.

XU L B，ZELJKA K，NED A P，2010. Oxysterols from free radical chain oxidation of 7–dehydrocholesterol: product and mechanistic studies [J]. Journal of the American Chemical Society，132: 2222-2232.

第七章　云冷杉活性物质的高值化利用

第一节　光学冷杉胶

冷杉树脂，又称“冷杉香胶”，是由冷杉树皮树脂囊分泌的树脂加工制成的浅黄色热熔性固态胶，经溶剂溶解、净化、蒸馏等工序制得的浅黄色、透明的产品，具有迅速硬化、不结晶等性能，可用作光学玻璃的黏合剂。

一、冷杉胶的性质和用途

（一）冷杉胶的性质

刚采集的冷杉树脂几乎无色、透明，长时间存放逐渐呈现成浅黄色透明固体，有黏性、特殊气味，不溶于水，易溶于乙醚、乙酸乙酯、苯和松节油等中等极性和非极性溶剂。

冷杉胶的折射率（n）为 1.5200～1.5400，线膨胀系数（$a_{0\text{–}25}$）为 1.6×10^{-4}～2.0×10^{-4}，相对密度（d）为 1.05～1.06，酸值为 96～110，皂化值为 124～135。

冷杉胶在颜色、折射率、荧光、可见光透射率、适应温度突变范围、耐水、耐湿、耐热、胶合强度、化学稳定性、耐振动和机械冲击、对玻璃表面的作用、耐紫外线、防霉等方面的光学性能与理想的光学胶合剂的性能基本接近，只是在紫外线、耐低温、防霉和机械强度方面表现稍差。但经改性后，除紫外线一项外，其他三项都能得到改善。冷杉胶的胶合操作和折胶的方便，是其他任何胶所望尘莫及的。胶合时，只需将胶热熔或用溶剂溶解涂上透镜即可，折胶也只需加热或用溶剂浸泡即可，而且无毒，为绿色环境友好产品，至今仍是世界名列前茅的优良光学胶合剂（黄世强等，2011）。

（二）冷杉胶的主要用途

冷杉胶用作光学零件的胶合剂已有数百年历史。目前，冷杉胶的主要用途仍为光学用胶，其产品主要有普通冷杉胶、改性冷杉胶和液体冷杉胶 3 种类型，其应用范围主要为显微镜镜检、地质检验、电子工业、照相印刷制版、吸湿的偏光片、滤色片的封藏胶合以及制备电子显微技术上的专用薄膜等几个方面（樊金拴，2007）。

二、光学冷杉胶生产

（一）冷杉树脂加工

按照光学仪器的使用要求可将冷杉胶制成普通冷杉胶、改性冷杉胶和液体冷杉胶 3 种产品。普通冷杉胶具有硬度大，耐高温性能好的优点，宜用于岩石磨片和生物切片的胶接剂。改性冷杉胶是为满足精密光学仪器零件的胶接要求，在普通冷杉胶中添加一定数量的增塑剂，可供选择的增塑剂有亚麻油、癸二酸二乙酯、癸二酸二辛酯和邻苯二甲酸二辛酯，实践表明廉价物美的是亚麻油，一般在溶解步骤加入，正常添加量是 5%（质量比），特殊情况下，可以添加 14%～20%（质量比）。液体冷杉胶实际上就是冷杉胶中添加了溶剂，即在蒸馏后的冷杉胶内加入 1/3（体积）的经 5 号玻璃漏斗过滤的二甲苯，达到方便使用的目的，其用途、性质与普通冷杉胶相同。

冷杉胶的生产工艺，因产品的用途和原料质量的不同会有相应的改变，在此介绍以立木或伐倒木采脂的优质原料生产光学应用固体胶的工艺。

1. 工艺流程

冷杉胶的生产工艺：

冷杉树脂 ⟶ 溶解 ⟶ 洗涤 ⟶ 干燥 ⟶ 过滤 ⟶ 浓缩 ⟶ 蒸馏 ⟶ 成品包装。

2. 操作要点

1）溶解

为了便于过滤，可以选择乙醚、乙酸乙酯、苯和松节油作为溶剂。其中，乙醚挥发性太大、成本高、安全性低；苯有一定的毒性，操作环境差；松节油会使冷杉胶产品的颜色加深；乙酸乙酯溶解性好、性价比高，是理想的溶剂。溶剂使用量一般为 1∶1～1∶2，若在加工过程中溶剂有损失，透明度差或黏度过大，则应适当补充。

2）洗涤

为了有效除去冷杉树脂中所含的水溶性有机酸和其他杂质，以及在脱色过程所带来的各种杂质与副产物，一般采用盐水洗涤，盐水量（含盐 3%左右）与树脂体积等量，只要搅拌充分，分层好，洗涤两次一般就可以达到要求。

3）干燥

为了去除残留的微量水分，一般采用无水硫酸钠作为干燥剂进行化学干燥。无水硫酸钠在吸水后变成带有 10 个结晶水的硫酸钠晶体。而将该晶体在 120℃干燥时，可失去结晶水，故硫酸钠可回收反复使用。在脱水过程中如果溶液黏度太大，不易清亮，可适当增加溶剂，使脱水过程加快。

4）过滤

过滤过程包括粗滤和净滤。粗滤是在低真空下，用布氏漏斗工业滤纸除去冷杉树脂在采集过程中带有树皮、苔藓、泥沙等各种机械杂质和树脂中含有的不溶物。净滤是在无菌环境中进行过滤操作，确保产品达到无菌无尘要求。光学胶的清洁度要求很严，因此要求选择易过滤的装置和玻璃器皿与环境均无尘。

5）浓缩和蒸馏

浓缩和蒸馏就是脱除溶剂和冷杉油，使产品达到预定硬度等技术指标。为保证产品质量，防止因蒸馏而引起色泽加深和尘埃增加，甚至氧化、脱羧等现象发生，蒸馏时必须严加控制真空度、温度、时间。以 3000mL 蒸馏瓶为例，蒸 1kg 胶，瓶内压力为 399.96708～666.6118Pa 时，油浴温度 180℃，蒸馏时间 2h；油浴温度 190℃，蒸馏时间 1.5h 即可。为了提高蒸馏效率，常采用分子蒸馏设备，如转鼓式的蒸馏设备、连续化的升膜式或降膜式薄膜蒸发设备和刮板薄膜蒸发设备。因为在高真空下，物料经过加热只有短短几秒钟的时间，所以即使油浴温度提高到 260～270℃，树脂酸也不易受到破坏。

6）成品包装

蒸馏结束后，将蒸馏瓶送进无尘室（倒胶柜或超净工作台），迅速倒入准备好的包装容器中。常用的包装容器为 50g 或 100g 装的三醋酸纤维薄膜筒，但不同产品有不同的包装要求：①特殊改性冷杉胶采用平底指形玻璃管包装，每管装胶 3～4g。②普通冷杉胶和一般民用改性冷杉胶利用乙酸纤维白片基制成的包装筒包装，每筒装胶 25g，四筒为一盒。③液体冷杉胶采用棕色试剂瓶包装，每瓶装胶 100g。包装好的产品宜放在阴凉干燥、避光和通风良好的地方，严禁受热、受潮。

（二）冷杉树脂脱色

脱色处理适用于在采集和存放过程中与铁器接触或树脂存放太久，颜色较深的原脂。一般来说，树脂着色原因为树脂酸铁盐和氧化树脂酸的存在。它们的存在不仅增加了树脂的色值，而且使冷杉胶的质量下降。因为铁盐的存在会给调香工作带来困难，而氧化树脂酸的存在，则会使冷杉胶变脆易裂，胶的弹性和耐低温性能显著降低，所以，脱色的目的不仅是单纯地降低树脂的色值，而且也是提高冷杉胶质量的一个手段。脱色的方法很多，常用的有以下几种。

1）选择性溶剂法

此法包括单溶剂的离析和双溶剂的液-液萃取两种，其原理是利用树脂中不同组分的溶解度对溶剂的极性有选择性的将着色物质加以分离。一般常用的油性溶剂有石油醚、溶剂汽油、汽油、三氯甲烷等，亲水性溶剂有糠醛、间苯二酚、苯酚、乙醇胺、乙二醇、稀碱液和乙酸钾的水溶液等，其中以糠醛等较好。

单溶剂离析时，石油醚的用量为冷杉脂体积的 15～20 倍。配合离心处理时，用量可降低。液-液萃取时，石油醚用量只需 2～3 倍，而糠醛用量为 0.5 倍。用液-液萃取法，不仅能有效地除去氧化树脂，其他着色物质包括铁盐也能除去。用三氯甲烷作溶剂，以乙酸钾的水溶液为萃取剂时，能很好地精制因存放过久而质量下降的原脂。这时着色物质在上层，好脂在下层，特别是对因铁盐和氧化而变黑的原脂，效果很好。除去氧化树脂酸后的石油醚溶液，经长期放置或在高速离心机中离心处理时，树脂酸物质可自石油醚和冷杉油的溶液中离析，沉淀。研究表明，在不加热、不抽真空的条件下，用简单的方法即可除去大量的溶剂和冷杉油，既摆脱了蒸馏工序，简化了生产工艺，又避免了因长时间高温而造成树脂酸的异构和氧化，改善产品的光学性能。

2）溶剂-吸附法

根据吸附分离原则，欲从弱极性的试样中分离强极性的组分，应选用非极性溶剂和高活性吸附剂，相反，从强极性的试样中分离弱极性组分，则应选用极性溶剂和低活性的吸附剂。冷杉树脂着色物质的分离属于第一种情况。

实验证明，当用高于冷杉树脂 3～5 倍的石油醚溶解脂液时，用少量酸性高岭土即可有效地除去氧化树脂。除酸性高岭土外，钙、镁、铝的氧化物和盐类都有吸附能力，它们的吸附顺序为 $CaCO_3<MgCO_3<$活性硅胶$<MgSiO_3<Al_2O_3<$活化活性炭$<$活化 $MgO<$酸性高岭土。但在使用此法时，必须充分脱水和吸附剂必须充分活化，否则效果不好。

3）复分解法

树脂酸的铁盐是弱酸盐，故凡是比树脂酸强的酸类、酸式盐，都能使树脂酸还原而生成新的铁盐。如果新生成的铁盐是能溶于水，或能沉淀，或本身是无色的，就可将其除去而达到脱色的目的。一般常用于脱色的酸和酸式盐有磷酸、硼酸、草酸、磷矿粉、磷矿粉水浸液、磷酸氢钙、硫酸氢钙等。利用这些脱色剂，可使深色树脂精制成浅色树脂。

使用复分解法脱色而制得的冷杉固体胶的理化性能（酸价、皂化价、折光指数、相对密度等）与光学性能均不变，但去掉氧化树脂酸的产品，不但色值降低了，而且产品的酸价、软化点都有所降低，但却能非常显著地提高产品的耐低温性。

（三）冷杉胶的改性

能够改善冷杉胶原有性能或使其具有某种新的特性的方法或措施，都叫改性。改性一般是围绕着气味的改善、塑性-耐低温性能的改善、耐高温性能的改善、机械强度的改善、抗霉性能的改善、防老化性能的改善、抗紫外光性能的改善等方面进行的。改性的手段有物理方法、化学方法、物理化学法等多种方法，但是对于一般光学仪器的用胶来说，调香增塑这两种改性就足够了，对有特殊要求的胶，要考虑化学改性。

1. 调香

冷杉树脂具有独特的令人愉快的松林香味，但蒸去冷杉油的固体胶，在加热（100～120℃）使用时，会发出刺鼻的松香气味，令人非常不愉快。这种“臭味”的来源是由于胶内残留有高沸点的萜烯和能挥发的中性物。要彻底除去致臭物质，不仅是困难的，而且也是不允许的，因为高沸点的萜烯中性物是冷杉胶的优良天然增塑剂，随着这些物质的除去，冷杉胶最优良的光学性能也将随之消失，从而变成普通的松香，所以有效的办法是通过“调香”来解决臭味问题。

调香方法有 3 种：①加进单味香料或香精，它的香味可中和臭味。②加进某种定香剂，能把原有的臭味遮住，不使其散发出来。③根据原有臭味的性质，加进几种同类型的香料，调配成一种新的香型。

生产上，一般常用的方法是①和②两种类型的联合使用或②和③两种类型的联合使用。其中，①和②两种类型配合使用，常以天然香树脂，如乳香的乙醚抽取物为定香剂，再加进某一香型的香精，可发出香精本身的香味，此法的优点为可以任意选择香精，缺点为后劲小，香味在反复加热后消失了，臭味又会慢慢出来，而且加入天然香树脂有时会使色值加深。②和③两种类型配合使用，也以乳香为定香剂，这是由于乳香的确能很好地抑制住臭味。同时根据冷杉的臭味是木香型的，把它作为一味香料，配合其他木香型的香料，组合成理想的木香型香味。研究结果认为檀香香型是很理想的。调香后，不仅香味佳，留香久，能持久地抑住臭味，而且檀香香料的加入还有脱色和增塑的作用。

调香用的香料，不仅要求香味好，留香久，能彻底压住臭味，还要求沸点高，性能稳定，与冷杉胶不起化学反应，也不会在蒸馏过程中被蒸出和分解，同时具有与胶的互溶性好，光学性质与胶相近，不能成晶型析出，而且又不着色，原料来源广，价格低廉，无毒等优点。实践证明，臭冷杉胶用 1%的香兰素较为理想，而且为使香料在胶中均匀分布和不至于因添加香料而影响胶的清洁度，需在净滤时即蒸馏前加入。

2. 增塑

迄今为止，世界上有多种多样的光学胶合剂，包括种类很多的合成光学胶，然而没有一种合成胶是能够全面代替冷杉胶的。但对于冷杉胶本身来说，也并非就是十全十美的。例如，冷杉胶的胶合强度和耐冲击性能就限制了它在火炮和军车上的使用；它的耐低温性能不改善，就限制了它在高空和高寒地带的使用；它的耐高温性能不提高，就不能用在激光和其他高温部门。为了改善胶的耐低温性能和耐冲击性能，通常采用增塑的办法，增塑剂的加入，可提高冷杉胶的柔顺性，增塑剂分子进入冷杉胶后，可以减弱树脂酸分子间的引力，或者在树脂酸分子间起润滑作用，使冷杉胶的黏度下降，玻璃态化温度下降，从而提高了冷杉胶的塑性、弹性、耐冲击性能和耐低温性能。

冷杉胶之所以有胶合能力，是因为树脂酸具有羧基和双键这些极性基团，能与玻璃透镜表面的 Si-OH 基团缔合，也正是由于树脂酸的这种极性基团的存在，分子间的引力很大，固化后分子之间很难扭动，因此表现出脆性和缺少弹性，添加增塑剂就是为了减弱这种分子间的引力，增加塑性，但胶合力也要随之降低。

1）增塑剂的选择

增塑剂要求有良好的增塑效果，而且化学性能稳定、无毒、无臭。中性物是冷杉胶本身的天然增塑剂，正由于中性物的存在，才使冷杉胶具备不结晶、透明等一系列可贵的光学性能。增塑剂的加入对树脂酸来说，是作为杂质进入的，降低了树脂的纯度，破坏了树脂酸的晶格，因而有效地防止了结晶。

增塑作用可用化合物与溶剂互溶的基本规律来处理，也就是说，增塑效应在一定程度上服从稀溶液所遵循的定律。从增塑效果看，以同类增塑同类较好，互溶性好的，增塑效果也好。冷杉油的互溶虽好，但因为其易挥发而无长期的增塑作用，所以是一种不好的增塑剂，在加工过程中应设法尽量除去。互溶性差的增塑剂，如亚麻油或其他脂肪酸类增塑剂，其增塑溶胶很不稳定，在低温和大用量时，便会产生沥滤和离析，使冷杉胶失去均一性和完全丧失胶合能力，不能使用。

2）增塑剂的种类

增塑剂的种类较多，常见的有亚麻仁油、癸二酸乙基乙酯、癸二酸二辛酯、邻苯二甲酸异二辛酯等。实践证明，价格较为便宜的亚麻仁油是冷杉胶的一种优良增塑剂。

增塑剂一般都不单独使用。为了达到某种特定的性能，往往采用专门配调的混合增塑剂，对冷杉胶来说，较好的增塑剂有含油树脂的中性物、松香油、松香醇、松香的某些酯类、邻苯二甲酸酯类（特别是邻苯二甲酸异二辛酯）、磷酸酯类以及环氧酯类化合物等，癸二酸酯类增塑剂耐低温性能虽好，但因其有吸水性，吸水后便会凝固和不透明，因此最好不用，在添加增塑剂时，还应添加少量的磷酸二辛酯，它不仅具有耐低温性能，而且还具有防霉抗菌作用，这对光学仪器来说，还是很重要的。

3）增塑剂的添加

增塑剂在冷杉树脂加乙酸乙酯溶解时加入，其添加量随用途的不同而异。一般光学用胶只需在 100g 干胶中添加 5g；特殊用胶根据要求添加，增塑剂添加量通常占干胶的 14%～20%。

4）获取增塑效果的其他途径

常用来获取增塑效果的途径主要有以下几种。

（1）利用中性物。中性物的制备可通过皂化或真空蒸馏的方法取得，最好作为其他工业的副产品，成本低。例如，用烃类溶剂萃取肥皂工业、造纸工业的松香皂溶液，萃取明子的溶液，都可得中性物。此外，在通过蒸馏的方法制备高酸价松香或高软化点的聚合松香时，在真空度超过 79.993416kPa 和温度超过 200℃时，都有大量的中性物馏出，此馏出物颜色很浅（淡黄），软化点在 60℃左右，可直接作为光学胶合剂使用，也可作为冷杉胶的增塑剂，其特点是酸价很低，不结晶，色浅，耐低温性能好。

（2）利用化学方法，如共聚、双键的打开，极性基团的封闭或取代等，可导致分子之间作用力的降低，产生增塑效果。例如，当树脂酸变成乙二醇松香酯时，不但柔顺性增加了，而且本身也变成了增塑剂。树脂酸脱羧后的产品松香醇，也是一种增塑剂。

（3）树脂酸的某些酯类和聚合物，有较高的软化点和黏度，适于耐高温的光学零件的胶合。利用低温聚合的手段，可将松香制成透明度高、无臭味的光学胶。歧化、氢化树脂酸因消除了双键，软化点降低，塑性增高，性能更稳定。总之，利用树脂酸的双键和羧基的活泼性，可衍生出很多具有特殊性能的产品。

三、冷杉胶产品检验

（一）冷杉胶产品规格

冷杉胶产品按其用途一般分为没有添加增塑剂的普通冷杉胶、改性冷杉胶和液体冷杉胶 3 类。其相对密度（d）为 1.05～1.06，折射率为 1.5200～1.5400，线膨胀系数（$a_{0\text{–}25}$）为 1.6×10^{-4}～2.0×10^{-4}，酸值为 96～110，皂化值为 124～135。

（二）检验内容及方法

冷杉胶成品的日常检验，仅限于色值、针入度（或软化点）、清洁度的检验。出厂需进行定期检验或在成品出厂前按批号抽查，以保证产品的折光指数、耐高低温、耐冲击、振动、胶合强度、线膨胀系数等性能与产品牌号相适应。一般检验指标及方法如下。

1. 色值

用 0.05%的碘标准溶液注入试管中（其直径与盛有胶样管相同），在透光下观察，冷杉胶颜色不得深于 0.05%的碘标准溶液的颜色。

2. 等级

冷杉胶产品等级是按照在 100W 白炽灯光下，用 6 倍放大镜检查在 5cm^{3}体积产品中尘埃或绒毛数来区分的，一、二、三级的杂质数量分别为小于等于 5 个/5cm^3、6～10 个/5cm^3、11～20 个/5cm^3。

3. 硬度

温度在 20±0.5℃时，用 3801 型石油工业沥青针入度计测定。测定时，总负荷重（带有针尖和荷重撞针重量）应为 200±0.25g，时间为 1min。将熔融的冷杉胶注入黄铜杯（铜杯直径 10mm，高 20mm）中测定，待冷杉胶冷却至室温，再将铜杯浸放在 20±0.5℃的水结晶器皿中恒温 30min，连同结晶皿一起安装在针入度计小平台上，把针尖轻轻挨在铜杯中央 2/3 胶表面处，平行测定两次，取其平均值，根据针入度值确定其产品牌号。

4. 折射率

液体胶直接用阿贝折射仪测定折射率，则取 5g 固体胶溶于 15g 甲苯溶液中，待成均匀的溶液后测定折射率。固体胶的折射率计算：

$$折射率(n_D^{20}) = \frac{R_1 \times 100 - r_1 \times W}{S}$$

式中，R_1 为溶液的实测折射率；r_1 为甲苯折射率；W 为溶液中甲苯的重量（%）；S 为溶液中冷杉胶的重量（%）。

也可将固体胶在 120±5℃的干燥箱内熔融后，取一滴测定，或取一粒固体胶直接在折射仪上熔融后，在 20℃温度下测定。如在其他温度下测定，可按下式换算：

$$n_D^{20} = n_1 + 0.00035(t - 20)$$

式中，n_1 为测定时温度下冷杉胶的折射率；t 为测定时的温度（℃）。

5. 线膨胀系数

线膨胀系数用比重瓶测定，膨胀液体为水，温度范围为 0～25℃。将样品做成小颗粒的胶球，取试样 10g（准确至 0.0001g）放在预先称重且洁净的比重瓶内，在 110～120℃烘箱中烘至无气泡为止。将比重瓶放在恒温水浴中 20～30min，分别称取重量。线膨胀系数 a_{0-25} 可按下式计算：

$$a_{0-25} = \left[\frac{1}{75} \frac{V_{25} \dfrac{G_{25} - G}{0.9971}}{V_0 \dfrac{G_0 - G}{0.9909}} - 1 \right]$$

式中，V_{25} 为 25℃时比重瓶的容积（cm^3）；V_0 为 0℃时比重瓶的容积（cm^3）；G_{25} 为 25℃时装有冷杉胶和水的比重瓶的重量（g）；G_0 为 0℃时装有冷杉胶和水的比重瓶的重量（g）；G 为装有冷杉胶和水的比重瓶的重量（g）；0.9971 为 25℃时水的相对密度；0.9999 为 0℃时水的相对密度。

6. 相对密度

测定方法与线膨胀系数相同，其计算公式：

$$相对密度(d)=\frac{G_2-G_1}{(G_3-G_1)-(G_4-G_2)}$$

式中，G_1为空比重瓶重（g）；G_2为20℃时装冷杉胶时的比重瓶重（g）；G_3为20℃时装水时的比重瓶重（g）；G_4为20℃时装冷杉胶和水时的比重瓶重（g）。

7. 软化点、酸值和皂化值

按《GB/T 8146—2003 松香试验方法》（中华人民共和国国家质量监督检验检疫总局，2003）规定的松香的颜色、外观、软化点、酸值、不皂化物、乙醇不溶物、灰分的检验方法测定。

8. 耐高低温性能

（1）高温实验：将透镜或一定面积的平面玻璃以冷杉胶胶合，胶层厚度为0.1～0.2mm，以某种倾角（20°、30°、45°）放入恒温箱内，在一定温度下（50℃、70℃、120℃）恒温 2h，冷至室温，再校定透镜光轴的偏离情况、玻璃板的移动情况，以及是否产生气泡和开裂等。光轴重合、玻板没有移动、胶层没有产生气泡和开裂为合格。

（2）低温实验：将上述胶合件包好放入恒温冰箱中或放入乙醇-干冰（–74℃）或丙酮-干冰（–40℃）或液氧（–45℃左右）系统中，恒温 2h，立即取出检查是否有胶层开裂现象。对冷杉胶作全面考核时，温度应以±5℃递升递降，以求准确找出所能承受的极限。

9. 耐水、耐湿实验

（1）耐水实验：为了测定胶的耐水性能，将双胶透镜浸泡在水中，在室温中进行。第一周每日测试一次，然后每隔一个月测试一次，冷杉胶应经受四个月的浸泡。

（2）耐湿实验：目的在于考核冷杉胶的耐湿性能。将双胶透镜放入恒温（40℃）恒湿（相对湿度为95%～98%）箱内 26h，观察是否有水汽浸入胶层。或在 70℃的恒温箱内，放人盛有水的容器，将胶合体放入恒温箱内 7h，自然冷却（每周期共 24h）直至胶层破坏为止。

10. 应力测定

目的在于考核胶合件表面质量有无畸变。采用标准光学玻璃样块，对照每只胶合件的牛顿光环进行比较。

11. 清晰度

将胶合件装在光具座上，看成相是否清晰。

12. 霉菌生长实验

将样品涂在玻璃片上，按皮革防霉剂防霉效果的评价方法——湿室悬挂实验法进行。将经防霉剂处理后的皮块（一般为 62.5px×125px 的长方块）（注：px 为 pixel 的缩写，pixel 即像素），用喷雾器将供试霉菌孢子悬浮液喷洒在皮块的表面，然后将其悬挂在恒温恒湿箱中（温度为（28±1）℃，相对湿度≥95%）培养 28d，并定期观察其霉变情况，由皮块的长霉情况来判断防霉剂的防霉效果。供试的菌种一般为黑曲霉、黄曲霉、桔青霉、顶青霉和木霉。试样防霉力达到 0 级或 1 级为合格，其他为不合格，如冷杉胶 3 级长霉为不合格。

13. 胶合件的耐光性能

将一定尺寸的胶合件一半以黑纸盖住，用石英灯进行 48h 的照射，观察胶层是否开裂。玻璃的牌号对实验的结果也有影响。

14. 耐冲击、振动实验

耐冲击实验：将胶合件固定在活动滑车上，用 1/2 正弦波脉冲冲击滑车，其峰值加速度为 100m/s，衰减时间为 1μs，每个样品冲击 100 次，观察胶层是否损坏。

振动实验：将胶合件平放或侧放在振动台上振动，频率从 30Hz～20kHz，每一频率都振动 1～3min（振幅 3～4mm）看其是否脱胶。或将胶合件夹在振动夹具上，在胶层平面和垂直于胶层平面的两个方向均进行振动。在 10～30 周/s 范围内，其峰值加速度为 10m/s；在 300～500 周/s 内，其峰值加速度为 8m/s。扫描速率大致为 7 周/min，合格者可用作航空仪器的胶合件。或以一定高度将胶合件自由落下，看胶层是否损坏，或将成品仪器装在汽车上，在野外进行越野振动实验，除极硬冷杉胶不能通过冲击实验外，所有冷杉胶都能通过冲击和振动实验。

15. 胶合强度实验

胶合切变强度实验：目的在于确定在室温下双胶透镜一个零件产生移动所需的最小切变力。采用专用夹具和张力计对冷杉胶胶合的 6.4516cm^2($1in^2$)皮尔金顿（Pilkington）玻璃板双胶透镜试样测定结果表明，冷杉胶切变强度为 942.853kg/cm。

胶合抗张强度实验：目的在于确定被胶合的试样能经受住的最小张力。使用张力计对两块直径 2.54cm，厚 63.5cm 的平面园板玻璃胶合件测定结果表明，冷杉胶能经受的平均张力为 6642.854kg/cm。

第二节　云冷杉精油洗涤用品

洗涤用品是洗涤物体表面上的污垢时，能改变水的表面活性，提高去污效果的物质。最早出现的洗涤用品是皂角类植物等天然产物，其中含有皂素，即皂角苷，有助于水的洗涤去污作用。随着科技发展，现代洗涤用品种类繁多，已经成为人们生活的日用必需品。

目前，市场上的洗涤用品按形态分为固态（洗衣皂，包括普通肥皂、半透明皂、复合肥皂、增白皂等）、粉态（皂粉、洗衣粉。洗衣粉按泡沫分为高泡的和低泡的，按使用浓度分为浓缩的和普通的，按含有磷酸盐高低分为含磷和无磷，按功能分为普通的、加酶的、漂白功能的等）和液态（洗衣液，根据功能不同，分为通用型洗衣液、毛料洗衣液、丝织品洗衣液和内衣洗衣液等）。按性能或者是化学成分分为阴离子型、阳离子型、非离子型、两性离子型等。按应用分为民用洗涤剂（肥皂、洗衣粉、皂粉、洗衣液、洗洁精）、人卫生用洗涤剂（香皂、牙膏、沐浴露、洗发水）和工业洗涤剂（工业粉、客洗粉、纺织煮炼剂、乳化剂、金属清洗剂、洗车液）。按功能分为洗涤、护绒、家居三大系列。按洗涤分为功能洗衣液、香型洗衣液和专用洗衣液等；按护绒分为柔顺剂、羽绒清洗剂、羽绒膨松剂、羽绒喷雾剂等；按家居分为洁厕剂、油烟净、洗洁精、地板净、搪瓷竹木清洗剂等。

香皂是人们生活中不可缺少的日用品，其质量的好坏，直接关系到使用者的切身利益。随着现代科学技术的发展和人们保健与环保意识的增强，人们更加青睐于使用富含维生素 C、色素及香料等天然植物源香皂产品。因此利用天然冷杉精油抗菌消炎、无毒无污染的特性开发具有皂体抗干裂，稳定性好；泡沫丰富，手感滑润，不黏，去污垢能力强，洗涤效果好；对皮肤刺激性小，有一定的杀菌、抑菌、美白效果；香味纯正自然，清凉淡雅，留香持久等卓越性能的新型香皂实属必要。

一、云冷杉精油皂用香精

（一）普通香皂

香皂是以皂基为主，与许多物质有机组合而成的产品。香皂去污力的大小，泡沫的多少，皂体组织的粗细，皂体的软硬、溶解度的大小，防止酸败能力的强弱，外观的端正程度，光泽是否悦目和香气的持久性，以及最重要的是对皮肤的保健功能等，除了香皂的技术标准和加工工艺的要求外，主要与香皂的油脂配方和加入的添加物有关。香皂按所用皂基不同可分为低档香皂和高档香皂。低档香皂即普通香皂，主要由脂肪酸、椰子油和牛油等混合物制成；高档香皂也称化妆香皂或美容香皂，其中椰子油和游离脂肪酸的含量更多些，另外皂基中还常常加入一些抗氧化剂、泡花碱、金属螯合物或增白剂、色素等，皂基的气息主要来自油脂类原料与添加的香料，椰子油和棕榈油的气味较好，其余如硬化油气味与所用原料和脱臭是否完全有关，羊油、猪油、骨油等都带有使人厌恶的特殊气息。

1. 香皂原料

香皂是以皂基为基础，添加其他辅料通过一定工艺制成的产品。香皂皂基通常是由椰子果油或棕榈油等提炼的植物性脂肪酸与烧碱在 80℃左右皂化反应后形成皂基与甘油，再通过添加食用甘油、蔗糖等高保湿类物质和人们喜欢的颜色以及精油等其他辅料来提升皂基的透明度、滋润度和保湿度等感官性能。其他辅料包括防腐剂、螯合剂、富脂剂、皮肤增白剂、皂体防裂剂、发泡剂、色素、皂用香精等。①防腐剂：化妆品中最常用的是尼泊金，加入量为总料量的 0.2%。在实验室条件下，可用 H_3PO_4代替，用量为总料量的 0.15%，可防止皂体的腐败变质。②螯合剂：与钙、镁或其他重金属形成络合物，可以使皂体在一定程度上抗硬水，并有吸收紫外线的作用。在实验室条件下，可采用 $EDTA_2Na$ 代替。③富脂剂：对皮肤有良好的润滑保养作用，并可以中和过量的 NaOH，日化工业常用游离的椰油酸、月桂酸。在实验室条件下，可采用凡士林代替。④皮肤增白剂：有美白皮肤作用，常用的有曲酸、熊果苷、维生素 C。⑤皂体防裂剂：防止皂体开裂，可用酒石酸。⑥发泡剂：丰富香皂的泡沫，选用十二烷基硫酸钠。⑦色素：刚果红，用量视成品皂要求的颜色深浅而定。⑧皂用香精：采用上述研制的果香型香精。经反复实验后，筛选的香皂原料配方为皂基 92.26%～94.67%，发泡剂（十二烷基硫酸钠）1.0%～2.0%，防腐中和剂（H_3PO_4）0.15%，螯合剂（$EDTA_2Na$）0.03%～0.04%，富脂剂（凡士林）0.5%～1.5%，遮光剂（二氧化钛）0.1%～1.0%，皮肤增白剂（维生素 C）0.05%，皂体防裂剂（酒石酸）0.5%～3.0%，香精 0.5%～2.0%，色素适量。

2. 香皂香精

香皂皂基对香气影响最大，最理想的皂基气味为一种新鲜的令人愉快的奶油味，然而它总带有一些刺激的腐臭气。香皂皂基的碱性和脂肪酸中的不饱和键也易使香料组分的化学性质发生变化，因此，能掩盖皂基的油脂气，具有较长时间的稳定性（即香气强度和特征不变）和一定的透发度，香气浓烈，皂体不变色或变色缓慢，对皮肤、眼睛无刺激，水溶性小而又有一定留香能力等是皂用香精的基本要求。皂用香精在肥皂中的稳定性实验方法为架试一个月或二个月，或在60℃的封闭容器中存放 6d。

皂用香型有很多种，如花香型、果香型、清香型、松针型、馥奇型等。我国普通洗衣皂的香精常为柠檬香型和松针香型，高级洗衣皂香型多为果香型和草香型等。传统性的香皂香型有檀香香型、茉莉香型、玫瑰香型、馥奇香型、薰衣草香型、白兰香型、棕榄香型等，加香量优级皂为 2%～2.5%，中档皂为 1.2%～2%，低档皂 0.8%～1.2%。比较高档的馥奇香型是传统的非花香型之一，其香气主要以薰衣草样新鲜青草和香豆素为主。近年来，发展了以护肤（杀菌、消毒）、除臭、医疗为目的的众多香皂新品种。例如，使用含有 1%的六氯苯，1%的 3、4、4′-三氯化碳替苯胺（TCC）和 0.1%的 2-羟-2′4，4′-三氯二苯醚的抗菌皂可有效减少皮肤上的革兰氏阳性细菌的作用和抑制革兰氏阴性细菌,对减少简单的皮肤感染、红癣等有一定的效果；使用除臭皂对人体腋下（狐臭）分离出来的表皮葡萄球菌棒状白杆菌有除臭的功效。润肤皂本身呈中性，并加有润肤作用的物质，对于婴儿使用较好。此外，还有药皂、减肥皂、美容皂、驱蚊皂等。

作者在反复实验后，筛选出果香型与松油型（以冷杉精油为香原料直接加入香皂中）两个含有冷杉精油的皂用香型。为达到有诱人的果子甜香味和香气怡人的效果，按照甜橙油 20%、杨梅油 20%、香柠檬 15%、冷杉油 10%、桂花油 10%、香兰素、香蕉油、麦芽酚、百里香酚各 5%、沙士油和香芹酮各 2.5%的原料配比调配成的果香型皂用香型，使用时既有果实的美味、又感觉皮肤凉爽，使用后具有清新愉快的舒适感觉。

3. 生产工艺

按照一般的工业生产方法，香皂生产的基本流程包括油脂预处理、皂基制造和香皂后加工。

1）油脂预处理

油脂是肥皂的主要原料之一，随着对肥皂质量要求的提高，生产上对油脂的要求也越来越严格，特别是对香皂油脂，其质量要求已大大超过国内对食用油的一般要求水平。由于天然动植物油脂中，除了含有三甘油酯之外，还含有不少杂质。例如，泥沙、料胚粉末、纤维素及其他固体杂质等，在油脂中呈悬浮或还沉淀状态；另含有游离脂肪酸、磷脂、色素、胶质、蛋白质以及具有特殊气味的不皂化物等杂质，在油脂中呈溶解状态或乳化状态。为了满足香皂质量要求，必须对油脂进行预处理。现代化油脂处理方法包括脱胶、脱酸、脱色、脱臭四个处理工序，必要时还须进行加氢处理。

2）皂基制造

目前皂基制造的方法有油脂直接皂化、脂肪酸的中和以及脂肪酸甲酯的皂化三种。其中，直接皂化法为肥皂的主要生产方法，也属传统制皂工艺。它是利用油脂（甘油酯）与强碱液的反应生成肥皂，同时释放出甘油。脂肪酸的直接中和工艺流程为油脂 ⟶ 预处理 ⟶ 水解 ⟶ 脂肪酸蒸馏 ⟶ 脂肪酸中和 ⟶ 皂基干燥与冷却 ⟶ 皂基贮存或后加工。脂肪酸甲酯的皂化是使用脂肪酸甲酯与氢氧化钠碱液皂化，脂肪酸甲酯是油脂在甲醇钠等碱性催化剂存在下与无水甲醇进行酯交换而制得的。

3）香皂后加工

香皂后加工的连续操作流程为皂条和添加剂 ⟶ 混合 ⟶ 研磨 ⟶ 精制 ⟶ 出条 ⟶ 切块 ⟶ 打印 ⟶ 包装。

（1）混合。在开始混合阶段加入经精确计量的添加剂和皂基，用简单的臂形或漩涡形混合器进行预混合。在小型装置中，皂基是直接称量后加入混合器中，再加入添加剂，整个混合需 3～6min。较大型的装置则使用连续分批称量或半连续称量法。通常液体添加剂按容积加入，部分粉剂可以以浆状形式加入。对于添加量超过 2%～3%的添加剂，一般是在干燥之前加入到液态皂基中以保证混合均匀。这些添加剂必须在 120～140℃温度下稳定，对于不能在前面加入而必须在肥皂后加工线上加入添加剂混合的皂料，将水分降低到 2%～3%常常有助于避免最后产品过分的塑性。

（2）研磨。此法中肥皂的预混合是直接将其送进大型紧凑的金属研辊中，这些研辊转速不同，使得肥皂以非常薄片的形式从一只辊转移到另一辊。这样剪切力使皂膜中各组分充分混合。研磨的另一个好的作用是它能降低干燥过程形成的或皂条在长期不利条件下贮存所产生的过分干燥肥皂的硬颗粒的量。如果这些硬粒在后加工过程中未被除去，它们就会使肥皂在使用时表面出现不良的粗糙度。

（3）精制。将预混的肥皂和添加剂直接送入精制装置的进料斗，再送进一个密封的，装有带水冷却圆筒的螺杆中，使加工的肥皂在极高压力下通过一个大型的多孔端板挤压出条，多孔板上有大量的圆孔，并配有一组旋转刀片，将皂条切成小条以便于输送及后续加工，旋转刀片直接装在主螺杆轴上，并由它带动。精制机的均质化作用还可通过在螺杆端部和多孔板后装一筛网或金属丝网得到进一步加强。这种筛网不仅增加了对肥皂混合物所做的功，而且也除去了不希望有的固体杂质，并过滤掉过分干燥的肥皂颗粒。使用金属丝网会明显减少精制机产量，要保持其的最大产量必须定期地将其取下清洗。肥皂在精制过程中，可以通过调节进入该机圆筒的冷却水的量，使温度控制在一定范围。

（4）出条。此工艺常称为“螺旋挤压成型”，这是使完全均质化的肥皂完全呈塑性，并在带水冷却圆筒内经一大型螺旋形杆以 15～25rpm 转速挤压。皂液被迫通过锥形端部的挤压板，经挤压的肥皂连续地从一个小型炮头通过，炮口大小主要由产品皂片的尺寸决定，螺杆进料端的螺距一般比出料端的大，使其在逐步压成皂条时密度增加，体积减小。新型的带遥控出条机工时效率高，产量为 250～6000kg/h。影响肥皂挤压程度的不利因素有很多，其中有与出条机有关的工况和操作。例如，螺杆与圆筒之间的间隙由于长期磨损会变大，挤压程度可能会由于肥皂被返送至进料斗而严重降低。其他还有使用不正确的螺杆速度和冷却水的温度，多孔压力板后的筛孔堵塞等。出条速率受皂基组成的影响极大，特别是油脂混合物组成，水含量、电解质含量（尤其是氯化钠）、添加剂品种和用量。某些香精对肥皂塑性影响极大，要生产优质肥皂必须考虑到所有因素。

（5）切块。从螺旋挤压机出来的连续、均质、塑性的皂条被送进简单切块机切成一定尺寸供打印用的皂块。切块机带回转链，链上装有可调节间距的切皂刀片以获得所需尺寸的皂块。链的惯性借助于电动马达或气动装置补偿，这样链条极易借助于出条皂的压力旋转。大型切块机上装有两条平行的切块链条系统，可同时生产使用。

（6）打印。打印为肥皂后加工的最后阶段。经切块的出条皂坯，用两块印模压成成品皂。肥皂打印机的种类很多，从简单的手工操作或半自动操作到全自动、连续、高速打印机，其产量为 300～400 块/min，肥皂重量为 20～400g。所用打印机的类型是根据其产量和所需印模的种类选择，在一定程度上还取决于最终产品的质量。所有高速打印机都装有冷却印模，温度可保持在–30～–10℃，这一般有助于打印皂的释放，不需使用脱模润滑剂。多数打印机具可变速度，其速度与出条机、精制机等速度匹配。印模为不锈钢、蒙耐尔合金、硅青铜或炮铜制造，使用含铜量高的合金必须当心，由于铜对自动氧化易起催化作用而生锈。

（7）包装。肥皂打印后立即进行自动包装，用于包装的有各种型式的机器。香皂一般用软包装或纸盒里面可用蜡纸包裹，也可不用。软包装是将每一块肥皂封装于结实的层压包装纸中，每一边和其端部用热溶性黏结剂或热封技术密封。包装纸外表面可印刷或上光，内表面涂蜡以防止与肥皂接触。包装机也可用于预成型的小盒形容器，将包装的或未包装的肥皂放入其中再密封，必须防止肥皂或包装材料折皱变形和印刷图案的转移。

4）香皂的加工工艺对香气的影响

从香皂的加工的基本工艺过程“皂基+香精、色素等添加剂 ⟶ 搅拌 ⟶ 碾磨 ⟶ 真空压条 ⟶ 打印包装”来看，香皂生产的操作好坏对香气影响很大，在碾磨过程中，一般温度应控制在 37～45℃，温度较高，使香精易于挥发，另外由于形成薄皂片，使表面积增大，不稳定香精容易氧化。在真空出条过程中，真空度不能太高，防止香料逸出，一般在 6.6661×10^4Pa 左右。

（二）透明香皂

透明皂（半透明皂），因其皂体透明，泡沫丰富，去污能力优于普通肥皂已逐渐了取代传统的肥皂（吴狄等，2014）。目前透明和半透明皂的生产方法主要有溶剂法和机械加工法。生产透明皂的油脂配方和生产香皂的相同，最好的配方是 80%的牛羊油和 20%的椰子油；或者 78%的牛羊油、20%的椰子油和 2%的松香（龚盛昭等，2014）。现将以巴山冷杉精油、柏木油和上海香料公司提供的白兰叶油等香料以及上海肥皂厂与南通化工厂分别提供的皂片、皂基为试材，在陕西省渭南市澄城县国裕植化有限公司引进的江苏南通机械厂肥皂生产设备上进行透明皂生产实验的主要结果介绍如下。

1. 香料选择

根据国际香料远东有限公司（RIFM）对中国日化用品市场的调查结果，消费者对皂用香型的喜爱程度依次是铃兰、百合；醛香、玫瑰、茉莉、百合；晚香玉、百合；薰衣草、馥奇；辛香、康乃馨；桃子、海洋气息+柑橘；薰衣草、青柠檬。作者以自制的巴山冷杉精油、柏木油和上海香料公司提供的白兰叶油、香柠檬油、乙酸芳樟酯、香叶醇、广藿香油、二苯醚、桂醇、乙基香兰素、乙酸松油脂、香豆素、香柠檬醛、异丁香酚、合成檀香 208、橙花素、水杨酸苄酯、芳樟醇、佳乐麝香、洋茉莉醛、乙位紫罗兰酮、苯乙醇、香茅醇、乙酸香叶酯、甲基紫罗兰酮、铃兰醛、橙花酮、结晶玫瑰、松油醇、吐鲁香膏、丁香酚、大茴香脑、岩蔷薇浸膏等香料中，选择香柠檬油、香柠檬醛、苯乙醇、芳樟醇、松油醇、乙酸松油酯、乙酸芳樟酯，铃兰醛、结晶玫瑰、香草醇、香叶醇、乙酸香叶酯、甲基紫罗兰酮、乙位紫罗兰酮、橙花素、橡苔浸膏、佳乐麝香、合成檀香 208、香豆素、乙基香兰素等为皂用香精原料，进行了以花果香气为主，并具有动物和甜木香的香气的新型香精及洗洁净用蔬菜香型香精的调配与生产。

1）香料香气特征

将供试香料用 95%的酒精稀释为 1%，装入棕色试剂瓶中，各用辨香纸蘸取香料样液进行嗅辨，嗅辨后记录香气特征及各段香韵变化特征，检查香气的挥发度（即香气的挥发程度）与持久性。

按照香料香气挥发度和在辨香纸上挥发留香时间的长短，分为头香、体香、基香。香精由头香香料、体香香料和基香香料三部分组成。头香香料属于挥发度高、扩散力强的香料，在辨香纸上的留香时间小于 2h，头香赋予人最初的优美感，作为对香精的第一印象很重要。体香香料具有中等挥发度，在辨香纸上留香时间为 2～6h，构成香精香气特征，是香精香气最重要的组成部分。基香香料亦称尾香，挥发度低，富有保留性，在辨香纸上残留时间 6h 以上，也是构成香精香气特征的一部分（李明等，2010）。

2）香料溶解性

不同香料由于其分子结构不同，在酒精中的溶解性不同。研究表明，供试香料中不同香料溶解的最佳乙醇浓度为香豆素、柳酸苄酯、橡苔浸膏、结晶玫瑰、洋茉莉醛、乙基香兰素为 95%，冷杉精油、二苯醚、大茴香脑、广霍香油、佳乐麝香、岩蔷薇浸膏为 90%，铃兰醛、白兰叶油、合成檀香 208 为 80%，芳樟醇、香草醇、香叶醇、橙花酮、橙花素、香柠檬油、香柠檬醛、乙位紫罗兰酮、乙酸松油酯、乙酸香叶酯、异丁香酚、乙酸芳樟酯为 70%，松油醇和丁香酚为 60%，苯乙醇为 50%。

2. 香精调配

1）香精调配的工作流程

香精配方拟定（确定欲配目标香精的香型、香韵、用途和档次 ⟶ 选择所配香精的主香剂、协调剂、变调剂和定香剂所用香料 ⟶ 拟定香精配方的初步方案 ⟶ 从主香（体香）部分开始调配香精，先按一定的比例将单体香料试制设计香精配方的主香剂，主香符合要求后，再分别加入头香部分的单体香料、合香剂、矫香剂和定香剂；熟化 ⟶ 嗅辩、修改；评估 ⟶ 放大实验 ⟶ 应用考察 ⟶ 配方定型）⟶ 根据配方生产出质量合格的香精产品。

2）香精调配的操作要点

（1）香精配方设计。洗衣皂是碱性较强的日化用品，皂基中有少量游离碱，要求加入的香精稳定，并能使消费者在使用时嗅感到舒适的气息，也就是说要用香精掩盖皂基或其他组分所带的不良气味，洗衣皂也要求香精在衣物上有一定的滞留时间，这对香精的稳定性、持久性有较高的要求，另外，因为加香用品和人体接触，所以香精要安全，对人体无刺激作用。市场上比较成熟的香型有香茅型、杏仁型、草香型，柠檬型等。综合考虑以上各种条件要求，设计出一种清新的具有花香、木香、果香以及动物香韵的香精Ⅰ号。另外在借鉴 Weil 公司 Zibeline（紫貂）牌香水香精配方的基础上，调配出一种以动物和木香香韵为主的皂用香精Ⅱ号，后又调配出一种适合洗洁净用蔬菜型香精。

Ⅰ号香型是以青滋香为主的，含有花香、青滋香、木香的香型。头香以香柠檬油和香柠檬醛结合体现果香，体香以苯乙醇、铃兰醛、甲基紫罗兰酮、乙位紫罗兰酮等花香配合橙花素体现的橙花香共同构造了花香，并用白兰叶油、芳樟醇等青叶香配合修饰，尾香中加入冷杉精油和柏木油体现微少木香，用佳乐麝香、檀香 208 体现动物香，柳酸苄酯作为休息和定香剂，丁香酚作为增甜剂。Ⅰ号香精配方为苯乙醇 260g、香叶醇 52g、香草醇 46g、结晶玫瑰 22g、甲基紫罗兰酮 110g、橙花素 89g、铃兰醛 120g、乙位紫罗兰酮 7g、松油醇 7g、异丁香酚 7g、檀香 208 8g、柏木油 2g、冷杉精油 5g、柳酸苄酯 8g、香柠檬醛 2g、香柠檬油 250g、白兰叶油 3g、佳乐麝香 2g、总计 1000g。

Ⅱ号香型是以果香及淡的清香为主的，含有花香、木香、动物香和粉香的香型，主要突出动物香韵和木香、甜香。头香仍以香柠檬油和香柠檬醛表现柠檬果香，主香为甲基紫罗兰酮、乙位紫罗兰酮、佳乐麝香、檀香 208，配合以玫瑰、铃兰、橙花香韵、冷杉精油和柏木油作为木香的修饰，香豆素和乙基香兰素共用，以补充豆香和粉香，丁香酚和异丁香酚增加甜味和辛香。Ⅱ号香精配方为香叶醇 63g、香草醇 4g、甲基紫罗兰酮 317g、铃兰醛 126g、檀香 208 95g、柏木油 5g、冷杉精油 10g、香柠檬醛 4g、香柠檬油 123g、佳乐麝香 63g、橡苔浸膏 8g、乙基香兰素 16g、香豆素 79g、桂醇 87g、总计 1000g。

（2）香精配方小试。利用自制巴山冷杉精油、柏木油和上海香料公司提供的白兰叶油、香柠檬油、乙酸芳樟酯等单体香料调配香精。调配时先调主香（体香），将几种体香香料调匀后平分为五组，分别标明，然后分别加入头香和部分修饰剂等香料进行调配（均为小样，重量不超过 10g），经过不断的嗅辨，调整配方，然后在低温（5℃）下放置一个月进行热化，最终确定配方。

（3）香精配方中试。新型蔬菜型洗洁精使用的香精具有清、鲜、甜的花香、果香、木香及豆香等香韵。在其体香部分中，冷杉精油、香叶醇、异丁香酚、铃兰醛、乙酸香叶酯、乙位紫罗兰酮作主香香料原料，香草醇、松油醇、岩蔷薇浸膏作修饰剂，二苯醚、橙花酮、甲基紫罗兰酮作和合剂，体香原料配比为乙酸香叶酯（清甜的香柠檬果香）16%、铃兰醛（清香、扩散的兔耳草、铃兰花等花香）16%、香叶醇（玫瑰醇甜）15.6%、异丁香酚（甜青的辛香）13.3%、乙位紫罗兰酮（柔和甜的花香兼木香和%果香）9.6%、香草醇（清甜、轻玫瑰花香及香叶气息）8.1%、甲基紫罗兰酮（柔甜、花香、木香、微琥珀香）6%、冷杉精油（果香、鲜木香、药草香、动物香）4%、橙花酮（鲜青、柔和、有叶清香、花香木香香气）3.9%、二苯醚（草香及粗涩花香）3.5%、松油醇（清香）2.5%、岩蔷薇浸膏（膏香、花香、药草香）1.5%。

调配香精时，将基香、头香香料依次加入体香香料中。用原香料调配的优异香精配方 2、配方 3、配方 4 分别为冷杉精油 2.5%、2.2%、2.4%，铃兰醛 6.4%、6.7%、6.5%，香叶醇 7.9%、8.6%、9.3%，香草醇 6.3%、5.5%、4.8%，乙酸芳樟酯 10.5%、10.7%、10.1%，广藿香油 2.5%、2.3%、2.7%，二苯醚 1.0%、1.3%、1.1%，桂醇 2.6%、2.3%、2.5%，乙基香兰素 3.7%、3.3%、3.1%，甲基紫罗兰酮 3.0%、3.4%、3.6%，橙花酮 1.9%、2.2%、2.3%，松油醇 1.9%、1.6%、1.5%，结晶玫瑰 4.5%、4.3%、4.0%，异丁香酚 7.4%、7.6%、7.1%，岩蔷薇浸膏 1.3%、1.2%、0.9%，佳乐麝香 1.0%、1.1%、1.4%，香柠檬油 11.7%、11.9%、12.3%，芳樟醇 2.7%、2.5%、2.1%，乙位紫罗兰酮 5.0%、5.4%、5.7%，乙酸香叶酯 9.8%、9.5%、9.6%，香柠檬醛 5.1%、5.4%、5.8%。此香精以香柠檬醛、芳樟醇、乙酸香叶酯、冷杉精油等为主体现胡萝卜特征香气，配以花香、草香、青香和甜香等香韵。整体香气清新、圆润、舒服。

（4）香精调配质量评估。①将调配香精送到上海香精香料公司，由调香专业人员评判。答分标准为 0～20 分，香气辛刺味太重，鲜甜韵不足，整个香精香韵变化不明显；20～40 分，香气辛刺味太重，鲜甜韵不足，香气变化不平滑、连贯性不好；40～60 分，香气辛刺味重，鲜韵不足，变化不平滑，连贯性不好；60～80 分，香气辛味重，但具有清鲜、甜，凉的蔬菜香韵；80～100 分，香精具有清、鲜、甜、凉的蔬菜香韵，且其变化平滑、连贯性好。②进行消费者使用效果问卷调查。评分标准为喜欢（≥80 分）、较喜欢（80～70 分）、一般（70～60 分）、不喜欢（60 分）。模糊评判分析结果显示，蔬菜香型香精配方 3 为最佳配方。其模糊集合和受喜爱程度为 A 喜爱程度=0.61/优+0.27/良+0.09/一般+0.03/差；μB 喜爱程度=0.61。Ⅰ号模糊集合和受喜爱程度分别为 A 喜爱程度=0.65/优+0.23/良+ 0.1/一般+0.02/差；μB喜爱程度=0.65。Ⅱ号模糊集合和受喜爱程度分别为 A 喜爱程度=0.68/优+0.28/良+0.05/—般+0.01/差；μB喜爱程度=0.68。（樊金拴等，1999d）

3. 透明皂生产

1）透明皂制备原理

皂化反应通常指的是碱和酯的反应，而生产出的醇和羧酸盐，尤指油脂和碱反应。脂肪和植物油的主要成分是甘油三酯，透明皂以牛羊油、椰子油、麻油等含不饱和脂肪酸较多的油脂为原料。与氢氧化钠溶液发生皂化反应，反应式如下

$$\begin{array}{l} CH_2OCOR \\ | \\ CHOCOR + 3NaOH \end{array} \longrightarrow 3(RCOONa) + \begin{array}{l} CH_2OH \\ | \\ CHOH \\ | \\ CH_2OH \end{array}$$

反应后向溶液中加入氯化钠可以分离出脂肪酸钠，这一过程叫盐析。高级脂肪酸钠是肥皂的主要成分，经填充剂处理可得块状肥皂。若反应后不用盐析，将生成的甘油留在体系中增加透明度。然后加入乙醇、蔗糖作透明剂促使肥皂透明，并加入结晶阻化剂，有效提高透明度，这样可制得透明、光滑的透明皂作为皮肤清洁用品。

2）透明皂生产方法

实验生产透明皂所需原料药品包括牛油 13%、椰子油 13%、蓖麻油 10%、蔗糖 10%、蒸馏水 10%、结晶阻化剂 2%、30%NaOH 溶液 20%、95%乙醇 6%、甘油 3.5%、香精少许，制备步骤如下。

（1）用托盘天平于 250mL 烧杯中称取 30%NaOH 溶液 20g、95%乙醇 6g 和结晶阻化剂 2g，混匀备用。

（2）在 400mL 烧杯中依次加入牛油 13g、椰子油 13g，放入 75℃热水浴混合融化，如有杂质，应用漏斗配加热过滤套趁热过滤，保持油脂澄清，然后加入蓖麻油 10g，混溶。

（3）快速将步骤（1）烧杯中的物料加入到步骤（2）的烧杯中，匀速搅拌 1.5h，完成皂化反应（取少许样品溶解在蒸馏水中呈清晰状），即可停止加热。

（4）同样，另取一个 50mL 烧杯，加入甘油 3.5g、蔗糖 10mL、蒸馏水 10mL，搅拌均匀，预热至 80℃，呈透明状，备用。

（5）将步骤（4）中的物料加入到反应完的步骤（2）中的烧杯，搅匀，降温至 60℃，加入适量香精，继续搅匀后出料，倒入冷水冷却的冷模或大烧杯中，迅速凝固即可。

工厂化透明皂生产方法有加入物法和机械研压法两种。其中，加入物法生产的透明皂外表透明，晶莹似蜡，但生产耗时，耗酒精、糖和甘油等辅料，生产成本高，产品也不耐用，在国内很少生产。机械研压法工艺流程为油脂⟶皂化⟶干燥⟶拌料（加水、香精、色素等）⟶研磨⟶真空出条⟶打印⟶包装。以皂基为原料时直接进行加工生产的工艺过程为皂基⟶搅拌⟶研磨⟶真空出条⟶打印⟶包装（冯光炷，2005）。

3）透明皂生产工艺参数的确定

（1）水分、研磨辊温度及真空度的确定。研究发现，研磨辊温度和水分是影响透明度的决定性因素，同时，真空度对达到透明的效果也有一定的影响。当水分含量过高（达到 20%）时，温度低于 39℃，不能达到透明；真空度过低，达到透明的时间延长。故在反复实验的基础上，选择搅拌后水分含量（14%、16%、18%），研磨辊温度（42℃、45℃、47℃），真空度（78kPa、80kPa、82kPa）进行三因素三水平（L_3^3）正交实验，以透明度及达到透明皂需要的研磨时间来判定搅拌时水分含量。

（2）炮口温度和真空出条机真空度的确定。炮口温度和真空度对透明皂的皂体质量表面光洁、有无夹心等有很大影响。通常要求炮口温度达到 50～60℃，真空度≥80kPa。实验时炮口温度分别为 50℃、54℃、58℃，真空度分别仍为 78kPa、80kPa、82kPa，分别测定透明度程度与皂体质量。

生产透明皂时，搅拌后皂基的水分达到 22%～24%，研磨辊间隙为 0.25～0.4～0.6mm，研磨温度（皂体）达到 39～42℃，出条口炮口温度 50～60℃，真空度在 80kPa。搅拌时调节水分，并加入香精和色素，色素一般为酸性金黄（俗称皂黄）。使用时按皂基重量的 4.6×10^5 比例，先用热水溶解，然后用凉水稀释，配成 2.5% 的溶液加入，香精按皂基量的 0.5%加入。

（3）香精加香条件的确定。同一香精加入不同产品时，以及不同香精加入同一产品时，所需的工艺条件因香精的性质和原料的不同所不同。为了确定所调配香精质量与适宜的加香条件，选取车间产品的香气强度、香气稳定性、持久性和透明皂质量为指标进行评价。

搅拌时间：搅拌时间过长不利于香精香气的保持，同时生产成本增加，但搅拌时间过短，不利于香精及其他加入物与皂基等的均匀混合，影响产品质量，因此，确定适当的搅拌时间，使生产既经济，又能较好地保持香气，又不影响产品质量。根据初始实验后确定了 5min、10min 和 15min 三个搅拌时间。

研磨温度和时间：研磨温度高，有利于透明度的提高，但同时会促使香精挥发或变质，因此生产时在保证透明的前提下来确定加香温度。按照未加香时的透明皂生产参数进行加香，判断透明度和香气效果（稳定性和持久性）。

真空度：真空度高，有利于透明度以及皂体的质量提高，但同时促使香精的挥发，因此通过实验确定了 78kPa、80kPa、82kPa 三个真空度。

4）影响透明皂生产的因素

（1）研磨温度对透明度的影响。实验结果表明，只有当研磨温度达到 39℃时，才有可能达到透明。当在 39～47℃范围内时，肥皂都可以达到透明要求，但是达到透明所用的时间之间差异较大，当温度为 39℃、42℃、45℃、47℃时，分别需要 7min、4min、2min、3.5min 才能达到所要求的透明度。其中，39℃所用时间最长，42～45℃时随温度升高而所需时间减少，但到 47℃时又有所增加。虽然温度为 45℃和 47℃时较 39℃和 42℃更有利于达到透明度，而且所需时间较短，但由于 47℃时研磨温度过高，容易造成皂基黏辊和研磨辊膨胀，降低设备使用寿命，故确定 45℃为适宜的加工温度。

（2）研磨辊间隙对透明度及生产的影响。实验结果显示，研磨辊慢∶快间隙比分别为 0.25∶0.3、0.25∶0.4、0.25∶0.45，达到透明的时间分别为 2.0min、2.5min、4.0min，生产 75kg 料需要时间分别为 20min、13min、23min 时，慢辊和快辊间隙分别为 0.25mm 和 0.4mm 时容易达到透明，而且生产一锅料（75kg）所需时间较其他间隙时间明显减少，可降低生产成本。而当间隙为 0.25mm 和 0.3mm 时，虽然容易达到透明，但大量生产时耗时增加，当间隙为 0.25mm 和 0.45mm 时，达到透明时间和大量生产时的耗时都较另外两种长，故确定生产时研磨辊的间隙为 0.25mm 和 0.4mm。

（3）炮口温度和真空度对透明皂质量的影响。实验结果显示，当炮口温度分别为 52℃、55℃、58℃时，真空度分别为 78kPa、80kPa、82kPa，达到透明时间分别为 5.0min、3.5min、3.0min 时，炮口温度对透明度不产生影响，但对透明皂的皂体质量影响较大，真空度对皂体质量和透明度都有一定影响。当温度为 50～60℃时，随着温度的升高，有利于皂体光洁度提高；当真空压条机的真空度<80kPa 时，皂体表面粗糙，容易产生白夹心；当真空度为 80～82kPa 时，则达到透明度的时间缩短、皂体光洁、无夹心、无开裂，质量明显提高。

（4）搅拌后水分含量对透明度的影响。实验结果显示，当搅拌后水分含量分别为 14%、16%、18%、20%，研磨时间分别为 3.0min、4.0min、6.0min、12.0min，透明度分别为 5.1、5.1、5.0、3.5 时，18%～20%的水分含量对透明度的影响较大。

（5）水分、研磨温度、真空度三因素对透明皂生产的影响。正交实验结果分析表明，搅拌后水分含量、研磨温度、真空度三因素均对透明皂生产有影响，其影响作用由大到小的顺序为研磨温度>搅拌后水分含量>真空度。保证透明皂生产质量的最佳条件组合是研磨温度 45℃，搅拌后水分 14%，真空度 80kPa。但水分太低（14%）时皂体容易开裂，故确定搅拌后最佳含水量为 15%～16%。

（6）加香条件的确定。加香效果主要考虑生产后加工条件对香精持久性的影响，以及不同加工条件下加香产品的香气强度有无明显差异。通常人们把开始闻不到香气时香料物质的最小浓度作为表示香气强度的单位，叫做阈值（单位 g/m^3）。从阈值的定义可以看出，阈值越小的香料香气越强，反之，阈值越大的香料香气越弱。但是阈值并不具有普遍性，而是根据稀释溶剂发生微妙的变化。并且单体香料的阈值会由于加入某些其他单体香料而发生变化，微量杂质的影响也很大。阈值也称槛限值或最小可嗅值，是对香气强度的定量表示。香精不溶于水，其阀值的测定一般是采用丙二醇、DEP（邻苯二甲酸二乙酯）或者甘油作溶剂，将香精按照不同的比例稀释，然后闻其香气，测定香精的阈值。美国实验和材料学会（ASTM）推荐的测定香气强度的方法为用丁醇等级为基础进行估价，作者在研究的香气强度测定方法主要采用对比法：在相同条件下，将苯乙醇调配为浓度从 1%～10%的酒精溶液（浓度间隔为 1%），各个浓度的香气强弱作为参比基准，调配香精强度与其进行比较，得出相对值。近年来，随着传感器技术的发展，人们研制出了电子鼻，用于对香料的香气强度进行测定。

搅拌时间对加香效果的影响实验结果显示，当搅拌时间分别为 5min、10min、15min 时，Ⅰ号香精的香气强度相对值分别为 2.6、3.0、1.6，香气持久性分别为 10d、11d、10d；Ⅱ号香精的香气强度相对值分别为 2.8、3.1、1.7，香气持久性分别为 10d、12d、11d。结果表明，搅拌时间过短，则香精不能和皂体均匀混合，从而降低了香气强度；搅拌时间过长，则香精挥发比较严重，香气强度也较低，故搅拌时间以 10min 为最佳。香气持久性由香精的固有性质所决定，搅拌时间对其影响不大。以上情况在两种香精之间无明显差异。

研磨温度对加香效果的影响实验结果显示，当研磨温度分别为 39℃、42℃、45℃时，Ⅰ号香精的香气强度相对值分别为 3.2、3.0、3.0，香气持久性分别为 12d、12d、11d；Ⅱ号香精的香气强度相对值分别为 3.3、3.2、3.0，香气持久性分别为 11d、12d、12d。结果表明，随温度的升高，加香产品的香气强度会有所减弱，但差异不明显，香气持久性也变化不大。

真空度对加香的影响测试结果显示，当真空度分别为 78kPa、80kPa、82kPa 时，Ⅰ号香精的香气强度相对值分别为 3.3、3.2、2.8，香气持久性分别为 12d、11d、12d；Ⅱ号香精的香气强度相对值分别为 3.2、3.0、2.6，香气持久性分别为 12d、12d、11d。结果表明，在一定范围内，随真空度升高，香气强度降低，但香气持久性不变。在保证透明度和皂体质量的前提下，确定加香适宜的真空度为 80kPa。

4. 香皂产品质量检验

香皂的质量指标，包括化学和物理化学两个方面的性质，对于香皂来说，外观造型、香味、色泽也很重要。对于除臭、抗菌等皂，还有它特殊的质量指标。

1）冷杉精油香皂质量检测结果

检测结果显示，含蔬菜香型配方 3 香精的香皂感官指标：泡沫丰富，洗涤性好，香味清新、温和，无不良气味，色泽均匀，相对稳定，符合《中华人民共和国国家标准》（GB 8113—1987）要求，组织均匀，皂型端正，图案字迹清楚。色泽均匀，相对稳定，香型应相对稳定，无不良异味，包装整洁，端正的。理化指标：干皂含量 86%，游离苛性碱（NaOH）0.07%，总游离碱（NaOH）0.29%，乙醇不溶物 1.4%，水分及挥发物（103℃±2℃）13.5%，氯化物（NaCl）0.6%，分别符合《中华人民共和国国家标准》（GB 8113—1987）中干皂含量≥83%、游离苛性碱≤0.1%、总游离碱≤0.3%、乙醇不溶物≤2%、水分及挥发物≤15%和氯化物≤0.7%的要求。

2）透明皂质量鉴定

（1）透明度的鉴定。目前国内外肥皂行业约定，通过 6.35mm（1/4 英寸）厚的皂块能看清 14 号（4mm）黑体字的肥皂称为透明皂，低于这一标准即为半透明皂或不透明皂。根据这一约定，我国制定了国内肥皂行业透明度的标准 QB/T 1913—1993。采用标准规定的方法，以标准视力表（GB 11533—2011）代替黑体字，透明度以具有正常视力者目测看到标准对数视力表最小的“E”字相对应的五分记分值（L）表示，L 值越大则透明度越好，当 $L \geq 5.0$ 为半透明皂，$L \geq 5.3$ 为透明皂，并与市场销售的产品进行比较实验。

（2）透明皂理化指标的检验。按国家洗衣皂标准（QB/T 3756—1999）对透明皂产品的外形质量指标进行检验，随机从各批产品中抽样 10 块，判断皂形是否端正、皂体是否光洁、香味是否掩盖皂基不良气味等。其中的游离酸碱和其他物质含量的测定委托渭南市产品质量监督检验所进行。

（3）皂用香精的检验。①香精安全性的检验。香精的安全性是依赖于其中所含的香料与辅料是否合乎安全性，对皮肤是否安全，在介质中是否稳定，是否导致产品变色等。实验所选单体香料都是在碱中稳定、不易分解、对皮肤无刺激的原料，基本上保证了香精的安全性。研究的香精经过加香与使用实验，发现对人体无毒无刺激，安全性达到要求。②香精稳定性的检验。香精稳定性主要是考察香精在加入介质前后，香气特征与香韵有无变化。一般是通过嗅辨方法对其进行评价。经上海香料公司调香师鉴定及研究组对加香后的透明皂香气进行嗅辨评价都显示，香气特征和香精加入前的完全相同，香韵无变化，香精在碱中以及在加工过程中的温度和压力条件下稳定。③香精持久性判断。香精的持久性检测可采用高温、冷冻、光照或室温放置等测试方法。我们随机抽样后，以市售的四个品牌透明皂产品为对照，采用日光照射法（日光下放置 1～3 周）进行了检测。在实验期间，每天进行嗅辨，确定香气持续的时间等。测试结果表明，研制的国裕牌透明皂平均持久性为 12.6d，平均透明度为 5.12，达到质量要求，与市场上销售的中华、雕牌等品牌透明皂的透明度无明显差别。据渭南市质量监督检验所测定显示，国裕植化有限公司生产的透明皂中的干钠皂含量为 83%；游离苛性碱含量（以 NaOH 计）为 0；乙醇不溶物为 2%；氯化物（以氯化钠计）为 0.4%，都达到 QB/T 1913—1993 半透明洗衣皂标准要求的干性钠≥74%；游离苛性碱（以 NaOH 计）≤0.2%；乙醇不溶物≤4%；氯化物（以氧化钠计）≤0.7%的标准。（樊金拴等，1999d）

综上所述，①利用冷杉精油和白兰叶油、岩蔷薇浸膏等多种天然香料和二苯醚、香叶醇等合成香科调配出不同用途和要求的Ⅰ号香精、Ⅱ号香精与蔬菜型香精 3 种新的香精产品，其中，冷杉精油与其他香料调配出的蔬菜型洗洁用香精，具有清、鲜、甜、凉的蔬菜（胡萝卜）香韵，香气清淡，高雅且变化平滑、连贯性强，市场前景看好。②利用冷杉精油调配的Ⅰ号香精含有花香、动物香、木香和果香，主要以清香和甜香为主要特征。Ⅱ号香精含有较强的动物香（麝香）和木香（檀香）香韵，有较淡的花香和一定的粉香。加香应用实验结果显示，两种香精香气醇厚，留香持久，性能稳定，对皮肤安全，都适合于大众化洗涤用品透明皂生产。测试结果显示，冷杉香皂对各供试的 8 个菌种均有明显的抑制作用效果，其作用由大到小依次为大肠杆菌、酵母菌、枯草杆菌、蜡状芽孢杆菌、金黄色葡萄球菌、黑曲霉、黄曲霉、变形杆菌。质量监督部门鉴定意见认为，使用Ⅰ号香精和Ⅱ号香精生产的国裕牌透明皂产品质量合格，符合国家有关标准。③添加有冷杉精油调配香精的透明皂生产工艺条件随原料不同而有所不同。一般以植物油脂为原料的透明皂生产工艺参数为搅拌后水分达到 22%～24%，研磨温度 39～42℃，真空度 80kPa，出条炮口温度 50～60℃等。以皂基为原料的透明皂生产工艺参数为搅拌后水分含量为 15%～16%，研磨时研磨辊温度为 45～47℃，真空出条机真空度为 80kPa，出条炮口温度为 50～55℃。

二、云冷杉精油液体洗涤剂用香精

（一）基质情况

液体洗涤剂包括洗发香波、洗发精、液体肥皂、餐具洗涤剂等产品，主要原料以合成洗涤剂为主，如脂肪醇硫酸盐、脂肪醇醚硫酸盐，低档的可用烷基苯碘酸盐，其余所用的表面活性剂还有氧化脂肪胺类、烷基磺酸盐等。对于纯净的合成洗涤剂来说应是无味和中性的，但工业制品很难达到这一要求，许多都带有醚样气息。另外还有作为调理剂加入洗发香波中的物质，如酶、水解蛋白质、氨基酸、尿囊素、中草药萃取物等，但香波香精应设法掩盖这些物质的气息。

（二）对香精的要求

液体洗涤剂是含有大量水的乳状液体系，因此香精应该有较好的水溶解度，否则需选用合适的香精增溶剂才不致以破坏乳状液的稳定性，应有适宜的香气，洗发香波香精应与头发的气息相谐和而不能凌驾于它，香精的颜色应淡，不影响介质色泽。另外餐具洗涤剂香精应为无毒害的食用级，洗发香波宜选用刺激性较小，不伤害眼睛的原料。

（三）香型和配方举例

洗发香波香气选择较轻的具有清洁滋润气息的香型为主，常见的香型有紫丁香香型、苹果花香型、各种玫瑰型、薰衣草型和百花香型，较新型的为清香-花香型、清香-果香型等。草香香型洗发香波香精配方为乙酸芳樟酯 150mL，α-戊基桂醛 120mL，芳樟醇与苯乙醇各 100mL，冷杉油 70mL，邻苯二甲酸二乙酯 65mL，鼠尾草油 60mL，香茅醛、乙酸松油酯与乙酸异龙脑酯各 50mL，兔耳草醛 35mL，铃兰醛 30mL，春黄菊油（10%）与羟基香茅醛各 25mL，格蓬树脂 20mL，柠檬醛 15mL，香豆素与 10%甲基壬基乙醛各 10mL，麝香酮 15mL，总计 1000mL。

一般洗发香波的加量为 0.5%～1%，婴儿用的为 0.2%，对有药疗作用的香波来说，香精用量可根据具体情况加重，以其溶解度为最高范围。其他产品的加香量可以小一些，如洗衣香波香精中对定香剂的选择也以轻淡为主，浓郁的动物和琥珀香的定香剂一般都不采用。液体皂香型同香皂精类似，餐洗香精以水果香型较为普通。

（四）生产工艺

液体洗涤剂生产一般采用间歇式批量化生产工艺，而不宜采用管道化连续生产工艺，这主要是由于生产工艺简单，产品品种繁多，没有必要采用投资多、控制难的连续化生产线。液体洗涤剂生产工艺所涉及的化工单元操作和设备，主要是带搅拌的混合罐、高效乳化或均质设备、物料输送泵和真空泵、计量泵、物料储罐、加热和冷却设备、过滤设备、包装和灌装设备。把这些设备用管道串联在一起，即组成液体洗涤剂的生产工艺流程。生产过程中产品质量控制的主要控制手段是物料质量检验、加料配比和计量、搅拌、加热、降温、过滤、包装等。液体洗涤剂的生产流程如下：原料准备及预处理 ⟶ 混合 ⟶ 乳化 ⟶ 调整 ⟶ 后处理 ⟶ 灌装 ⟶ 产品质量控制（图 7-1）。

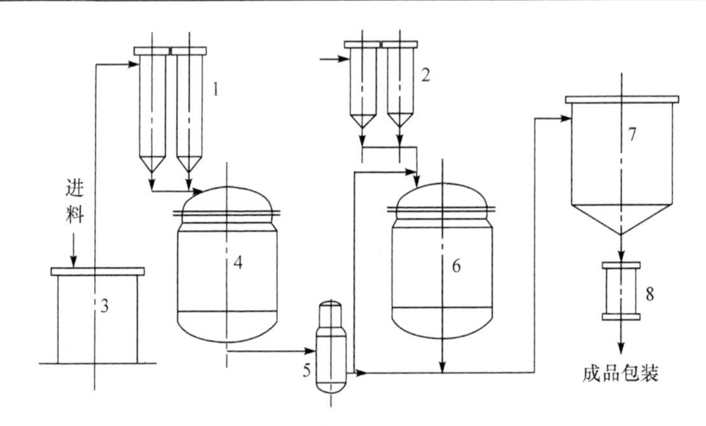

图 7-1　液体洗涤剂生产流程

1-主料加料计量罐；2-辅料加料计量罐：3-储料罐；4-乳化罐（混合罐）；5-均质机；
6-冷却罐；7-成品储罐；8-过滤器

1. 原料准备及预处理

液体洗涤剂的原料种类多，形态不一，使用时，有的原料需预先熔化，有的需溶解，有的需预混。用量较多的易流动液体原料多采用高位计量槽，或用计量泵输送计量。有些原料需滤去机械杂质，水需进行去离子处理。

2. 混合

透明或乳状液体洗涤剂，一般可采用带搅拌的反应釜进行混合，通常选用带夹套的反应釜，既可调节转速，又可加热或冷却。对较高档的产品，如香波、浴液等，则可采用乳化机配制。乳化机又分真空乳化机和普通乳化机。真空乳化机制得的产品气泡少，膏体细腻，稳定性好。大部分液体洗涤剂是制成均相透明混合溶液，也可制成乳状液。但是不论是混合，还是乳化，都离不开搅拌，只有通过搅拌操作才能使多种物料互相混溶成为一体，把所有成分溶解或分散在溶液中，可见搅拌器的选择是十分重要的。一般液体洗涤剂的生产设备仅需要带有加热和冷却用的夹套并配有适当的搅拌配料罐即可。液体洗涤剂的主要原料是极易产生泡沫的表面活性剂，因此加料的液面必须没过搅拌桨叶，以避免过多的空气混入。

液体洗涤剂的配制过程以混合为主，但各种类型的液体洗涤剂有不同的特点，一般有冷混法与热混法两种配制方法。

（1）冷混法。首先将去离子水加入混合罐中，然后将表面活性剂溶解于水中，再加入其他助洗剂，待形成均匀溶液后，就可加入其他成分，如香料、色素、防腐剂、络合剂等。最后用柠檬酸或其他酸类调节至所需的 pH，黏度用无机盐（氯化钠或氯化铵）调整。若遇到加香料后不能完全溶解的，可先将它同少量助洗剂混合后，再投入溶液，或者使用香料增溶剂来解决。冷混法适用于不含蜡状固体或难溶物质的配方。

（2）热混法。当配方中含有蜡状固体或难溶物质时，如珠光或乳浊制品等，一般采用热混法。首先将表面活性剂溶解于热水或冷水中，在不断搅拌下加热到70℃，然后加入要溶解的固体原料，继续搅拌，直到溶液呈透明为止。当温度下降至 25℃左右时，加色素、香料和防腐剂等。pH 和黏度的调节一般都应在较低的温度下进行。

3. 乳化

在液体洗涤剂生产中，乳化技术相当重要。一部分家用液体洗涤剂中希望加入一些不溶于水的添加剂以增加产品的功能；一些高档次的液体洗涤剂希望制成彩色乳浊液以满足顾客喜爱；一部分工业用液体洗涤剂必须制成乳浊液才能使其功能性成分均匀分散在水中。因此，只有通过乳化工艺才能生产出合格的乳化型产品。在液体洗涤剂生产中，无论是配方还是复配工艺，以及生产设备，乳化型产品的要求最高，工艺也最复杂。液体洗涤剂配制过程中的乳化操作，长期以来是依靠经验，经过逐步充实理论，正在定向依靠理论指导。

（1）乳化方法。乳化工艺除乳化剂选择外，还包括适宜的乳化方法，如乳化剂的添加方法，油相和水相添加方法以及乳化温度等。均化器和胶体磨都是用于强制乳化的机械，这类机器用相当大的剪切力将被乳化物撕成很细很均匀的颗粒，形成稳定的乳化体。

（2）工艺流程。国内外大部分乳化工艺仍然采用间歇式操作方法，以便控制产品的质量，方便更换产品，适应性强。典型间歇式通用乳化流程是将油相和水相分别加热到一定温度，然后按一定顺序分别投入搅拌釜中，保温搅拌一定时间，再逐步冷却至 60℃以下，加入香精等热敏性物料，继续搅拌至 50℃左右，放料包装即可。连续式乳化工艺是将预先加热的各种物料分别由计量泵打入带搅拌的乳化器中，原料在乳化器中滞留一定时间后溢流到换热器中，快速冷却至 60℃以下，然后流入加香罐中，同时将香精由计量泵加入，最终产品由加香罐中放出，整个工艺为连续化操作。半连续化工艺是乳化工段为间歇式，而加香操作为连续进行。对于难乳化的物料，一般可以采用两次加压机械乳化。自然乳化和转相乳化只在一个带搅拌的乳化釜中就能完成，具体工艺条件视不同物料和质量要求而定。

4. 调整

1）加香

许多液体洗涤剂都要在配制工艺后期进行加香，以提高产品的档次。洗发香波类、沐浴液类、厕所清洗剂等一般都要加香。个别织物清洗剂、餐具清洗剂和其他液体洗涤剂有时也要加香。根据不同产品用途和档次，香精用量低至 0.5%以下，高至 2.5%不等。因为影响香气的主要是加香时料液的温度，所以加香工艺一般应在较低温度下加香，至少在 50℃以下加香为宜。加香应在工艺的最后，将香精直接放到液体洗涤剂溶液中，有时将香精用乙醇稀释后才加入产品中。

2）加色

液体洗涤剂虽然是实用型商品，但使用者首先是根据视觉来判断对产品的选购与否。产品的色泽是物质对各种波长光线的吸收、反射等反映到视觉的综合现象。色素包括颜料、染料及折光剂等。这些物质大都不溶于水，部分染料能溶于指定溶剂。一般色素对光、酸、碱具有选择性，主要涉及其稳定性。中低档液体洗涤剂选用有机合成染料即可，主要是从价格考虑。如果选择无机染料，应对产品质量严格控制，尤其是铅、砷含量。对于大多数液体洗涤剂，色素的用量都应在千分之几的范围内，甚至更少。

3）水溶性高分子物质的使用

液体洗涤剂各类产品中，加入水溶性高分子物质，主要目的是作增稠剂、乳化剂，以及作为调理剂和营养剂。由于作用不同，选用条件和用量也不尽相同。水溶性高分子物质有天然的（如植物胶和动物胶）、半天然的（多糖类衍生物）和合成的高分子聚合物，可作为液体洗涤剂的增稠剂使用，作为乳化剂使用，还可作为调理剂和营养组分使用。这类物质的加入，可以增加产品功能，还可以提高产品档次。

4）产品黏度的调整

液体洗涤剂都应有适当的黏度。为满足这一要求，除选择合适的表面活性剂等主要组分外，一般都要使用专门调整黏度的组分——增稠剂。大部分液体洗涤剂配方中，都加有烷基醇酰胺，它不但可以控制产品的黏度，还兼有发泡和稳泡作用。它是液体洗涤剂中不可缺少的活性组分。对于一些乳化产品，可以加入亲水性高分子物质，天然的或合成的都可以使用。不但可以作为增稠剂，还是良好的乳化剂，但是同时应考虑与其他组分的相容性。对于一般的液体洗涤剂，加入氯化钠（或氯化铵）等电解质可以显著地增加液体洗涤剂的黏度。肥皂型产品（即以脂肪酸钠（钾）为主要活性物的液体洗涤剂）一般都有较高的黏度，如果加入长链脂肪酸，可以进一步提高产品黏度。为了提高产品的黏度，应尽量选择非离子表面活性剂作为活性物成分。调整液体洗涤剂的黏度是产品制备中的一项主要工艺。尤其是现代液体洗涤剂，活性物不断降低，添加的水（溶剂）越来越多，产品自身的黏度也必然下降，因此加入增稠剂更为必要。要选择有利于增加产品黏度的配方物，首先应考虑到的是脂肪酸皂和非离子表面活性剂，一般都要选用一些烷基醇酰胺。对于透明型产品，加入胶质、有机增稠剂或无机盐类，应同时考虑控制产品的黏度和乳浊点。控制乳浊点首先要选用浊点较高的活性物或在低温下溶解度较大的活性物。一般来说，用氯化钠、氯化铵前后调节产品黏度是很方便的，加入量为 1%～4%，边加边搅拌，不能过多。相对来说，乳化型产品的增稠比透明型产品增稠更容易一些。最常用的增稠剂是聚乙烯醇、聚乙烯吡咯烷酮等水溶性高分子化合物。

5）pH 的调节

在配制液体洗涤剂时，大部分活性物呈碱性。一些重垢型液体洗涤剂是高碱性的，而轻垢型液体洗涤剂碱性较低，个别产品，如高档洗发香波、沐浴液及其他一些产品，要求具有酸性。因此，液体洗涤剂配制工艺中，调整 pH 是必不可少的环节。pH 调节剂一般称为缓冲剂，主要是一些酸和酸性盐，如硼酸钠、柠檬酸、酒石酸、磷酸和磷酸氢二钠，还有某些磺酸类都可以作为缓冲剂，选择原则主要是成本和产品性能，各种缓冲剂大多在液体洗涤剂配制后期加入。将各主要成分按工艺条件混配后，作为液体洗涤剂的基料，测定其 pH，估算缓冲剂加入量，然后投入，搅拌均匀，再测 pH。未达到要求时再补加，就这样逐步逼近，直到满意为止。对于一定容量的设备或加料量，测定 pH 后可以凭经验估算缓冲剂用量，指导生产。液体洗涤剂 pH 都有一个范围。重垢液体洗涤剂及脂肪酸钠为主的产品，pH 为 9～10 最有效，其他液体洗涤剂的（以各种表面活性剂复配的产品）pH 在 6～9 为宜。洗发和沐浴产品的 pH 最好为中性或偏酸性，pH 为 5.5～8 为好，有特殊要求的产品应单独设计。另外，产品配制后立即测定 pH 并不完全真实，长期储存后产品 pH 将发生明显变化，这些在控制生产时都应考虑到。

5. 后处理过程

（1）过滤。从配制设备中制得的洗涤剂在包装前需滤去机械杂质。

（2）均质老化。经过乳化的液体，其稳定性往往较差，如果再经过均质工艺，使乳液中分散相中的颗粒更细小、更均匀，则产品更稳定。均质或搅拌混合的制品，放在储罐中静置老化几小时，待其性能稳定后再进行包装。

（3）脱气。由于搅拌作用和产品中表面活性剂的作用，有大量气泡混于成品中，造成产品不均匀，性能及储存稳定性变差，包装计量不准确。可采用真空脱气工艺，快速将产品中的气泡排山。

6. 灌装

对于绝大部分液体洗涤剂，都使用塑料瓶小包装，正规生产应使用灌装机包装流水线，小批量生产可用高位槽手工灌装。严格控制灌装量，做好封盖、贴标签、装箱和记载批号、合格证等工作。袋装产品通常应使用灌装机灌装封口。包装质量与产品内在质量同等重要。

7. 产品质量控制

液体洗涤剂产品质量控制要强调生产现场管理，确定几个质量控制点，找出关键工序，层层把关。首先把好原料关，对于不符合要求的原料不进入生产过程，应调整配方，保证产品质量。检验时至少要分批抽样，关键工序是配料工段，应严格按配比和顺序投料。计量要准确，温度、搅拌条件和时间等工艺操作要严格，中间取样分析要及时、准确。成品包装前取样检测是最后一道关口，不符合产品标准绝不灌装出厂。为保证生产出高品质的洗涤剂产品，应有效地控制原材料、中间产品及成品的质量，因此洗涤剂分析包括原材料、中间产品及成品检验。

三、云冷杉精油洗衣粉用香精

（一）基质情况

洗衣粉主要生产原料为烷基苯磺酸钠和三聚磷酸钠，辅助添加剂有芒硝、泡花碱、羧甲基纤维素、荧光增白剂、酶等，pH 为 9～10，不加香产品常有不愉快的化学气息，放置过久会发生泛红和变臭。

（二）加香工艺

洗衣粉加香在加香机上进行，其方法是将溶解于酒精中的香精通过喷雾均匀地喷洒在洗衣粉上，然后直接进入包装工序，而对于胶囊化的香精仅需在后配料工序中简单混合。

（三）对香精的要求

洗衣粉是固体粉末，与空气接触的机会较多，要求香精有一定的抗氧化能力，在碱性介质中能稳定存在，在香气上能散发适宜的香气和修饰基质的不良气息，具有较高的香气效果和扩散力，配方所用的香料品种可以少些，不能像化妆品香精那样调配得很精细，达到某个组分不至于被人单独嗅出的程度，但仍尽努力达到好的效果，留香也不要太长。为了不增加产品成本，所用香料应是低档，最后应注意不能由于加香而导致产品颜色变深和影响洗涤效果。

检验洗衣粉中香精稳定的常用方法有①50℃时在敞开体系中快速实验；②70℃时在封闭条件下实验；③35℃时在相对湿度 80%～85%的条件下实验；④22℃时是架试实验。

（四）香型

洗衣粉的加香量一般在 0.1%左右，大多是铃兰香、薰衣草香、新鲜果香以及一些具有独特清香的新香型。例如，以薰衣草油、迷迭香油为主，与以α-戊基桂醛、乙酸松油酯、桂酸甲酯、丁香叶油、甲基壬基甲酮所构成的新鲜药草香精和以柠檬腈等香料配以橙花醇、香茅醇等所构成的清爽柑橘型的香气产品能引起人们良好的消费心理而受到欢迎。

（五）配方举例

柠檬香型洗衣粉香精配比为柠檬烯 750mL，芳樟醇 100mL，乙酸松油酯 50mL，冷杉油 25mL，月桂烯 15mL，桉叶素、香叶醇、柠檬醛、乙酸芳酯、乙酸香茅酯各 10mL，乙酸芳樟酯和乙酸香叶酯各 5mL，总计 1000mL。

第三节　云冷杉精油牙膏

医学研究认为，牙齿着色是由于完全清洁的牙齿表面上很快形成一层蛋白质薄层（胶质层）。存在于牙龈边缘上的噬菌区（兼性厌氧菌中革兰氏阳性菌）会引起牙龈炎，牙龈边缘下的噬菌区（厌氧革兰氏阳性杆菌）诱发了牙周炎，故口腔保健中的主要手段是采用机械、化学方法除去易着色、易于细菌繁殖物质及杀灭细菌。但目前的大多牙膏都含有作用于噬菌区的化学杀菌剂。随着人们保健意识的增强，开发研制纯天然保健牙膏产品成为热点。

一、原料配方

牙膏质量的优劣主要根据其洁齿效果和膏体的香味、口味、泡沫和膏体外观及稳定性等。好的牙膏必须能符合口腔卫生的要求，洁牙、舒适凉爽、不伤牙釉、有一定的可塑性、挤出成条、表面光洁、组织细致、稠度适宜、对温度影响小、久贮无分离发硬现象。

按照功能与应用要求，牙膏通常由摩擦剂（40%～50%）、润湿剂（20%～30%）、胶合剂（1%～2%）、发泡剂（2%～8%）、甜味剂（0.2%～0.5%）、防腐剂（0.1%～0.5%）、香料（1%～1.5%）、其他添加剂（0.1%～2%）与水等剂型组成。其中，摩擦剂是牙膏的主要原料，其品种很多。国内常用的摩擦剂主要有二水磷酸氢钙（$CaHPO_4 \cdot 2H_2O$）、无水磷酸钙（$CaHPO_4$）、焦磷酸钙（$Ca_2P_2O_7$）、α-三水氧化铝（α-$Al_2O_3 \cdot H_2O$）、γ-氢氧化铝（γ-$Al_2O_3 \cdot H_2O$）、方解石（$CaCO_3$）。为了达到牙膏的较佳洁齿功能，选用α-三水氧化铝、二水磷酸氢钙和方解石复配型磨料，复配后摩擦值控制在 11mg 左右。胶黏剂关系着膏体的稳定性、可塑性、分散性和光泽等物理特性。通常用羧甲基纤维素、羧乙基纤维素、鹿角菜胶、海藻酸钠以及二氧化硅或硅酸镁铝。本配方选用糊精作胶黏剂，润湿剂采用甘油。甘油与水的比例应保持在 3∶7 左右。发泡剂主要起发泡作用，增加口感，兼有一定的清洁作用，采用 3%的十二烷基硫酸钠。缓蚀剂采用水玻璃（Al_2SiO_3）、水杨酸。香精采用由冷杉精油调配的复合薄荷型和复合果香型（柑橘型）牙膏香精。着色剂采用具有吸附除恶臭物质功能与杀菌防腐作用的叶绿素。赋形剂采用六水合氯化镁

（$MgCl_2 \cdot 6H_2O$）。另外，抗蚀剂、遮光剂、脱敏收敛剂分别用水杨酸、二氧化钛、氯化锌等。氯化锌作为脱敏收敛剂，与甘氨酸配合可减少口腔不适感，同时甘氨酸还有遮掩香精苦味的作用。冷杉精油复合薄荷型和复合果香型（柑橘型）牙膏原料的基本组成为摩擦剂 40%～50%、润湿剂 20%～30%、发泡剂 2%～8%、胶黏剂 1%～2%、香料 1%～1.5%、甜味剂 0.2%～0.5%、防腐剂 0.1%～0.5%、抗蚀剂、着色剂等适量（表 7-1）。

表 7-1　冷杉精油复合薄荷型和复合果香型(柑橘型)牙膏原料配比　　(单位：%)

剂名	原料名称	配方				
		A	*B*	*C*	*D*	*E*
摩擦剂	氢氧化铝	20.00	20.00	0	0	0
	二水磷酸氢钙	10.00	10.00	20.00	20.00	24.00
	方解石	15.00	15.00	28.00	28.00	24.00
胶黏剂	淀粉	2.00	4.00	4.00	4.00	4.00
润湿剂	甘油	25.00	25.00	25.00	25.00	25.00
发泡剂	十二烷基硫酸钠	2.00	2.00	3.00	3.00	4.00
甜味剂	糖精	0.50	0.50	0.30	0.30	0.30
抗蚀剂	水杨酸	0.50	0	0	0.50	0
	水玻璃	0.30	0.30	0.30	0.30	0.30
脱敏收敛剂	氯化锌	0.05	0	0	0.05	0
遮光剂	二氧化钛	0.50	0	0.50	0.50	1.00
赋形剂	六水合氯化镁	1.00	0	1.00	1.00	1.00
香味剂	香精	配方 4	配方 1	配方 1	配方 3	配方 2
		1.00	1.00	1.00	1.00	1.00
其他	甘氨酸	0.50	0.50	0	0.50	0
	叶绿素	适量	0	0	适量	适量
	去离子水	21.20	23.70	18.90	6.30	16.40

注：①表中数值为各原料重量百分比。②牙膏香精配方 1、配方 2、配方 3、配方 4 见表 7-2。

牙膏香精主要用于遮盖牙膏中各成分所带有的一些嗅味和怪味，并赋予凉爽感觉，形成一个明显的香型。冷杉精油复合薄荷型和复合果香型（柑橘型）牙膏香型配方见表 7-2。

表 7-2 冷杉精油复合薄荷型和复合果香型(柑橘型)牙膏香型配方 (单位：%)

香气	原料	配方 1	配方 2	配方 3	配方 4
主香	椒样薄荷油	25.00	23.00	0	20.00
	80%大叶留兰香油	26.00	26.00	0	24.00
	橘子油	0	0	18.00	6.00
	柠檬油	8.00	8.00	19.00	10.00
	沙士油	1.00	1.00	5.00	0
	杨梅油	8.00	8.00	9.00	5.00
	乙酸丁酯	0	0	9.00	5.00
基香	甜橙油	8.00	8.00	0	5.00
	玫瑰浸膏	5.00	8.00	8.00	2.00
	紫苏油	5.00	5.00	0	3.00
	冷杉油	10.00	12.00	10.00	0
	茉莉浸膏	0	4.20	5.00	3.00
	桂花油	0	0	8.00	10.00
	60%留兰香油	0	0	6.00	4.00
定香剂	百里香酚	2.00	2.00	1.00	1.00
	麦芽酚	1.00	1.00	1.00	1.00
	香兰素	1.00	1.00	1.00	1.00

二、生产工艺

牙膏生产方法一般有两种，即湿法溶胶制膏和干法溶胶制膏。其中，湿法溶胶制膏是最常用的一种制膏方法。

1. 湿法溶胶制膏工艺

采用湿法溶胶制膏方法时，首先用甘油或其他不与胶合剂形成溶胶的润湿剂使羧甲基纤维素、羟乙基纤维素等均匀分散，然后加入已溶解于水中的糖精及其他水溶性添加物的水溶液，使胶合剂膨胀成溶胶，并贮存陈化 8h 以上后加入发泡剂和摩擦剂，以及香料等，拌和均匀。最后经研磨、真空脱气、灌装、包装即成。

1）发胶水

将已称量的甘油，倒入制胶水容器中，徐徐加入规定量的 CMC（胶合剂），并充分搅拌，以防结块。在搅拌时，将事先溶于一定量水中的糖精水溶液倒入甘油-CMC 混合物中，混合均匀后再补足规定量的水，充分混合均匀。静置 8～12h，使 CMC 在混合液中充分膨胀完全，备用。

2）捏合（拌料）

称取一定量的发胶水溶液，倒入捏合机中，在搅拌时，先投入一半量的粉料，搅匀 2min 后再依次加入香精，搅拌 2min，最后加入发泡剂（先把发泡剂溶解于一定的水中，在搅拌下加入）和余下的一半粉料，搅拌 10min，直至均匀为止。

3）研磨（扎膏）

调整好三辊研磨机，将捏合好的膏体，用齿轮泵输送至研磨机上进行研磨。经研磨过的膏体，输送至贮槽静置 8h。

4）真空脱气

用齿轮泵将膏料送至脱气锅内。关闭进料阀，同时开动搅拌器，在 15～20 转/min 的搅拌速度下，开动真空泵脱气 15～20min。脱气时，真空泵应保持在 86.66034～93.325652kPa。膏料不宜进入太多，一般在达到脱气锅容积的三分之一或五分之二处为好。脱气完成后打开放空阀，关闭真空泵，关好放空阀，压入 1.5～2kg 的压缩空气，膏体慢慢压至贮存桶中。

5）灌装

将脱气后的膏体在自动灌装机中进行灌装。灌装时要控制好膏体的厚薄，以免喷溅。

6）包装

装牙膏的纸盒大小，应和软管相符。灌装封尾后，先装入一只小盒中，再装入大纸盒即可，最好每支牙膏都用纸板做的支架保护。

2. 干法溶胶制膏工艺

干法溶胶制膏工艺是把发胶水、捏合、研磨和真空脱气过程都放在一个设备内完成。即把胶合剂、摩擦剂等原料按配方比例预先置于混合设备中混合均匀，使水、甘油溶液一次捏合成膏后，再加香精，减少了香精在制膏过程中的损失。此工艺所制膏体质量好，缩短了生产程序。由制膏一条线改为制膏一台机，有利于牙膏生产的自动化，不必经常清洗管道和设备，降低了原材料的损耗。

3. 复合薄荷型和复合果香型（柑橘型）牙膏生产工艺

工艺流程：原料 ⟶ 制胶水 ⟶ 捏合 ⟶ 研磨 ⟶ 脱气 ⟶ 加色 ⟶ 加香 ⟶ 灌装 ⟶ 包装。

主要操作过程：先将称量好的淀粉加入 80%的去离子水，搅拌，加热 10min。加入甘油，搅拌后加入剩余的 20%去离子水制成的糖精溶液，搅拌搅匀。将胶水倒入均质机中，在搅拌下先投入一半粉料。搅拌均匀后加入发泡剂（先把发泡剂溶解于一定的水中）和剩余的一半粉料，搅拌 10min，直至均匀为止。用 5μm 的胶体磨研磨，加热脱气至适宜的黏稠度，加入适量事先调配好的 1%冷杉油牙膏香精和色素后，即可灌装、包装（樊金拴等，1999a；1999b）。

4. 牙膏生产的主要设备

1）制胶水锅

容量为 500L 的不锈钢锅，装有可移动的推进式搅拌器（或涡轮搅拌器），有效容积 300L，每 20～30min 制胶水 300～500kg。主要是利用搅拌叶轮高速运转（900～1400 转/min）的剪切力，使胶体粒子均匀地分散到水和甘油溶液中，形成胶液，贮存让其溶胀均匀。

2）捏合机

不锈钢制成的卧式罐体，装有 S 型搅拌器（60 转/min），容积为 300L，有效容积 200L。15～20min 可捏制 250kg 膏体，利用 S 型框架的运转，拌和胶水，粉料，发泡剂及香料，达到均匀混合。

3）辊式研磨机

类似油墨三辊机，由慢、中、快三种转速的花岗石辊子组成。其三个辊子的速比为 1∶3∶9。牙膏在研磨时，向着转速增加的方向前进。在第三个辊子上装有铲刀斗，将牙膏铲集起来。研磨的作用是使牙膏中堆聚和固体颗粒轧散，进一步使颗粒在胶体中分散均匀。如果膏体中固体粒子分散不均匀，堆聚的粒子直径比分散的粒子大，则颗粒间吸力差异很大，易造成结粒、变粗或分离出水。

4）脱气罐

脱气罐由不锈钢制成，容量为 500L，装有框架式刮壁搅拌器，每分钟 15～25 转。罐盖密闭，有管道连接真空系统。操作时保持 9.3×10^4～1.3×10^5Pa 的真空度。脱气时间为 12～15min，脱气后的膏体应达到规定的相对密度。经脱过气的膏体，光洁细腻，结构紧密。若牙膏中的空气没有脱除，膏体就很粗糙，易使膏体不稳定。

5）灌装机

目前国内普遍采用的灌装机有单管和双管的自动灌装机，每分钟装 60 支牙膏，灌装的膏体应均匀一致。例如，膏体太薄，牙膏从喷嘴出来时会发生“溅”的现象，太厚会在灌膏时产生“拖丝”的现象，而且使挤出的膏条粗糙，很不美观，并且在贮存中容易导致膏体分离。

纵观国内外牙膏生产，目前最新式的制膏设备是把制胶水经过捏合，真空脱气，加香等多种工序，合并于一个密封的设备中进行，称为“三合一”或“四合一”。制得的膏体不仅均匀，而且完全无气泡，比敞口间歇生产跑香少。国外的牙膏生产大都是自动化，连续化生产，并且都朝向小巧、连续操作的生产设备发展。例如，Brogli 公司生产的 Iaka 小型牙膏机，分成四个单元配料。用这种方法每一种粉料都各自计量，液体按精确的比例进入机器，分散和预脱气，将液体和各种粉料混合在一起，经预脱气后，就变成相当均匀的产品了。其匀质作用在一种特制胶体磨上进行，生产中只产生少量的热，因此，不会影响活性成分。脱气用真空连续脱气机进行，得到的均匀产品连续进行装管、包装，装管操作量每小时为500L、1000L 和 2000L。这种连续生产操作都是在密闭的条件下进行的，因此，可以使产品达到洁净和无菌的要求。并且由于能使粉料和胶体混合分散得非常均匀，可确保膏体的质量稳定。

三、质量检验

1. 牙膏香精

添加冷杉精油的几种牙膏香精配方效果评判结果显示，添加冷杉精油的牙膏香精比无冷杉精油的香精香气更优，口味更好，具有明显的清洁感和爽口清新感。其中以配方 3 为最佳，其口味特好，清新感强，爽口留香持久；配方 1 次之，其口味好，清新爽口感强，留香时间较久；配方 2 再次之，其口味较好，有明显清新感，留香时间短。冷杉精油的效用显而易见。滤纸法测试结果显示，用含有冷杉精油香精的牙膏对金黄色葡萄球菌、枯草杆菌、黑曲霉、黄曲霉、蜡状芽孢杆菌、啤酒酵母菌有明显的抑制效果，且含有冷杉精油香精的牙膏与市售中华、黑妹、田七、厚朴、两面针五种同类名牌牙膏产品对金黄色葡萄球菌、枯草杆菌、黑曲霉、黄曲霉、蜡状芽孢杆菌、啤酒酵母菌 6 个菌种的抑菌作用差异不显著（樊金拴等，1999a；1998）。

2. 冷杉牙膏

按照中华人民共和国牙膏国家标准（GB 8372—2008），冷杉牙膏性能指标检测结果见表 7-3（樊金拴等，1999a；1998）。

表 7-3 冷杉牙膏部分质量指标检测结果

检测项目		(GB 8372—2008)性能指标	冷杉牙膏检测结果
感官指标	膏体	均匀，无异物	合格
	稳定性	膏体不溢出管口，不分离出液体，香味色泽正常	合格
理化指标	过硬颗粒	波片无划痕	合格
	pH	5.5～10.0	7.76
	稠度*	9～33mm	25 mm
	黏度*	≤360Pa · S	280Pa · S
	挤膏压力*	≤40kPa	32kPa
	泡沫量*	≥60mm	110mm
	摩擦值*	2～15mg	11mg

续表

检测项目		(GB 8372—2008)性能指标	冷杉牙膏检测结果
卫生指标	添加剂	符合国家有关卫生安全标准规定	符合规定
	微生物	菌落总数≤500/CFu/g。 霉菌与酵母菌总数≤CFu/g	100CFu/g 30CFu/g
	重金属铅（Pb）	铅（Pb）含量≤5mg/kg。	2×10^{-6}mg/kg
	重金属砷（As）	砷（As）含量≤5mg/kg。	1×10^{-6}mg/kg

*为中华人民共和国牙膏国家标准（GB 8372—2008）性能指标。

综上所述，冷杉牙膏不仅无毒、无污染、对人安全，且具有明显和稳定的抗菌作用，可用于复合薄荷型和复合果香型香精的调配及牙膏生产。其牙膏膏体的pH略大于7，塑性好，能够很好地停留在牙刷上，不流塌入牙刷，膏体光滑，分散性好，泡沫丰富，气味怡人，摩擦值为11mg，综合性能指标符合中华人民共和国国家标准（GB 8372—2008）的要求（樊金拴等，1999b；1999c）。对冷杉牙膏的部分质量指标测定结果显示，冷杉精油是一种优良的纯天然抑菌剂和加香剂，有广阔的开发应用前景。

第四节　云冷杉精油化妆品

加香是日用化学品生产必经的一个工序。日用化学品加香的目的主要是让消费者在使用这些产品的过程中，能嗅感到舒适合宜的香气，兼以掩盖或遮盖这些制品中某些组分所带有的令人感到不愉快的或不良气息，扩大产品的影响力。

一般来说，香精加进介质中，香气总会有不同程度的变化，有的瞬间就发生了，有的则发生在较长时间的“陈化”之后，其原因为①稀释使用的影响，稀释后香精中每一种香料组分在香气强度上都有减弱的倾向,但减弱的程度各不相同,从而在整体上对它们的嗅感发生了变化（针对原香精而言）；②香精与介质发生了物理化学变化，如酸类香料、酯类、内酯类香料在碱性介质中；如在不同相内（乳状液的油相和水相）的溶解度不同；③加香介质拥有本身的气息等（林翔云，2016）。使加香产品的香气和原香精香气保持不变，既是工艺操作问题，也是调香的技术问题。由于日化工产品类别较多，产品要求、介质组成以及加香工艺又各有区别，在此只简述几大类常见加香产品方面的香型和加香问题。另外加香产品中的加香量并不大，但有可能影响制品的形态，因此加香是不容忽视的重要环节。

一、青杆针叶多酚化妆品的制备

原料为青杆针叶多酚及十二烷基硫酸钠、山梨酸钾、硬脂酸（乳化）、羊毛脂、对羟基苯甲酸丙酯（抗氧剂和杀菌剂）、氢氧化钠、氢氧化钾、白油、香精、甘油、吐温 80、斯盘 60、斯盘 40、维生素 C 等化妆品制备材料，按照一定的配方与工艺制备青杆多酚洗发膏、沐浴液、护肤霜和雪花霜等中低档型化妆品，为青杆多酚开发利用提供的一条途径。

（一）青杆针叶多酚的制备

将青杆针叶粉末（过 40 目筛）放于圆底烧瓶中，用 50%的乙醇作为提取剂，料液比为 1∶70g/mL，在 90℃下回流提取 90min，得到青杆针叶多酚粗提取液。在 90℃、pH=5.5 的条件下向多酚粗提取液中加入一定量的氯化锌，使沉淀剂的用量与提取液的比例为 1∶4g/mL，沉淀时间为 20min。然后离心分离出沉淀，用 2.5mol/L 的盐酸转溶，转溶温度为 90℃，转溶时间为 20min，离心得到上清液，用乙酸乙酯 1∶1 萃取，得到精制的青杆针叶多酚提取液。

（二）料配方及工艺

1. 青杆针叶多酚沐浴液的制备

按照十二烷基硫酸钠 30%、香精 2%、维生素 C 0.2%、山梨酸钾与青杆针叶提取物（多酚、多糖）各 0.1%，蒸馏水加至 100mL 的比例将十二烷基硫酸钠、蒸馏水、精制青杆针叶多酚液、维生素 C、山梨酸钾混合均匀，然后添加香精制得沐浴液。

制作方法：将蒸馏水、十二烷基硫酸钠混合，搅拌溶解后加香精并搅拌均匀。

2. 青杆针叶多酚洗发膏的制备

按照十二烷基硫酸钠 22%、月桂醚二乙醇胺及 NaOH 溶液（8%）各 5.5%、硬脂酸（乳化）3.5%、羊毛脂 2.5%、香精 2%、维生素 C 与对羟基苯甲酸丙酯（抗氧化剂和杀菌剂）各 0.2%、山梨酸钾与青杆针叶提取物（多酚、多糖）各 0.1%，蒸馏水加至 100mL 的比例和一定的步骤将纯水、硬脂酸、羊毛脂、对羟基苯甲酸丙酯、十二烷基硫酸钠、月桂醚二乙醇胺、精制青杆针叶多酚液、维生素 C、氢氧化钾溶液混合乳化，然后添加香精，防腐剂制得洗发膏（孙保国，2004）。

制作方法：将纯水 30 份、硬脂酸、羊毛脂、对羟基苯甲酸丙酯置于乳化器中，搅拌加热至 75℃左右，另将纯水 30 份、十二烷基硫酸钠、月桂醚二乙醇胺加热至 75℃左右，在搅拌下逐步加入前者中，停止加热，将氢氧化钾溶液（8%）加入乳化器中进行乳化，当温度降至 50℃时加香精。

3. 青杆针叶多酚雪花膏的制备

按照硬脂酸 18%，甘油 4%，白油、斯盘 60 及香精各 2%，氢氧化钾 0.7%，羊毛脂 0.5%，维生素 C 0.2%，山梨酸钾与青杆针叶提取物（多酚、多糖）各 0.1%，蒸馏水加至 100mL 的比例，将油相和水相分别加热至 90℃，在搅拌下乳化，冷却至 45℃时加香精、精制青杆针叶多酚提取物和防腐剂等制得雪花膏。

4. 青杆针叶多酚护肤霜的制备

按照硬脂酸 12%、甘油 8%、十八醇 7%、吐温 80 4%、羊毛脂及香精各 2%、斯盘 40 1%、氢氧化钾 0.7%、维生素 C 0.2%、山梨酸钾与青杆针叶提取物（多酚、多糖）各 0.1%，蒸馏水加至 100mL 的比例，将提取物加入水相，水相和油相分别加热至 75℃左右，在搅拌下混合两相并乳化，冷却至 40℃时加香精和防腐剂等制得护肤霜。

二、云冷杉精油膏霜类化妆品用香精

（一）基质情况

膏霜类化妆品按其效用可分为润肤膏霜类和营养霜类，其基质大部分为白色，带一些轻微的油脂气。所用的油脂性原料因其质量不同而气息相差很大，如工业品蜂蜡，十八醇、硬脂酸等油脂气息较重，质劣的羊脂常有特殊臭气，常用的乳化剂，如司本，带有油酸气息，三乙醇胺则为氨样刺激性气味等，营养霜中的添加物异气更强，主要有药草气（当归、人参）、腥气（珍珠）等，因此一般膏霜类化妆品的加香量为 0.5%～1%，营养霜应为 1%或更高。一般特殊功能的化妆品如抑汗霜、防皱霜等，须注意其活性成分与香原料之间的化学作用。

（二）对香精的要求

膏霜类化妆品应尽量避免选用深色的和少用脂腊气的香料，避免使用因光敏作用而导致变色和刺激皮肤的香料，应该选用对人体皮肤较为安全的品种，此外还应同时考虑少用或不用容易导致膏霜基质乳胶体的稳定性遭到破坏的或影响其中添加物性能与使用效果的香料，膏霜类化妆品基质组成比较复杂，在选用何种香精前，都要预先进行加香实验来确定是否合适。

（三）香型和配方

膏霜类化妆品的香精香型同香水基本相同，润肤霜以轻型的新鲜清香为宜，如茉莉、铃兰、兰花等；营养霜的香气要求留长一些，以新鲜浓郁的香气为宜，如古龙型、柑橘型等。加香温度在 50～60℃，在油包水（W/O）型膏坯中香精混入比较容易，在水包油（O/W）型膏坯中，香精应在搅拌完成前半小时加入。

膏霜类化妆品果香型香精配方为冷杉精油 13%，沙士油 10.9%，甜橙油、桂花油、柏木油、紫苏油与香柠檬油各 8.7%，香蕉油、葡萄油与杨梅油各 6.5%，玫瑰油与生梨油各 4.3%，甲酸甲酯与乙酸甲酯各 2.2%，定香剂 0.1%（重量百分比）。面膜 1、2、3 原料配比分别为聚乙烯醇 42.8%、28.5%、34.2%，聚乙二醇 5.7%、5.7%、5.7%，羧甲基纤维素 14.3%、28.5%、22.8%，甘油 8.7%、8.7%、8.7%，乙醇 28.5%、28.5%、28.5%，香精、防腐剂、精制水均为适量。润肤膏 1、2、3 原料配比分别为羧甲基纤维素 2.1%、1.4%、0.7%，乙醇 3.5%、3.5%、3.6%，丙二醇 2.8%、2.8%、2.8%，凡士林 2.1%、2.1%、2.1%，乳化剂 1.4%、1.4%、1.4%，氧化锌 7.0%、7.1%、7.1%，滑石粉 3.5%、3.5%、3.6%，高岭土 7.0%、7.1%、7.1%，精制水 70%、71%、71%，香精适量。（樊金拴等，1999g）

（四）制备

1. 面膜

首先将精制水加热至 75℃后加入成膜剂、保湿剂，并在 75℃温度下搅拌溶解后冷却到 50℃，再同溶解有香精、防腐剂的 95%乙醇混合，经搅拌、研磨、脱气后即成产品，然后再装罐。

2. 润肤膏

首先，将甘油、高岭土、滑石粉、氧化锌加入精制水中搅拌后加入稳定剂制成水相；将香精、防腐剂、表面活性剂加入到 95%乙醇中制成醇相。然后，将水相、醇相分别加热到 80℃后把醇相徐徐倒入水相中，再经过研磨、乳化、脱气过程，即成成品便可装罐。

润肤膏质量检测结果显示，pH 为 6.5～7（GB 11431—1989 标准为 4.5～8.5），耐寒−15℃、−10℃、−5℃（GB 11431—1989 标准为−15℃、−10℃、−5℃），细菌总数<200 个/g（GB 11431—1989 标准为 500 个/g），粪大肠菌群、绿脓杆菌、金黄色葡萄球菌均未检出。

三、云冷杉精油化妆水用香精

化妆水，一般是透明的液体化妆品，属于化妆品大类之一，主要目的是清洁皮肤和补充水分。化妆水大多为透明液体或混悬剂。按其功能可分为清洁化妆水、柔软型化妆水、粉刺化妆水、收敛性化妆水等（颜红侠，2010）。由于化妆水不油不黏，清爽、舒朗，因此日本人酷爱化妆水，在“霜、蜜、水”产品总销量中化妆水的销量约占 40%。近年来，随着化妆品使用的国际潮流化，化妆水消费在我国日渐走俏。

收敛性化妆水除具有一般化妆水应有的保湿剂、柔润剂、角质软化剂等有效成分外还添加有收敛剂，故具有对皮肤收敛、保湿、营养、减少皮脂肪分泌、预防粉刺以及防皱、去皱、增白皮肤等功效和调节肌肤紧张与防止化妆底粉散落的作用，使用后皮肤柔润、光滑、感觉舒朗。男士剃须后用的香乳其实就是一种收敛性的化妆水，其主要特点是酒精成分较多，并增加了能消除刮脸时疼痛感的配合剂。

研究表明，银杏叶中的黄酮类化合物与萜内脂具有捕获游离子基、抑制血小板活化因子、促进血液循环及代谢等生理功效，且含有黄酮类化合物与天然色素的银杏浸提液，稀释到一定浓度后呈现优美鲜丽的黄绿色，漂亮、安全、符合国标。基于此，作者通过溶解（将水溶性物质溶解在精制水中与醇溶性物料溶解在乙醇中）、混合、过滤等反复实验，开发出含有冷杉精油香精和银杏提取物的收敛性化妆水。云冷杉精油化妆水香料配比见表 7-4。

表 7-4　云、冷杉精油化妆水香料组成　(单位：g)

作用	香料	香韵	配方		
			1	2	3
基香	冷杉精油	尾香	1	1.5	1.8
	柏木油	中、尾香	0.5	0.5	0.5
	柠檬油	中、尾香	0.7	0.8	0.7
中段香韵及头香	香蕉油	头、中香	0.4	0.6	0.5
	甜橙油	头、中香	0.6	0.5	0.6
	生梨油	头、中香	0.4	0.5	0.5
	杨梅油	头香	0.4	0.3	0.3
	葡萄精油	头香	0.2	0.4	0.3
	甲酸甲酯	头、中香	0.2	0.1	0.1
	乙酸甲酯	头、中香	0.1	0.1	0.1
调和剂	沙士油	中、尾香	0.3	0.2	0.3
	甜橙油	头、中香	0.1	0.3	0.2
	玫瑰精油	中、尾香	0.6	0.4	0.3
矫香剂	桂花油	中香	0.5	0.5	0.5
	定香剂	粉末	0.2	0.2	0.2

云、冷杉精油香料化妆水原料配方 1、2、3 组成分别为精制水 66.4%、72.4%、69.5%，乙醇 27.0%、20.0%、23.0%，甘油 4.0%、5.0%、5.0%，丙二醇 1.0%、1.0%、1.0%，对苯磺酸锌 0.2%、0.2%、0.2%，柠檬酸 0.2%、0.2%、0.2%，油醇醚 1.0%、1.0%、1.0%，氢氧化钾 0.2%、0.15%、0.15%，银杏提取液、香精、防腐剂、缓冲剂均为适量。（樊金拴等，1999a）

第五节　云冷杉精油香水与空气清新剂

香水具有诱人的果香、草香、木香、清香、脂香，高雅清淡，香气变化平滑，连贯性好，安全无毒，对皮肤无害，有益于人体健康，符合现代人要求，使用后使人心旷神怡，精神愉快。香水以其独特的形式将芬芳渗透到人们的生活中。目前的香水都是由单体香料和天然香调合而成的。从香气上讲，主要有单花香型、百花型、花-醛型、花醛-清香型、复合清香型、素心兰型、东方型、草香型、馥奇型、柑橘型，当前市场上以花香型较多。香型是指多种香气经艺术地组合在一起的韵调，不同的香型给人的感受是不同的，它使香水产品互相具有区别，也划分了消费对象的不同层次，体现了使用的不同心情，时间和场所，给予人的社会活动以美的装饰。发展到今天，香水香精的香型不下数十种，大致归纳为“花香型”、“东方型”和“素心兰型”三大类。

一、香水香精

（一）原料选择

香水香精加香的介质最常用的是脱醛乙醇和精制水，其余少量为色素、抗氧化剂、杀菌剂、去臭剂、甘油等，这些对香气的影响都不大。

香水以含香精多少来区分，大体上可分为香精含量 15%～25%，乙醇浓度为 80%～90%（体积比）的香水；香精含量 8%～10%，乙醇浓度为 75%～90%（体积比）的化妆香水；香精含量 5%左右，乙醇浓度为 60%～75%（体积比）的古龙水和花露水。以使用对象来区分，可分为女用香水和男用香水。

香水香精是所有香精中档次最贵的品种之一，对香气的要求甚高，它们应该香气幽雅、细致、协调，既要有优秀的扩散性，使香气四溢，又要在人皮肤上或织物上有一定的留香能力，香气应对人有吸引力，能引起人们的好感和喜爱，有一定的创新格调。因此它对原料的要求也很高，采用花精油和天然动物香，品种也多，一般在 100～200 种。但通常是依据香型和设计目的来选择香料，当然有时也受到原料的限制。按照沸点>300℃为尾香段，<200℃为头香，在 200～300℃为中段香区分标准，香料选择结果如下。头香：香蕉油、杨梅油、甜橙油、葡萄油、60%大叶留兰香油、椒样薄荷油；头、中香：冷杉精油、桂花油、胡椒醛；中香：柠檬油、紫苏油、玫瑰浸膏、丙级茉莉浸膏；中、尾香：柏木油、乙酸柏木酯、乙基麦芽酚；尾香：乙酸乙酯、甲酸甲酯、丁酸、沙士油、百里香酚、乙酸丁酯、樟脑、香兰素、香芹酮、40%乙醛。

（二）调香

调香就是将各种香原料混合起来，使它们互相取长补短，达到香气清新、爽快而经久不断，香气变化平滑，连贯性好，自始至终散发着美妙怡人香气的设计目的。冷杉油香水香精调配结果见表 7-5（樊金拴等，1999e）。

表 7-5　香水香精配比表　(单位：%)

香精组成	留香时间	香料名称	配方					
			1	2	3	4	5	6
主香剂	尾、中香	冷杉油	20.4	25.1	30.3	25.4	28.1	29.2
		柏木油	6	6	7	7	7	7
		乙酸柏木脂	3	3	3	3	3	3
		柠檬油	5	5	5	5	5	5
		丙级茉莉浸膏	0.3	0.3	0.3	0.5	0.5	0.6
		樟脑	5	3	3	0	0	0
	头香	大叶留兰香油	6	3	0	1.8	1	1
		香蕉油	4	4	6	4	4	6
		杨梅油	5	5	5	5	5	5
		甜橙油	5	5	5	5	6	6
		葡萄油	1	1.8	1.8	2	2	2
		甲酸甲酯	0.1	0.1	0.1	0.2	0.2	0
		乙酸乙酯	5	6	6	10	8	0
		乙酸丁酯	5	4	4	4	4	2
		40%乙醛	5	7	7	7	7	7
调和剂	尾、中香	沙士油	3	2	0	0	0	0
		玫瑰浸膏	0.8	1	1	2	2	2
		香芹酮	0	0	0	0	0	1
	头香	椒样薄荷油	4	2	0	2	1	1
矫香剂	尾、中香	紫苏油	2	3	3	3	3	3
		桂花油	4	4	4	4	4	10
	头香	胡椒醛	2.5	2.5	2.5	2.5	2.5	2.5
定香剂	尾、中香	香兰素	2.5	2.6	3	3.5	3.5	3.5
		乙基麦芽酚	1	0.6	0.6	0.6	0.7	0.7
		百里香酚	5	4	3	2.5	2.5	2.5

测试结果显示，冷杉精油香水对各供试菌种均有一定的抑制作用，其抑制作用由大到小依次为酵母菌、蜡状芽孢杆菌、枯草杆菌、黄曲霉、金黄色葡萄球菌、黑曲霉、大肠杆菌、变形杆菌。

二、空气清新剂用香精

目前，世界上空气清新剂的种类很多，通常有固体、液体、烟雾剂三种剂型。这些产品的功能多是以清除异味为主。随着人们生活水平的提高、生活节奏的加快、工作的繁忙、环境的华丽与污染以及封闭性的增加，日益要求创造更加清新、清洁、舒适生活环境。因此，使用芳香清淡、高雅舒适、留香持久，具有清新空气、杀菌驱虫等功效的森林香型、花草香型的空气清新剂，成为人们的向往和追求。实验证明，以巴山冷杉精油为原料配制的空气清新剂属国际流行的香型，具有新鲜，舒适之感，留香持久，良好的除臭、去异味功能，驱蚊杀虫，杀菌效果良好，无毒无患，不污染环境，给人一种清新之感，犹如回归大自然之中。

云冷杉精油空气清新剂 1、2、3、4、5、6 原料配方分别为丁香香精 0.3%、0.3%、0.3%、0.6%、0.1%、0.1%，甲酸甲酯 0.5%、0.5%、0.5%、1.0%、0.2%、0.2%，冷杉水浸液 10.0%、30.0%、60.0%、42.4%、43.7%、0%，薄荷油 1.5%、1.5%、0.5%、0.5%、0.5%、0.5%，杨梅油 4.0%、4.0%、4.0%、4.0%、4.0%、4.0%，95%乙醇 81.7%、33.2%、34.2%、50.0%、50.0%、53.7%，冷杉油 0、0%、0%、1.0%、1.0%、1.5%，去离子水 2.0%、30.5%、0.5%、1.5%、0.5%、40.0%。

香精制备：先将除乙醇与水以外的其他原料混合，然后再加入乙醇，待总量的二分之一溶解澄清后加水（总量的 1/2）混合，然后分别加入剩余 1/2 量的乙醇与水进行混合澄清即可。为了提高微酸性制品中叶绿素的稳定性，使用铜代叶绿素。铜代叶绿素制作方法是把叶绿素先制成氢代叶绿素，再用乙酸铜做成铜代叶绿素。铜代叶绿素加入半成品中至颜色调整合适即可（樊金拴等，1999f）。

综合性能评价：供试 6 种空气清新剂原料配方中，以配方 3、配方 5 为优，香气浓郁、持久，具有良好的遮盖、除臭、除异味功能，驱杀蚊、蝇、跳蚤等害虫效果明显，对人的刺激性小。抑菌实验的结果表明，巴山冷杉精油空气清新剂对空气、水和食品中常见的金黄色葡萄球菌、枯草杆菌、黄曲霉、蜡状芽孢杆菌有一定的抑菌作用，尤其是对枯草杆菌的作用最佳，对蜡状芽孢杆菌、黄曲霉、金黄色葡萄球菌作用明显。

小　结

天然冷杉树脂中含有 65%～80%的树脂酸、18%～35%的冷杉油以及少量的有机酸、单宁等化学成分。冷杉树脂通过溶解、洗涤、干燥、过滤、浓缩、蒸馏等加工过程可以得到冷杉胶。冷杉胶具有透明度高、不结晶、黏合能力强、固化迅速的优点，其折射率与玻璃几乎相同的特性，为光学仪器镜片良好的黏合剂，广泛用于在地质、冶金、煤炭和生物等领域。对于一般光学仪器用胶来讲，脱色处理是提高冷杉胶质量的一个重要方法。为改善冷杉胶原有的气味、塑性、耐低温性能、耐高温性能、机械强度、抗霉性能、防老化性能、抗紫外光性能等或使其具有某种新的特性，常采用调香与增塑的方法。

牙膏是人们最普遍使用的清洁口腔用品，其质量的好坏直接影响人们的口腔和身体健康。利用方解石和二水合磷酸氢钙为主要原料，加入用十多种香精配合而成的香料，经过一系列的工艺过程，研发出具有优良的清洁作用、保健护齿性能好的复合薄荷型和复合果香型的冷杉牙膏具有呈弱碱性，塑性好，能很好地停留在牙刷上，不流塌入刷毛中，成条变形小，膏体光滑，分散性好，泡沫丰富，香精透气性优越，清爽怡人，摩擦值小，抗菌消炎，无毒，无污染，对人安全等优点。

香皂是人们日常生活中不可缺少的日用品，以巴山冷杉精油为主要加香原料研制的冷杉精油透明皂生产工艺参数为搅拌后水分含量为 15%～16%；研磨时研磨辊温度为 45～47℃，真空出条机真空度为 80kPa，出条炮口温度为 50～55℃。其产品集去污、消炎、增白皮肤等优点于一身，不仅香气优雅、纯正，泡沫丰富，手感滑润而不黏，成型好，皂体不干裂，稳定性好，外形也美观，而且去污能力强，洗涤效果好，对皮肤刺激小，经监督部门的鉴定，符合有关行业生产标准。

大量研究证实，无毒、无污染的天然产物云冷杉精油的主要成分皆为香成分和药用成分，具有清香格调，且带有果香、鲜木香及药草香，香气馥郁，留香持久的香气特征和消炎、平喘、镇咳、祛痰、镇静、解热等多种功效。不仅可用于药剂、化妆品中的抗菌和生物活性组分，而且可用于香料、食品工业及日化产品香精的调配中。以巴山冷杉精油为原料研制的牙膏、香皂、香水、空气清新剂、面膜、润肤膏等日用化学产品清新、舒适，留香持久，无毒，无污染，具有有良好的除臭、去异味、驱蚊杀虫、杀菌消毒功能效。尤其是对酵母菌、蜡状芽孢杆菌、枯草杆菌、黄曲霉、金黄色葡萄球菌、黑曲霉、大肠杆菌、变形杆菌等有明显的抑制作用。另外，以青杆针叶多酚及化妆品制备材料为原料，按照一定的配方制备出青杆针叶多酚化妆品（沐浴液、洗发膏、雪花膏、护肤霜），为青杆多酚的开发利用提供一条重要途径。

参考文献

樊金拴，2007. 中国冷杉林[M]. 北京：中国林业出版社.
樊金拴，1999. 冷杉叶卫生香生产工艺研究[J]. 资源开发与市场，15（5）: 261.

樊金拴，贾彩霞，1999a. 新型收敛性化妆水的研制[J]. 陕西林业科技，（2）: 74-76.
樊金拴，贾彩霞，曹玉美，1999b. 冷杉油牙膏的研制[J]. 西北林学院学报，14（3）: 105-108.
樊金拴，贾彩霞，李鸿杰，1999c. 冷杉精油在牙膏生产上的应用研究[J]. 天然产物研究与开发，（5）: 65-71.
樊金拴，李鸿杰，1999d. 冷杉精油保健香皂的研制[J]. 陕西林业科技，（2）: 69-71，73.
樊金拴，李鸿杰，1999e. 冷杉精油香水的研制[J]. 陕西林业科技，（3）: 46-48.
樊金拴，李晓明，曹玉美，等，1998. 巴山冷杉精油抑菌作用研究[J]. 西北林学院学报, 13（3）: 50-55.
樊金拴，王科春，任秋芳，1999f. 森林花草香型空气清新剂研制简报[J]. 陕西林业科技，（2）: 68.
樊金拴，张明学，1999g. 天然冷杉精油在膏霜类化妆品中的应用研究[J]. 陕西林业科技，（1）: 7-9.
冯光炷，2005. 油脂化工产品工艺学[M]. 北京：中国纺织出版社: 126-135.
龚盛昭，陈庆生，2014. 日用化学品制造原理与工艺[M]. 北京：化学工业出版社: 32-41.
黄世强，孙争光，吴军，2011. 胶粘剂及其应用[M]. 北京：机械工业出版社: 206.
李明，颜红侠，田怀香，2010. 香料香精应用基础[M]. 北京：中国纺织出版社: 72-73.
林翔云，2016.加香术[M]. 北京：化学工业出版社: 106-112.
孙保国，2004. 香料化学与工艺学[M]. 北京：化学工业出版社: 47-50.
吴狄，王洪辉，杜惠蓉，等，2014. 油橄榄透明皂的制作研究[J]. 广州化工，42（19）: 50-52.
颜红侠，2010. 日用化学品制造原理与技术[M]. 北京：化学工业出版社: 56-59.
中华人民共和国国家质量监督检验检疫总局，2003.GB/T 8146—2003 松香试验方法[S]. 北京：中国标准出版社.